高等教育"十四五"系列教材

计算机网络

主　编◎王　楠

副主编◎赵　莉　谭玲丽　董鸿雁

　　　　刘　欣　汪　淳

电子课件
（仅限教师）

华中科技大学出版社

http://press.hust.edu.cn

中国·武汉

内 容 简 介

随着网络技术的发展,各行各业对网络的需求越来越多,掌握一定的计算机网络知识也成为信息社会中各类 IT 职业人员必备的能力。

本书从当代计算机类、信息类等专业的大学生对计算机网络工程的实际认知过程和所需知识及技能抽象出 4 章,形成了为普通高等院校学生量身定做的计算机网络技术专业情境课程教材。本书以园区网络规划和设计任务为引领,通过逐步对网络的认知、设计、部署、实施的过程加深理解,最终全面了解并掌握小型局域网、小型企业网的网络规划和设计、网络的组建、网络设备的配置、网络的管理等全过程。

为了方便教学,本书还配有电子课件等教学资料,电子课件可以在"我们爱读书"网(www.ibook4us.com)浏览,任课教师可以发邮件至 hustpeiit@163.com 索取。

本书适合作为各大高等院校计算机相关专业的教材,也可作为网络工程技术人员的参考书和职业培训教材。

图书在版编目(CIP)数据

计算机网络/王楠主编.—武汉:华中科技大学出版社,2023.8
ISBN 978-7-5680-9457-3

Ⅰ.①计… Ⅱ.①王… Ⅲ.①计算机网络-高等学校-教材 Ⅳ.①TP393

中国国家版本馆 CIP 数据核字(2023)第 156620 号

计算机网络
Jisuanji Wangluo

王 楠 主编

策划编辑:康 序
责任编辑:史永霞
封面设计:孢 子
责任监印:朱 玢

出版发行:华中科技大学出版社(中国·武汉)   电话:(027)81321913
　　　　　武汉市东湖新技术开发区华工科技园   邮编:430223
录　　排:武汉创易图文工作室
印　　刷:武汉市洪林印务有限公司
开　　本:787mm×1092mm 1/16
印　　张:18.5
字　　数:495 千字
版　　次:2023 年 8 月第 1 版第 1 次印刷
定　　价:48.00 元

前言

PREFACE

　　《计算机网络》是计算机网络技术专业基于学科工程认证的教学改革成果,也是一流课程建设的成果。该课程主讲教师在多年的项目工程设计、实施和教学经验的基础上,精心编写了本书。本书内容的编排和组织是以企业需求、学生的认知规律、多年的教学积累为依据确定的。本书立足于学生实际能力的培养,对课程内容的选择标准做了根本性改革,打破以理论知识传授为主要特征的传统学科课程模式,转变为以知识模块为中心组织课程内容的方式,并让学生在学习具体知识的过程中完成相应的工作任务,并构建相关理论知识,提高职业能力。经过行业专家深入、细致、系统的分析,本课程最终确定了以下四个章节:计算机网络基础知识、局域网技术、网络服务器的配置、网络管理与维护。每个章节中又有多个教学任务,每个任务的学习都以网络建设的工作任务为导向来进行,整合理论与实践,实现理论与实践的一体化的教学。本课程建议学时为72学时。其中讲解时间为48学时,实践训练为24学时。各章节的教学课时可参考下面的学时分配表。

《计算机网络》学时分配表

项目	章节	任务内容	课时分配	
			理论	实践
第1章	1.1	认识计算机网络	4	/
	1.2	计算机与局域网的连接	4	2
第2章	2.1	网络设计	6	2
	2.2	互联网协议	4	8
	2.3	小型网络的组建	2	/
	2.4	广域网连接技术	2	/
第3章	3.1	网络管理技术	6	2
	3.2	虚拟机的使用	6	2
	3.3	服务器的配置	10	4
第4章	4.1	文件备份与灾难恢复	2	2
	4.2	网络维护	2	2
课时总计			48	24

教材的具体特点还包括以下几点：

1.相关必备知识力求内容精练、重点突出，深入浅出地阐述了网络技术原理、网络设计、网络组建、网络管理等教学内容的基本概念、基本原理与应用知识；

2.采用"教、学、做、训、评"相结合的教学方式，教学中各章均从最基本的应用实例出发，由实际问题入手，相关实践技能训练使理论与实际应用紧密联系。由实训引出相关概念，前后呼应，学用结合，循序渐进地进行创新实践技能训练，注重理论与技能的融合；

3.以小型局域网络的组建为主线，突出小型局域网络的核心设计思想与理念，以"项目引导、任务驱动、工学结合、教学一体化"为原则编写，各章之间的逻辑主线清晰，能帮助学生更好地学习与理解相关知识；

4.本书在校级一流课程建设的基础上，结合学科工程认证需要，还有配套线上平台的课程资源，包括"课程速课""课程实验视频""课程课件及教学资源包"等。在教学方法上，本书中采用先进的 OBE 教学理念加大课堂教学改革力度，对"案例引领式""线上线下结合""成果为导向"和"过程性考核"等多种教学方法进行应用，对促进一流课程建设和学科工程认证起到很大的推动作用；

5.在思政课堂建设上，本书中添加"立志篇""明德篇"和"开智篇"3 个思政篇章，约 10 个思政案例，覆盖整个教学过程，也起到了很好的课堂思想政治教育效果，为课堂思政的建设提供了较好的推动和示范作用。

本书由武汉东湖学院王楠组织编写并统稿，由武汉东湖学院赵莉、谭玲丽、董鸿雁、刘欣、汪淳等老师参与编制。本书的统稿和校对工作由武汉东湖学院王楠老师完成。

为了方便教师教学，本书配有内容丰富的教学资源，包括课程标准、电子教案、教学课件、教学视频、教学指导文件、综合测试题等，任课教师可以发送邮件至 hustpeiit@163.com 索取。

由于水平有限，书中难免存在错误与不妥之处，恳请广大读者批评和指正。

编　者

目录

CONTENTS

第 1 章　计算机网络基础知识/1

1.1　认识计算机网络/1

1.2　计算机与局域网的连接/21

第 2 章　局域网技术/83

2.1　网络设计/83

2.2　互联网协议/112

2.3　小型网络的组建/144

2.4　广域网连接技术/178

第 3 章　网络服务器的配置/200

3.1　网络管理技术/200

3.2　虚拟机的使用/208

3.3　服务器的配置/213

第 4 章　网络管理与维护/234

4.1　文件备份与灾难恢复/234

4.2　网络维护/236

附录 A　章节习题部分参考答案/261

附录 B　思科交换机和路由器的部分配置命令/264

附录 C　网络工程常用英文缩写/281

参考文献　/288

第 1 章　计算机网络基础知识

随着网络产品进入千家万户，不管是企事业单位还是高校学院，都离不开网络。小李离开老家来到城市打拼，希望快速融入现代化的信息社会。

小李很快找到一家外贸公司当网络管理员，他的工作就是组建内部局域网，构建企业外网。首先，我们来一起了解一下计算机网络。

1.1　认识计算机网络

20 世纪 90 年代以后，以因特网为代表的计算机网络得到了飞速的发展，已从最初的教育科研网络逐步发展成为商业网络，成为仅次于全球电话网的世界第二大网络。21 世纪的一些重要特征就是数字化、网络化和信息化，它是一个以网络为核心的信息时代。网络现已成为信息社会的命脉和发展知识经济的重要基础。网络是指"三网"，即电信网络、有线电视网络和计算机网络。发展最快并起到核心作用的是计算机网络。

计算机网络是现代通信技术与计算机技术相结合的产物。随着计算机应用的深入，特别是家用计算机的日益普及，人们一方面希望众多用户能共享信息资源，另一方面也希望各计算机之间能互相传递信息，即进行通信。

个人计算机的硬件和软件配置一般都比较低，功能也有限，因此，要求大型与巨型计算机的硬件和软件资源，以及它们所管理的信息资源能够被众多的微型计算机所共享，以便充分利用这些资源。正是这些原因，促使计算机向网络化发展，人们将分散的计算机连接成网，组成计算机网络。

◆　知识点 1.1.1　数据通信基础

数据通信是为了实现计算机与计算机或终端与计算机之间信息交互而产生的一种通信技术，是计算机与通信相结合的产物。可对数据通信做如下定义：依照特定的通信协议，利用数据传输技术在两个功能单元之间传递数据信息。它可实现计算机与计算机、计算机与终端或终端与终端之间的数据信息传递。

一、数据通信的基本概念

根据传输媒体的不同，数据通信有有线数据通信与无线数据通信之分。但它们都是通过传输信道将数据终端与计算机连接起来的，从而使不同地点的数据终端实现软、硬件和信息资源的共享。

1. 信息

对"信息"这一概念,从不同的角度出发可以有不同的定义。从信息论的角度出发,可以将信息定义为"对消息的界定和说明"。实际上,人们通常把信息理解成所关注的目标对象的特定知识。

2. 数据

数据是对所关注对象进行观察所得到的结果或某个事实的结果。数据可以是数字、字母或者各种符号。数据能够被记录在物理介质上,并通过特定设备传输和处理。

3. 信号

信号是通信系统实际处理的具体对象。在通信系统中,依据信号承载介质的不同,信号可以分为有线信号和无线信号两种类型。一般来说,有线信号是指各种各样的随时间变化的电压或者电流,它们的承载介质是各种有线电缆。而无线信号基本上都是各种电磁波,它们的承载介质是自由空间。

4. 信息、数据和信号的关系

数据蕴含着信息,而信号是数据的具体表现。数据是客观的数字或字符的组合,其本身不具有任何的意义。但将其放入特定的知识系统中进行考察,它们内部蕴含的意义就将显露出来,而这个"意义",就是所谓的信息。

对于通信系统来说,即使再智能化,它也只能依据预设的规程处理符合自己特性的各种信号,而无法理解人类根据自己的思维方式定义的信息和数据的概念。因此,为了让通信系统能够存储、传输和处理数据,必须要在数据和信号之间构造一个映射关系,即以什么样的信号表示什么样的数据。

5. 模拟信号与数字信号

数据可以分为模拟数据和数字数据。

模拟数据(analog data)是由传感器采集得到的连续变化的值,例如温度、压力,以及目前在电话、无线电和电视广播中的声音和图像。

数字数据(digital data)则是模拟数据经量化后得到的离散的值,例如在计算机中用二进制代码表示的字符、图形、音频与视频数据。

模拟数据取连续值,数字数据取离散值。在数据被传送之前,要将数据变成适合于传输的电磁信号——模拟信号或者数字信号。所以,信号是数据的电磁波表示形式。模拟信号是随时间连续变化的信号,这种信号的某些参量,如幅度、频率或相位等都可以表示要传送的信息。传统的电话机送话器输出的语音信号、电视摄像机产生的图像信号以及广播电视信号等都是模拟信号。数字信号是离散信号,如计算机通信所用的二进制代码"0"和"1"组成的信号。模拟信号和数字信号的波形图如图 1-1 所示。

模拟信号和数字信号之间可以相互转换。模拟信号转换成数字信号需要三个步骤——抽样、量化和编码,而数字信号的模拟化是逆转换。

(1)抽样是指用每隔一定时间的信号样值序列来代替原来在时间上连续的信号,也就是在时间上将模拟信号离散化。

(2)量化是用有限个幅度值近似表示原来连续变化的幅度值,把模拟信号的连续幅度

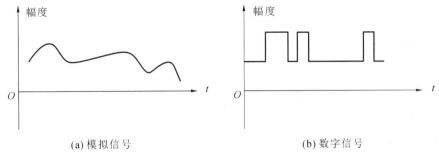

(a) 模拟信号   (b) 数字信号

图 1-1　模拟信号与数字信号

变为有限数量的、有一定间隔的离散值。

（3）编码是按照一定的规律，把量化后的值用二进制数字表示，然后转换成二值或多值的数字信号流。

6. 数据通信系统的基本结构

典型的数据通信系统主要由中央计算机系统、数据终端设备、数据电路三部分构成。

中央计算机系统由主机、通信控制器（又称前置处理机）及外围设备组成，具有处理从数据终端设备输入的数据信息，并将处理结果向相应数据终端设备输出的功能。数据终端设备（data terminal equipment，DTE），由数据输入设备（产生数据的数据源）、数据输出设备（接收数据的数据库）和传输控制器组成。数据电路由传输信道及两端的数据电路终接设备（DCE）组成。

通信系统的模型如图 1-2 所示。信源是产生和发送信息的一端，信宿是接收信息的一端。变换器和反变换器均是进行信号变换的设备，在实际的通信系统中有各种具体的设备名称。如信源发出的是数字信号，当要采用模拟信号传输时，要将数字信号变成模拟信号，则用所谓的调制器来实现，而接收端要将模拟信号反变换为数字信号，则用解调器来实现。在通信中常要进行两个方向的通信，故将调制器与解调器做成一个设备，称为调制解调器。它具有将数字信号变换为模拟信号以及将模拟信号恢复为数字信号两种功能。当信源发出模拟信号，而要以数字信号的形式传输时，则要将模拟信号变换为数字信号，通常是通过所谓的编码器来实现，到达接收端后再经过解码器将数字信号恢复为原来的模拟信号。实际上，也是考虑到一般为双向通信，故将编码器与解码器做成一个设备，称为编码解码器。信道一般用来表示向某一个方向传输信息的媒体。因此，一条通信线路往往包含一条发送信道和一条接收信道。一个信道可以看成一条线路。此外，信息在信道中传输时，可能会受到外界的干扰，我们称之为噪声。如信号在无屏蔽双绞线中传输时会受到电磁场的干扰。

图 1-2　通信系统的模型

由此可见，无论信源产生的是模拟信号还是数字信号，在传输过程中都要变成适合信道传输的信号形式。在模拟信道中传输的是模拟信号，在数字信道中传输的是数字信号。

二、数据的传输方式

1. 按传输的介质分类

1）有线信道传输

有线信道传输明显的特征是线缆的存在。线缆主要包括电缆和光缆两种,其中电缆又包括双绞线和同轴电缆。

2）无线信道传输

无线信道传输是以自由空间作为传输媒体的传输方式。一般来说,它以辐射的方式传输信号,也可以使用定向天线定向地传输信号。

2. 按允许通过的信号类型分类

1）模拟传输

模拟传输指信道中传输的是模拟信号。当传输的是模拟信号时,可以直接进行传输;当传输的是数字信号时,进入信道前数字信号要经过调制解调器调制,变换为模拟信号后才可进行传输。

图 1-3(a)所示为当信源产生模拟信号时的模拟传输,图 1-3(b)所示为当信源产生数字信号时的模拟传输。模拟传输的主要优点在于信道的利用率较高,但是在传输过程中信号会衰减,会受到噪声干扰,且信号放大时噪声也会放大。

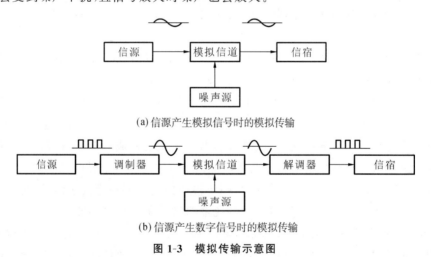

(a) 信源产生模拟信号时的模拟传输

(b) 信源产生数字信号时的模拟传输

图 1-3　模拟传输示意图

2）数字传输

数字传输指信道中传输的是数字信号。当传输的是数字信号时,可以直接进行传输;当传输的是模拟信号时,进入信道前模拟信号要经过编码解码器编码,变换为数字信号后才可进行传输。

图 1-4(a)所示为当信源产生数字信号时的数字传输,图 1-4(b)所示为当信源产生模拟信号时的数字传输。数字传输的主要优点在于数字信号只取离散值,在传输过程中即使受到噪声的干扰,只要没有畸变到不可辨识的程度,均可用信号再生的方法进行恢复,即信号传输不失真,误码率低,能被复用和有效地利用设备。但是传输数字信号比传输模拟信号所要求的频带要宽得多,因此数字传输的信道利用率较低。

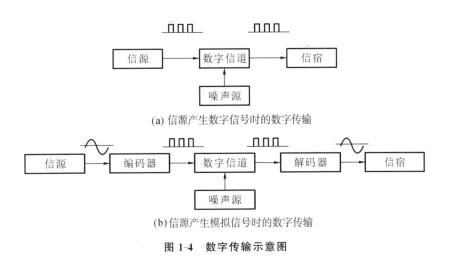

(a) 信源产生数字信号时的数字传输

(b)信源产生模拟信号时的数字传输

图 1-4　数字传输示意图

3. 按数据传输的方向和时序关系分类

1）单工传输

利用单工信道进行数据传输的方式称为单工传输。单工信道就是单向信道,即数据只能向一个方向传输,而不能反向传输。

2）半双工传输

利用半双工信道进行数据传输的方式称为半双工传输。半双工信道,从名字上就能看出其已经具有了双向通信的特征,但是这种双向通信是有条件的,即通信的双方不允许同时进行数据传输,某个时刻只能有一方进行传输。

3）全双工传输

利用全双工信道进行数据传输的方式称为全双工传输。在全双工信道中,数据可以同时双向传输。

4. 按传输信号频率分类

1）基带传输

计算机或者其他数字设备直接产生的二进制数字信号称为基带信号,直接传输基带信号的信道称为基带信道,而在信道中直接传输这种基带信号的传输方式称为基带传输。

2）频带传输

远距离通信信道多为模拟信道,不适合直接用于传输频率范围很宽但能量集中在低频段的数字基带信号。因此人们想到先将数字基带信号转换成适于在模拟信道中传输的、具有较高频率范围的模拟信号(这种信号就是所谓的频带信号),再将这种模拟信号置于模拟信道中传输。这种传输方式称为频带传输,而进行频带传输的信道称为频带信道。

5. 并行传输与串行传输

并行传输的通信方式意味着多个二进制位的信号将同时由发送方传输往接收方。这需要为每一个传输的二进制位信号都设立一个信道。每一个二进制位信号在各自的信道中同时传输,互不干扰。与此相对,串行传输方式则是将表示一个字符的多个二进制位信号在同一个信道上依次传输。

6. 异步传输与同步传输

异步传输指的是只要发送方有数据要发送,就可以随时向信道发送信号,而接收端则通过检测信道上电平的变化自主地决定何时接收数据。

同步传输要求建立精确的同步系统。接收端接收信息的行为都要和发送端的发送行为准确地保持同步。在信道上，各个码元占据同等的码元宽度，顺序且不间断地进行传输。以同步传输方式传输数据时，一般会构造一个较大的、具有一定格式的数据块，然后再传输，该数据块称为帧。收发双方不仅要求保持码元(位)同步的关系，而且还要求保持帧(群)同步的关系。

◆ 知识点 1.1.2　计算机网络的定义及应用

计算机网络是由计算机设备、通信设备、终端设备等网络硬件和软件组成的大的计算机系统。网络中的各个计算机系统具有独立的功能，它们在断开网络连接时，仍可单机使用。

所谓计算机网络是指互联起来的、功能独立的计算机集合。这里的"互联"意味着互相连接的两台或两台以上的计算机能够互相交换信息，能够实现资源共享的目的。而"功能独立"是指每台计算机的工作是独立的，任何一台计算机都不能干预其他计算机的工作，任意两台计算机之间都没有主从关系。

从这个简单的定义中可以看出，计算机网络涉及以下三方面的问题。

(1) 两台或两台以上的计算机相互连接起来才能构成网络，达到资源共享的目的。

(2) 两台或两台以上的计算机连接，互相通信，交换信息，需要有一条通道。这条通道的连接是物理的，由硬件实现，这就是连接介质(有时称为信息传输介质)。它们可以是双绞线、同轴电缆或光纤等"有线"介质，也可以是激光、微波或通信卫星等"无线"介质。

(3) 计算机系统之间的信息交换，必须有某种约定和规则，这就是协议。这些协议可以由硬件或软件来完成。

因此，我们可以把计算机网络定义为：将地理位置分散的、功能独立的多台计算机系统通过线路和设备互联起来，以功能完善的网络软件实现网络中资源共享和信息交换的系统。

一、计算机网络的定义和功能

1. 计算机网络的定义

计算机网络是把分布在不同地点且具有独立功能的多个计算机系统通过通信设备和线路连接起来，在功能完善的软件和协议的管理下实现网络中资源共享的系统。

由定义可知：

(1) 计算机网络是"通信技术"与"计算机技术"相结合的产物。

(2) 计算机网络以数据交换为基础，以共享资源为目的。

(3) 各计算机是独立自主的，具有各自的操作系统，其运行不依赖于其他计算机。

(4) 计算机之间的连接需要有一条通信链路以及必要的通信设备。主要的通信链路传输介质可以是有线的(如双绞线、同轴电缆线、光纤等)，也可以是无线的(如激光、微波、通信卫星等)。通信设备主要有网卡、集线器(交换机)、路由器等。

(5) 计算机之间能够利用各种网络软件(网络协议)进行相互通信，实现计算机资源共享，使用户能够共享网络中的所有硬件、软件和数据资源。

2. 计算机网络的功能

计算机网络是计算机技术和通信技术紧密结合的产物，它不仅使计算机的作用范围超越了地理位置的限制,而且大大加强了计算机本身的信息处理能力。计算机网络具有单个计算机所不具备的众多功能,其中最重要的三个功能是数据通信、资源共享、分布处理。

(1)数据通信。数据通信是计算机网络最基本的功能。它用来快速传送计算机与终端、计算机与计算机之间的各种信息,包括文字信件、新闻消息、咨询信息、图片资料、报纸版面等。利用这一特点,可以将分散在各个地区的单位或部门用计算机网络联系起来,进行统一的调配、控制和管理。

(2)资源共享。"资源"指的是网络中所有的软件、硬件和数据资源。"共享"指的是网络中的用户都能够部分或全部地享受这些资源。例如:某些地区或单位的数据库可供全网使用;某些单位设计的软件可供需要的地方有偿调用或办理一定手续后调用;一些外部设备如打印机,可面向用户,使不具有这些设备的地方也能使用这些硬件设备。如果不能实现资源共享,各地区都需要有一套完整的软、硬件及数据资源,这将大大地增加全系统的投资费用。

(3)分布处理。当某台计算机负担过重时,或者该计算机正在处理某项工作时,网络可将新任务转交给空闲的计算机来完成,这样处理能均衡各计算机的负载,提高处理问题的实时性。对大型综合性问题,可将问题各部分交给不同的计算机分头处理,充分利用、扩大计算机的处理能力,即增强实用性。对解决复杂问题来讲,多台计算机联合使用并构成高性能的计算机体系,这种方式能够协同工作、并行处理,而且所需要的费用要比单独购置高性能的大型计算机便宜得多。

二、计算机网络应用

随着计算机网络技术的不断发展,计算机网络在社会中的不同领域都发挥着重要的作用。在商业领域,网络可以为经销商和客户提供如信息交流、产品销售、订单生成,电子出版物和信件的收取,建立和维持商业连接,获得市场情报,以及网上购物等便捷高效的服务。在企业管理中,通过使用办公自动化系统、管理信息系统(MIS)等计算机网络结构系统,企业内部人员便可以方便快捷地共享信息,高效地协同工作。MIS 使得企业采购、生产、销售、管理更加便捷、高效。远程教育、校园网等网络应用使得计算机网络在教育科研领域发挥着越来越重要的作用。此外,计算机网络在政府机关、金融保险及军事国防等领域也发挥着举足轻重的作用。

三、计算机网络的发展趋势

1.计算机网络发展史

计算机网络始于 20 世纪 50 年代,是 20 世纪最伟大的科学技术成就之一,经历了从简单到复杂、从单机到多机、从终端与计算机之间的通信到计算机与计算机之间的直接通信的演变过程。

20 世纪 60 至 70 年代,网络主要基于主机构架的低速串行连接,提供应用程序执行、远程打印和数据服务功能。

20 世纪 70 至 80 年代,出现了以个人电脑模式为主的商业计算模式。最初,个人电脑是独立的设备,由于认识到商业计算的复杂性,局域网产生了。局域网的出现大大降低了商业用户打印机和磁盘昂贵的费用。

20 世纪 80 至 90 年代,远程计算的需求不断增加,迫使计算机界开发出许多广域网协议，以满足不同计算方式远程连接的需求。

2. 计算机网络的发展方向

1）更加开放和更大容量

系统开放性是任何系统保持旺盛生命力和能够持续发展的重要特性。因此也是计算机网络系统发展的一个重要方向。基于统一网络通信协议标准的互联网结构，正是计算机网络系统开放性的体现。"互联网结构"实现不同通信子网的互联，可以把高速局域通信网、广域公众通信网、光纤通信、卫星通信及无线移动通信等各种不同通信技术和通信系统有机地连入计算机网络这个大系统中，构成覆盖全球、支持数亿人灵活、方便通信的大通信平台。近几年来，各种互联设备和互联技术的蓬勃发展，也体现了网络开放性的发展趋势。计算机网络的这种全球开放性不仅使它要面向数十亿的全球用户，而且也使更多的资源迅速增加，这必将引起网络系统容量需求的极大增长，从而推动计算机网络系统向大容量方向发展。

2）一体化和方便使用

"一体化结构"就是一种系统优化的结构。计算机网络发展初期是由计算机之间通过通信系统简单互联而实现的，随着计算机网络应用范围的不断扩大和对网络系统功能、性能要求的不断提高，网络中的许多成分必将根据系统整体优化的要求重新分工、组合，甚至产生新的成分。另外，网络中的通信功能从计算机节点中分离出来形成各种专用的网络互联通信设备（如各种路由器、桥接器、交换机、集线器等）也是网络系统一体化分工协同的体现。未来的计算机网络及网络内部将进一步优化分工，而网络外部用户可以更方便、更透明地使用网络。

3）多媒体网络

高度综合现代一切先进信息技术的计算机网络应用已越来越广泛地深入到社会生活的各个方面。人类自然信息器官对文字、图形、图像和声音等多种信息形式的需求，实现了各种信息技术与多媒体技术的结合。特别是计算机网络这一综合信息与多媒体技术的结合，既是多媒体技术发展的必然趋势，也是计算机网络技术发展的必然趋势。未来的计算机网络必定是融合电信、电视等更广泛的功能，并且渗入千家万户的多媒体计算机网络。

计算机网络经过几十年的时间，实现了从无到有、从简单到复杂的飞速发展，在政治、经济、科技和文化等诸方面均产生了巨大的影响。目前，关于下一代计算机网络的研究已全面展开。随着计算机网络技术的不断进步，它必将在社会中发挥着更加重要的作用。

3. 网络变革的过程

1）分组交换网络

一直到 1964 年美国 Rand 公司的 Baran 提出"存储转发"和 1966 年英国国家物理实验室的 Davies 提出"分组交换"的方法，独立于电话网络的、实用的计算机网络才开始了真正的发展。

报头和数据构成一个个的数据分组（packet）。每个 packet 的报头中存放有目标计算机的地址和报文包的序号，网络中的交换机根据这样的地址决定数据向哪个方向转发。这种由传输线路、交换设备和通信计算机建立起来的网络，被称为分组交换网络，如图 1-5 所示。

分组交换网络概念的提出是计算机通信脱离电话通信线路交换模式的里程碑。在电话通信线路交换的模式下，通信之前，需要先通过用户的呼叫（拨号），由网络为本次通信建立线路。这种通信方式不适合计算机数据通信的突发性、密集性特点。而分组交换网络则不需要建立通信线路，数据可以随时以分组的形式发送到网络中。分组交换网络不需要建立

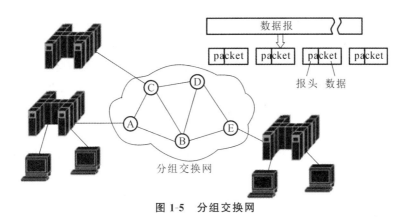

图1-5　分组交换网

线路的关键在于其每个数据包(分组)的报头中都有目标主机的地址,网络交换设备根据这个地址就可以随时为单个数据包提供转发,将之沿正确的路线送往目标主机。

美国的分组交换网络 ARPANET 于 1969 年 12 月投入运行,被公认是最早的分组交换网络。法国的分组交换网络 CYCLADES 开通于 1973 年。同年,英国的 NPL 也开通了英国第一个分组交换网络。到今天,现代计算机网络:以太网、帧中继、Internet 都是分组交换网络。

2) 以太网

以太网目前在全球的局域网技术中占有支配地位。以太网的研究起始于 1970 年的夏威夷大学,目的是要解决多台计算机同时使用同一传输介质而相互之间不产生干扰的问题。夏威夷大学的研究结果奠定了以太网共享传输
介质的技术基础,形成了享有盛名的 CSMA/CD
方法。

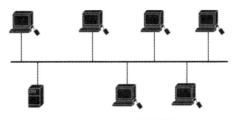

以太网的 CSMA/CD 方法是在一台计算机
需要使用共享传输介质通信时,先侦听该共享传
输介质是否已经被占用。图 1-6 所示为以太网共
享传输示意图。当共享传输介质空闲的时候,计
算机就可以抢用该介质进行通信。所以又称
CSMA/CD 方法为总线争用方法。

图1-6　以太网共享传输

与现代以太网标准相一致的第一个局域网是由施乐公司的 Robert Metcalfe 和他的工作小组成员建成的。

1980 年,由数字设备公司、英特尔公司和施乐公司联合发布了第一个以太网标准 Ethernet。这种用同轴电缆为传输介质的简单网络技术立即受到了欢迎。在 20 世纪 80 年代,用 10 Mbps 以太网技术构造的局域网迅速遍布全球。

1985 年,电气电子工程师学会 IEEE 发布了局域网和城域网的 IEEE 802 系列标准,其中的 IEEE 802.3 是以太网技术标准。IEEE 802.3 标准与 1980 年的 Ethernet 标准的差异非常小,以至于同一块以太网卡可以同时发送和接收 IEEE 802.3 数据帧和 Ethernet 数据帧。

20 世纪 80 年代因 PC 机的大量出现和以太网的廉价,计算机网络不再是一个奢侈的技术。10 Mbps 的网络传输速度,很好地满足了当时相对较慢的 PC 计算机的需求。进入 20

世纪 90 年代,计算机需要传输的数据量越来越大,100 Mbps 的以太网技术随之出现。100 Mbps 以太网被称为快速以太网。1999 年,IEEE 又发布了千兆以太网标准。

需要回顾的是令牌网、FDDI 网,甚至 ATM 网络技术对以太网技术的挑战。以太网以其简单易行、价格低廉、方便的可扩展性和可靠的特性,最终淘汰或正在淘汰这些技术,成为计算机局域网、城域网甚至广域网中的主流技术。

3)Internet

Internet 是全球规模最大、应用最广的计算机网络。它是由院校、企业、政府的局域网自发地加入而发展壮大起来的超级网络,连接有数千万的计算机、服务器。通过在 Internet 上发布商业、学术、政府、企业的信息,以及新闻和娱乐的内容,极大地改变了人们的工作和生活方式。

Internet 的前身是 1969 年问世的美国 ARPANET。到了 1983 年,ARPANET 已连接有超过三百台计算机。1984 年,ARPANET 被分解为两个网络,一个为民用,仍然称 ARPANET。另外一个为军用,称为 MILNET。美国国家科学基金会 NSF 从 1985 年到 1990 年期间建设由主干网、地区网和校园网组成的三级网络,称为 NSFNET,并与 ARPANET 相连。到了 1990 年,NSFNET 与 ARPANET 合在一起改名为 Internet。随后,Internet 上计算机接入的数量与日俱增。为进一步扩大 Internet,美国政府将 Internet 的主干网交由非私营公司经营,并开始对 Internet 上的传输收费,Internet 得到了迅猛发展。

我国于 1994 年 4 月完成 NCFC 与 Internet 的接入。由中国科学院主持,联合北京大学和清华大学共同完成的 NCFC(中国国家计算与网络设施)是一个在北京中关村地区建设的超级计算中心。NCFC 通过光缆将中科院中关村地区的三十多个研究所及清华、北大两所高校连接起来,形成 NCFC 的计算机网络。到 1994 年 5 月,NCFC 已连接了 150 多个以太网,3000 多台计算机。

我国的商业 Internet——中国因特网 ChinaNet 由中国电信和中国网通始建于 1995 年。ChinaNet 通过美国 MCI 公司、Global One 公司、新加坡 Telecom 公司、日本 KDD 公司与国际 Internet 连接。目前,ChinaNet 骨干网已经遍布全国各省、市、自治区,干线速度达到数十千兆,成为国际 Internet 的重要组成部分。

Internet 已经成为世界上规模最大和增长速度最快的计算机网络,没有人能够准确说出 Internet 具体有多大。到现在,Internet 的概念已经不仅仅指所提供的计算机通信链路,而且还指参与其中的服务器所提供的信息和服务资源。计算机通信链路、信息和服务资源这些概念一起组成了现代 Internet 的体系结构。

◆ **知识点 1.1.3 计算机网络的组成**

一、计算机网络系统组成

一般而论,计算机网络有 4 个主要组成部分:计算机、数据通信链路、网络协议、网络操作系统和网络应用软件。

1. 计算机

计算机是网络的主体。随着家用电器的智能化和网络化,越来越多的家用电器如手机、电视机顶盒(使电视机不仅可以收看数字电视,而且可以使电视机作为因特网的终端设备使用)、监控报警设备,甚至厨房卫生设备等也可以接入计算机网络,它们都统称为网络的终端设备。

2.数据通信链路

用于数据传输的双绞线、同轴电缆、光缆以及为了有效而正确可靠地传输数据所必需的各种通信控制设备(如网卡、集线器、交换机、调制解调器、路由器等),它们构成了计算机与通信设备、计算机与计算机之间的数据通信链路。

3.网络协议

为了使网络中的计算机能正确地进行数据通信和资源共享,计算机和通信控制设备必须共同遵循一组规则和约定,这些规则、约定或标准就称为网络协议,简称协议。

4.网络操作系统和网络应用软件

连接在网络上的计算机,其操作系统必须遵循通信协议支持网络通信才能使计算机接入网络。因此,现在几乎所有的操作系统都具有网络通信功能。特别是运行在服务器上的操作系统,它除了具有强大的网络通信和资源共享功能之外,还负责网络的管理工作(如授权、日志、计费、安全等),这种操作系统称为服务器操作系统或网络操作系统。

网络操作系统主要有三类。一是 Windows 系统服务器版,如 Windows NT Server、Windows Server 2003 以及 Windows Server 2008 等,一般用在中低档服务器中。二是 UNIX 系统,如 AIX、HP-UX、IRIX、Solaris 等,它们的稳定性和安全性好,可用于大型网站或大中型企、事业单位网络中。三是开放源码的自由软件 Linux,其最大的特点是源代码的开放,可以免费得到许多应用软件,也获得了很好的应用。

计算机网络根据信息的不同处理方式还可分为通信子网和资源子网,图 1-7 所示为典型的计算机网络结构。

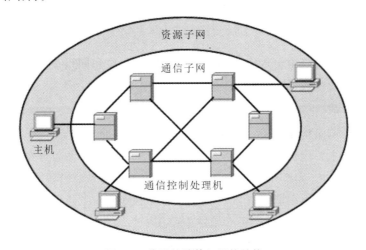

图 1-7　典型的计算机网络结构

二、计算机网络的软件

计算机网络除了必须拥有硬件组成外,还必须加上网络软件,才能够组成一个完整的计算机网络系统。也只有如此,才能根据网络通信协议,实现信息的发送、接收以及对通信过程进行控制,从而使用户能够共享网络的资源。

1. 网络软件的层次

计算机网络的软件包括网络操作系统、网络通信软件和网络协议软件、编程语言和数据库管理系统以及用户程序。

网络操作系统是对计算机网络进行自动管理的机构；网络通信软件用于管理各个计算机之间的信息传输。

网络协议软件主要用来实现物理层和数据链路层的某些功能。编程语言及数据库管理系统是用户编程或通信软件工作时需要调用的部分，它是用户可以远程使用的网络软件资源。

2. 网络的三个著名标准化组织

（1）ISO（International Organization for Standardization）国际标准化组织。

组成：美国国家标准协会及其他各国的国家标准化组织的代表。

主要贡献：提出开放系统互联参考模型，也就是七层网络通信模型的格式，通常称为"七层模型"。

（2）IEEE（Institute of Electrical and Electronics Engineers）电气电子工程师学会。

组成：电气电子工程师。它是世界上最大的专业化组织之一。

主要贡献：对于网络而言，IEEE 最了不起的贡献就是对 IEEE 802 协议进行了定义。

（3）ARPA（Advanced Research Projects Agency）美国国防部高级研究计划局。

组成：美国国防部高级研究计划局，或称 DARPA。

主要贡献：制定了 TCP/IP 通信标准。TCP——传输控制协议；IP——网际协议。

3. 网络操作系统的三大阵营

网络操作系统主要有三大阵营：UNIX、Netware 和 Microsoft Windows 系列。

三、计算机网络的硬件

计算机网络的硬件是由负责传输数据的网络传输介质和网络设备、使用网络的计算机终端设备和服务器所组成，如图 1-8 所示。

1. 网络传输介质

有 4 种主要的网络传输介质：双绞线电缆、光纤、微波、同轴电缆。

在局域网中的主要传输介质是双绞线电缆，这是一种不同于电话线的 8 芯电缆，具有传输 1000 Mbps 的能力。光纤在局域网中多承担干线部分的数据传输。使用微波的无线局域网由于其灵活性较好而逐渐普及。早期的局域网中使用网络同轴电缆，从 1995 年开始，网络同轴电缆被逐渐淘汰，已经不在局域网中使用了。由于 Cable Modem 的使用，电视同轴电缆还在充当 Internet 连接的其中一种传输介质。

2. 网络交换设备

网络交换设备是把计算机连接在一起的基本网络设备。计算机之间的数据报通过交换机转发。因此，计算机要连接到局域网络中，必须首先连接到交换机上。不同种类的网络使用不同的交换机，常见的有：以太网交换机、ATM 交换机、帧中继网的帧中继交换机、令牌网交换机、FDDI 交换机等。

可以使用称为 Hub 的网络集线器替代交换机。不过，虽然 Hub 的价格低廉，但会消耗

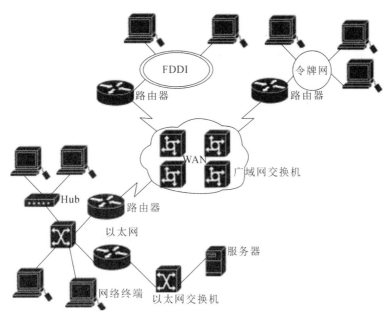

图 1-8　计算机网络的组成

大量的网络带宽资源。并且由于局域网交换机的价格已经下降到低于 PC 计算机的价格，所以正式的网络已经不再使用 Hub。

3. 网络互联设备

网络互联设备主要是指路由器。路由器是连接网络的必需设备，在网络之间转发数据报。

路由器不仅提供同类网络之间的互相连接，还提供不同网络之间的通信。比如：局域网与广域网的连接、以太网与帧中继网络的连接等。

在广域网与局域网的连接中，调制解调器也是一个重要的设备。调制解调器用于将数字信号调制成频率带宽更窄的信号，以便适于广域网的频率带宽。最常见的是使用电话网络或有线电视网络接入互联网。

中继器是一个延长网络电缆和光缆的设备，对衰减了的信号起再生作用。

网桥是一个被淘汰了的网络产品，原来用来改善网络带宽拥挤。交换机设备同时完成了网桥需要完成的任务，交换机的普及使用是终结网桥使命的直接原因。

4. 网络终端与服务器

网络终端也称网络工作站，是使用网络的计算机、网络打印机等。在客户机/服务器网络中，客户机指网络终端。

网络服务器是被网络终端访问的计算机系统，通常是一台高性能的计算机，例如大型机、小型机、UNIX 工作站和服务器 PC 机，安装上服务器软件后构成网络服务器，被分别称为大型机服务器、小型机服务器、UNIX 工作站服务器和 PC 机服务器。网络服务器是计算机网络的核心设备，网络中可共享的资源，如数据库、大容量磁盘、外部设备和多媒体节目等，通过服务器提供给网络终端。服务器按照可提供的服务可分为文件服务器、数据库服务器、打印服务器、WEB 服务器、电子邮件服务器、代理服务器等。

四、计算机网络的分类

可以从不同的角度对计算机网络进行分类。学习并理解计算机网络的分类,有助于我们更好地理解计算机网络。

1. 根据计算机网络覆盖的地理范围分类

按照计算机网络所覆盖的地理范围的大小进行分类,计算机网络可分为局域网、城域网和广域网。了解一个计算机网络所覆盖的地理范围的大小,可以使人们能一目了然地了解该网络的规模和主要技术。局域网(LAN)的覆盖范围一般在方圆几十米到几千米。典型的局域网是一个办公室、一个办公楼、一个园区的范围内的网络。

当网络的覆盖范围达到一个城市的大小时,该网络被称为城域网。网络覆盖到多个城市甚至全球的时候,就属于广域网的范畴了。我国著名的公共广域网是 ChinaNet、ChinaPAC、ChinaFrame、ChinaDDN 等。大型企业、院校、政府机关通过租用公共广域网的线路,可以构成自己的广域网。

2. 根据链路传输控制技术分类

链路传输控制技术是指合理分配网络传输线路、网络交换设备资源,以便避免网络通信链路资源冲突,同时为所有网络终端和服务器进行数据传输。

典型的网络链路传输控制技术有总线争用技术、令牌技术、FDDI 技术、ATM 技术、帧中继技术和 ISDN 技术。对应上述技术的网络分别是以太网、令牌网、FDDI 网、ATM 网、帧中继网和 ISDN 网。

总线争用技术是以太网的标志。总线争用顾名思义,即需要使用网络通信的计算机需要抢占通信线路。如果争用线路失败,就需要等待下一次的争用,直到占得通信线路。这种技术的实现简单,介质使用效率非常高。进入 21 世纪以来,使用总线争用技术的以太网成为计算机网络中占主导地位的网络。

令牌网和 FDDI 网一度是以太网的挑战者。它们分配网络传输线路和网络交换设备资源的方法是在网络中下发一个令牌报文包,轮流交给网络中的计算机。需要通信的计算机只有得到令牌的时候才能发送数据。令牌网和 FDDI 网的思路是需要通信的计算机轮流使用网络资源,避免冲突。但是,令牌技术相对以太网技术过于复杂,在千兆以太网出现后,令牌网和 FDDI 网不再具有竞争力,淡出了人们的视野。

ATM 是英文 asynchronous transfer mode 的缩写,称为异步传输模式。ATM 采用光纤作为传输介质,传输以 53 个字节为单位的超小数据单元(称为信元)。ATM 网络的最大吸引力之一是具有特别大的灵活性,只要 ATM 交换机建立交换虚电路,就可以提供突发性、宽频带传输的支持,包括多媒体在内的各种数据传输,传输速度高达622 Mbps。

我国的 ChinaFrame 是一个使用帧中继技术的公共广域网,是由帧中继交换机组成的、使用虚电路模式的网络。所谓虚电路,是指在通信之前需要在通信所途径的各个交换机中根据通信地址都建立起数据输入端口到转发端口之间的对应关系。这样,当带有报头的数据帧到达帧中继网的交换机时,交换机就可以按照报头中的地址正确地依虚电路的方向转发数据报。帧中继网可以提供高达数千兆的传输速度,由于其可靠的带宽保证和相对Internet 较强的安全性,成为银行、大型企业和政府机关局域网互联的主要网络。

ISDN 是综合业务数字网的缩写,建设的宗旨是在传统的电话线路上传输数字数据信号。ISDN 通过时分多路复用技术,可以在一条电话线上同时传输多路信号。ISDN 可以提供从 144 Kbps 到 30 Mbps 的传输带宽,但是由于其仍然属于电话技术的线路交换,租用价格较高,并没有成为计算机网络的主要通信网络。

3. 根据网络拓扑结构分类

网络拓扑结构分为物理拓扑和逻辑拓扑。物理拓扑结构描述网络中由网络终端、网络设备组成的网络节点之间的几何关系,反映出网络设备之间以及网络终端是如何连接的。

网络按照拓扑结构划分有总线结构、环形结构、星形结构、树形结构和网状结构。

五、计算机网络的拓扑结构

网络拓扑结构指连接于网络中的端系统或工作站之间互联的方式。简单来说是指网络形状及网络的连通性。常见的网络拓扑结构主要有星形结构、环形结构、总线结构、网状结构等。

1. 星形结构

星形结构为使用非常普遍的以太网结构,这种结构便于集中控制,因为终端用户之间的通信必须经过中心站,如图 1-9 所示。具备易于维护和安全、端用户设备因为故障而停机时也不会影响其他端用户间的通信的优点。但缺点也是明显的:中心系统必须具有极高的可靠性,因为中心系统一旦损坏,整个系统便趋于瘫痪。对此中心系统通常采用双机热备份,以提高系统的可靠性。典型应用:以太网交换机、集线器(Hub)、ATM 交换机等,如图 1-10 所示。

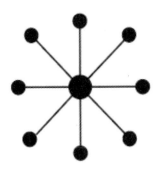 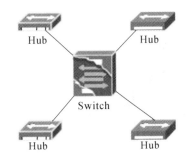

图 1-9　星形拓扑结构图　　　　图 1-10　星形拓扑结构的应用

2. 总线结构

总线结构是指各工作站和服务器均挂在一条总线上,各工作站地位平等,无中心节点控制,其传递方向总是从发送信息的节点开始向两端扩散,如同广播电台发射的信息一样,因此又称广播式计算机网络。如图 1-11 所示。

总线结构特点如下。

优点:费用低,易扩展,线路利用率高。

缺点:可靠性较低,管理维护困难,传输效率低。

典型应用:早期的局域网,采用网桥和集线器搭建。如图 1-12 所示。

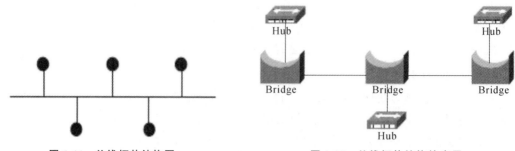

图 1-11　总线拓扑结构图　　　　　图 1-12　总线拓扑结构的应用

3. 环形结构

环形结构由网络中若干节点通过点到点的链路首尾相连形成一个闭合的环,这种结构使公共传输电缆组成环形连接,数据在环路中沿着一个方向在各个节点间传输,信息从一个节点传到另一个节点。如图 1-13 所示。

环形结构特点如下。

信息流在网络中是沿着固定方向流动的,两个节点仅有一条道路,故简化了路径选择的控制;由于信息源在环路中是串行地穿过各个节点,当环中节点过多时,势必影响信息传输速率,使网络的响应时间延长;环路是封闭的,不便于扩充;可靠性低,一个节点故障,将会造成全网瘫痪;维护难,对分支节点故障定位较难。

典型应用:FDDI 网。如图 1-14 所示。

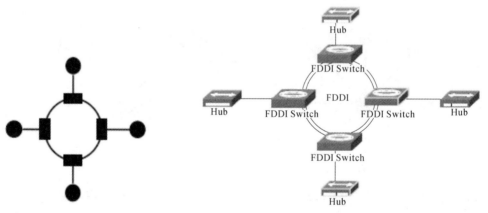

图 1-13　环形拓扑结构图　　　　　图 1-14　环形拓扑结构的应用

4. 网状结构

在网状拓扑结构中,网络的每台设备之间均有点到点的链路连接,如图 1-15 所示。

网状结构特点如下。

优点:可靠性高,易扩充,组网方式灵活。

缺点:费用高,结构复杂,管理维护困难。

典型应用:一般用于广域网组网,如 ChinaNet 等。如图 1-16 所示。

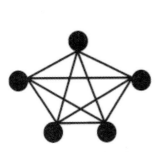

图 1-15　网状拓扑结构图

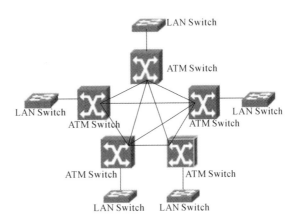

图 1-16　网状拓扑结构应用

六、计算机网络的体系结构

1. 分层

由于计算机网络功能越来越强,结构越来越复杂,给设计者带来很大的难度,所以采用了"分层"的思想。"分层"可将庞大而复杂的问题转化为若干较小的局部问题,而这些较小的局部问题就比较易于研究和处理。一般人们采用"层次结构"的方法来描述计算机网络,即:计算机网络中提供的功能是分层次的。

分层的特点如下。

(1) 各层之间是独立的。

(2) 灵活性好。

(3) 结构上可分割开。

(4) 易于实现和维护。

(5) 能促进标准化工作。

层数多少要适当:

(1) 若层数太少,就会使每一层的协议太复杂;

(2) 层数太多又会在描述和综合各层功能的系统工程任务时遇到较多的困难。

在图 1-17 所示计算机网络的体系结构中,n 层是 $n-1$ 层的用户,又是 $n+1$ 层的服务提供者。

分层结构的特点如下。

(1) 除了在物理媒体上进行的是实通信外,其余对等实体间进行的都是虚通信;

(2) 对等层的虚通信必须遵守该层的协议;

(3) n 层的虚通信是通过 $n-1/n$ 层间接口处 $n-1$ 层提供的服务及 $n-1$ 层的通信实现的。

2. 计算机网络协议

所谓计算机网络协议,就是通信双方事先约定的通信规则的集合。一个网络协议主要包含以下三个要素。

(1) 语法:数据与控制信息的结构和格式,包括数据格式、编码及信号电平等。

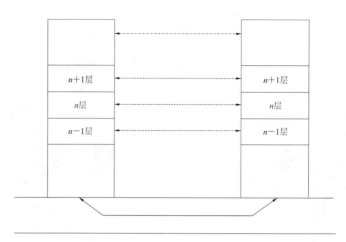

图 1-17　计算机网络的体系结构

（2）语义：用于协调和差错处理的控制信息。如需要发出何种控制信息完成何种动作以及做出何种应答等。

（3）定时：对有关事件实现顺序的详细说明，如速度匹配、排序等。

3. 网络体系结构

通常把网络协议以及网络各层功能和相邻接口协议规范的集合称为网络体系结构。

网络体系结构是一层次化的系统结构，它可以看作是对计算机网和它的部件所执行功能的精确定义。它把网络系统的通路分成一些功能分明的层，各层执行自己所承担的任务，依靠各层之间的功能组合，为用户或应用程序提供访问另一端的通路。

常见的计算机网络体系结构有 DEC 公司的 DNA（数字网络结构）、IBM 公司的 SNA（系统网络结构）等。为解决异种计算机系统、异种操作系统、异种网络之间的通信问题，国际标准化组织（ISO）在各厂家提出的计算机网络体系结构的基础上，提出了开放系统互联参考模型（OSI/RM）。

4. OSI

国际标准化组织 ISO 在 1977 年建立了一个分委员会来专门研究网络的体系结构，提出了开放系统互联 OSI（open system interconnection）参考模型，这是一个定义在异种机互联的主体结构。它一共定义了七层，如图 1-18 所示。

1）物理层

物理层涉及网络连接器和这些连接器电气特性的标准化问题。它的设计要求是保证一侧发出二进制 1，另一侧收到的也应是 1 而不是 0。

2）数据链路层

数据链路层将原始的无结构的二进制位流分成一个个分立的单元，即帧，并利用协议来交换这些单元。

3）网络层

网络层确定报文分组从报源到报宿所经过的路由（路径）。同时也处理拥挤控制、网络互联、计费和安全等问题。

4）传输层

传输层为更高层提供可靠的端对端连接。它的设计原则是：减少剩余差错率与信号失

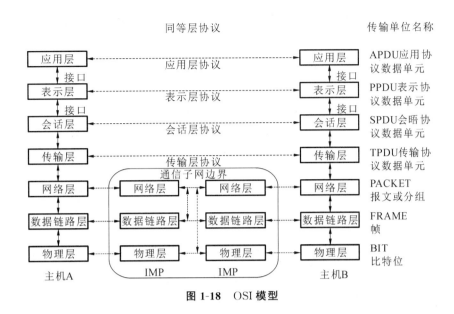

图 1-18　OSI 模型

真率,提高数据传输速率、吞吐量,缩短传输时延和能传送较大的网络协议数据单元(PDU)。它是真正的报源到报宿层,即末端至末端层。

5)会话层

低四层提供了基本的可靠的通信服务,但还不能满足应用设计的目的,因此需要为这些基本的服务进行增值,这就是会话层设计的目的。它有助于解决网络崩溃及其他问题。

◆　知识点 1.1.4　计算机网络的主要性能指标

一、网络带宽

对于数字信道,"带宽"是指在数字信道上(或一段链路上)能够传送的最高数据传输速率,即数据率或比特率。比特(bit)是计算机中的数据的最小单元,它也是信息量的度量单位。带宽的单位就是比特每秒(bit/s)。带宽有时也称为吞吐量。

常用的带宽单位:

千比特每秒,即 Kb/s(10^3 b/s);

兆比特每秒,即 Mb/s(10^6 b/s);

吉比特每秒,即 Gb/s(10^9 b/s);

太比特每秒,即 Tb/s(10^{12} b/s)。

对带宽概念的理解如下。

(1)宽带线路:可通过较高数据率的线路。

(2)宽带是相对的概念,并没有绝对的标准。

(3)在目前,对于用户接入到因特网的用户线来说,每秒传送几个兆比特就可以算是宽带速率。

(4)对宽带传输的错误理解:有些人愿意用"汽车在公路上跑"来比喻"比特在网络上传输",认为宽带传输的好处就是传输更快,好比汽车在高速公路上可以跑得更快一样。对于这种比喻一定要谨慎对待。

（5）常见的错误是混淆了两种速率。在网络中有两种不同的速率,这两种速率的意义和单位完全不同:信号(即电磁波)在传输媒体上的传播速率单位为米/秒(或千米/秒);计算机向网络发送比特的速率单位为比特/秒。

如果我们在网络中某一个点上观察数字信号流随时间的变化,那么信号在时间轴上的宽度就随着带宽的增大而变窄。图 1-19 是这一概念的示意图。

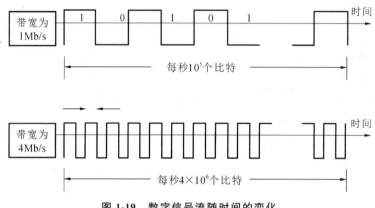

图 1-19   数字信号流随时间的变化

二、网络时延

时延是指数据从一个网络(或一个链路)的一端传送到另一端所需的时间。数据经历的总时延就是发送时延、传播时延、处理时延和排队时延之和。如图 1-20 所示为这四种时延所产生的过程示意图,其公式如下:

总时延＝发送时延＋传播时延＋处理时延＋排队时延

时延由以下几部分组成。

（1）发送时延(传输时延):发送数据时,数据块从节点进入传输介质所需要的时间。

信道带宽:数据在信道上的发送速率,常称为数据在信道上的传输速率。

发送时延的计算公式是:

发送时延＝数据块长度／信道带宽

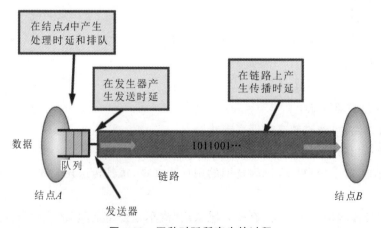

图 1-20   四种时延所产生的过程

（2）传播时延：电磁波在信道上传播一定距离所花费的时间。

传播时延的计算公式是：

$$传播时延 = 信道长度 / 电磁波在信道上的传播速率$$

（3）处理时延：交换节点为存储转发而进行一些必要的处理所花费的时间。

（4）排队时延：节点缓存队列中分组排队所经历的时间。这取决于网络中当时的通信量。

时延概念的分析如下：

（1）总时延中，要根据具体情况看谁占主导地位；

（2）提高链路带宽不是提高传播速率，而是提高传输速率，即减小了数据的发送时延。

思政小课堂——立志篇

新中国成立 70 余年，几代中国人付出巨大的代价形成了伟大的精神资源。它继承了建国初期三十年的艰苦创业精神，但又不故步自封、盲目排外；它继承了后四十年改革开放精神，但又没放弃独立自主，也不历史虚无。从华为精神来看，中国未来的国运所在，不是物质基础和经济成就，而是这种不卑不亢、开放谦逊、不畏艰险，又带有个人关怀、充满温度的精神资源，这是令人充满希望的！

（观看小视频：介绍华为科技创新案例。）

视频中提到的华为创新精神，结合目前国内的大数据、人工智能技术的发展，极大地提高了学生的学习兴趣。当代大学生在自己以后的职业生涯中要不断地更新思想，颠覆传统，与时俱进，才能有技术的创新！

1.2 计算机与局域网的连接

◆ 知识点 1.2.1 网络传输介质与设备

网络是用传输介质将孤立的主机连接到一起，使之能够互相通信，完成数据传输功能。常见的计算机网络传输介质是双绞线电缆、光纤和微波。50 Ω 同轴电缆在 20 世纪 90 年代初期扮演着局域网传输介质的主要角色，但是在我国，从 20 世纪 90 年代中期开始被双绞线电缆所淘汰。随着 Cable Modem 技术的引入，大量使用 75 Ω 电视同轴电缆实现互联网接入，同轴电缆又回到了计算机网络传输介质的行列。

一、信号和电缆的频率特性

从数量上看，全球的计算机网络的传输介质中，电缆占有 95% 比例。

有三种类型的电信号：模拟信号、正弦波信号和数字信号。

模拟信号是一种连续变化的信号。正弦波信号实际上还是模拟信号。但是由于正弦波信号是一个特殊的模拟信号，所以我们在这里把它单独作为一个信号类型。模拟信号的取值是连续的。

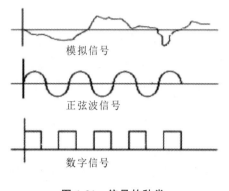

模拟信号

正弦波信号

数字信号

图 1-21　信号的种类

数字信号是一种 0、1 变化的信号。数字信号的取值是离散的。

数据既可以用模拟信号表示,也可以用数字信号表示。如图 1-21 所示。

计算机是一种使用数字信号的设备,因此计算机网络最直接、最高效的传输方法就是使用数字信号。在一些应用场合不得不使用模拟信号传输数据时,需要先把模拟信号转换成数字信号,待数据传送到目的地后,再转换回模拟信号。

不管是模拟信号还是数字信号,都是由大量频率不同的正弦波信号合成的。信号理论解释为:任何一个信号都是由无数个谐波(正弦波)组成的。数学解释为:任何一个函数都可以用傅里叶级数展开为一个常数和无穷个正弦函数。

$$y(t) = A_0 + A_1\sin\omega_1 t + A_2\sin\omega_2 t + A_3\sin\omega_3 t + \cdots$$

图 1-22 中,A_0 是信号 $y(t)$ 的直流成分。$\sin\omega_1 t$、$\sin\omega_2 t$、$\sin\omega_3 t$ 是 $y(t)$ 的谐波。A_1、A_2、A_3……是各个谐波的大小(强度)。ω_1、ω_2、ω_3 是谐波的频率。随着频率的增长,谐波的强度减弱。到了一定的频率 ω_i,其信号强度 A_i 会小到忽略不计。也就是说,一个信号 $y(t)$ 的有效谐波不是无穷多的,信号 $y(t)$ 可以被认为是由有限个谐波组成的,其最高频率的谐波的频率是 $\omega_{\max}$。

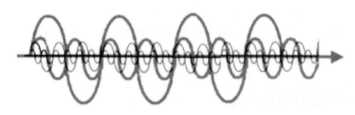

图 1-22　不同频率 ω_i 的谐波

一个信号有效谐波所占的频带宽度,就称为这个信号的频带宽度,简称频宽,或带宽。

模拟信号的频率比较低,如声音信号的带宽为 20 Hz 到 20 kHz。数字信号的频率要高很多,因为从示波器看它的图像,其变化较模拟信号锐利得多。数字信号的高频成分非常丰富,有效谐波的最高频率一般都在几十兆赫兹。

为了把信号不失真地传送到目的地,传输电缆就需要把信号中所有的谐波不失真地传送过去。遗憾的是传输电缆只能传输一定频率的信号,太高频率的谐波将会急剧衰减而丢失。例如普通电话线电缆的带宽是 2 MHz,它能轻松地传输语音电信号。但是对于数字信号(几十兆赫兹),电话电缆就无法传输了。因此如果用电话电缆传输数字信号,就必须把它调制成模拟信号才能传输。而普通双绞线电缆的带宽高达 100 MHz,所以可以直接传输数字信号。

电缆对过高频率的谐波削减得厉害的原因是电缆自身形成的电感和电容作用,而谐波的频率越高,电缆自身形成的电感和电容对其产生的阻抗就越大。

结论是,不同电缆具有不同的传输带宽。一个信号能不能不失真地使用某种类型的电缆,取决于电缆的带宽是否大于信号的带宽。

使用数字信号传输的优势是抗干扰能力强,传输设备简单。缺点是需要传输电缆具有较高的带宽。

使用模拟信号传输对传输介质的要求较低,但是抗干扰能力弱。

容易混淆的是,不管英语还是汉语,"带宽"(bandwidth)这个术语既被拿来描述网络电缆的频率特性,又被用于描述网络的通信速度。更容易混淆的是都用 k、M 来表示其单位。描述网络电缆的频率特性时,我们用 kHz、MHz,简称 k、M;描述网络的通信速度时,我们用 kbps、Mbps,仍然简称 k、M。当我们说某类双绞线电缆的"带宽是 100M",这个"100M"是指双绞线电缆的频率响应特性呢,还是传输数字信号的速度能力呢?

二、网络传输介质

网络传输介质就是指网络中双方之间的通路,常用的介质有:双绞线、同轴电缆、无线传输媒介。

传输介质的分类:同轴电缆、双绞线、光纤和无线通信介质。

1. 双绞线

双绞线简称 TP,由两根绝缘导线相互缠绕而成,将一对或多对双绞线放置在一个保护套中便成了双绞线电缆。双绞线既可用于传输模拟信号,又可用于传输数字信号。

双绞线可分为非屏蔽双绞线 UTP 和屏蔽双绞线 STP,适合于短距离通信。

非屏蔽双绞线价格便宜,传输速度偏低,抗干扰能力较差。

屏蔽双绞线抗干扰能力较好,具有更高的传输速度,但价格相对较贵。

双绞线需用 RJ-45 或 RJ-11 连接头插接。

随着快速以太网标准的推出和实施,五类双绞线开始广泛地应用于网络布线。但是由于个别厂商和网络公司在宣传上的误导,以及部分网络用户对有关标准缺乏必要的了解,致使在选用五类双绞线时真假难辨,不知所措。然而,一旦选用了不符合标准的五类双绞线,一方面会使网络整体性能下降,另一方面为将来网络的升级留下了隐患。本文结合技术和应用,介绍标准五类双绞线的正确识别方法。

为了让大家对双绞线有个较全面的了解,我们先来介绍双绞线的常见类型及特性。计算机局域网中的双绞线可分为非屏蔽双绞线(UTP)和屏蔽双绞线(STP)两大类:STP 外面由一层金属材料包裹,以减小辐射,防止信息被窃听,同时具有较高的数据传输速率,但价格较高,安装也比较复杂;UTP 无金属屏蔽材料,只用一层绝缘胶皮包裹,价格相对便宜,组网灵活。除某些特殊场合(如受电磁辐射严重、对传输质量要求较高等)在布线中使用 STP 外,一般情况下我们都采用 UTP。现在使用的 UTP 可分为三类、四类、五类和超五类 4 种。其中:三类 UTP 适应以太网(10 Mbps)对传输介质的要求,是早期网络中重要的传输介质;四类 UTP 因标准的推出比三类晚,而传输性能与三类 UTP 相比并没有提高多少,所以一般较少使用;五类 UTP 因价廉质优而成为快速以太网(100 Mbps)的首选介质;超五类 UTP 的用武之地是千兆位以太网(1 000 Mbps)。根据目前网络布线的实际需要,本文主要介绍五类 UTP 的正确识别和选择方法。

1) 非屏蔽双绞线

非屏蔽双绞线是最常用的网络连接传输介质。如图 1-23 所示。非屏蔽双绞线有 4 对

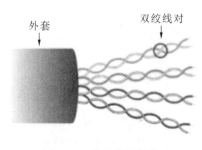

图 1-23 非屏蔽双绞线

绝缘塑料包皮的铜线。8 根铜线每两根互相绞扭在一起，形成线对。线缆绞扭在一起的目的是相互抵消彼此之间的电磁干扰。扭绞的密度沿着电缆循环变化，可以有效地消除线对之间的串扰。每米扭绞的次数需要精确地遵循规范设计，也就是说双绞线的生产加工非常精密。

因为非屏蔽双绞线的英文名字是 unshielded twisted pair，所以我们都简称非屏蔽双绞线为 UTP 电缆。UTP 电缆的 4 对线中，有两对作为数据通信线，另外两对作为语音通信线。因此，在电话和计算机网络的综合布线中，一根 UTP 电缆可以同时提供一条计算机网络线路和两条电话通信线路。

UTP 电缆有许多优点。UTP 电缆直径细，容易弯曲，因此易于布放。价格便宜也是 UTP 电缆的重要优点之一。UTP 电缆的缺点是其对电磁辐射采用简单扭绞，靠互相抵消的处理方式。因此，在抗电磁辐射方面，UTP 电缆相对同轴电缆（电视电缆和早期的 50 Ω 网络电缆）处于下风。曾经一度认为 UTP 电缆还有一个缺点就是数据传输的速度上不去。但是现在不是这样的。事实上，UTP 电缆现在可以传输高达 1 000 Mbps 的数据，是铜缆中传输速度最快的通信介质。

2）屏蔽双绞线

屏蔽双绞线（shielded twisted pair，STP）结合了屏蔽、电磁抵消和线对扭绞的技术。如图 1-24 所示。同轴电缆和 UTP 电缆的优点，STP 电缆都具备。

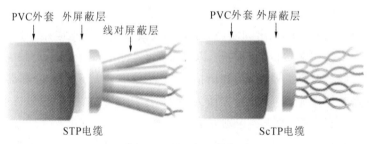

图 1-24 屏蔽双绞线

在以太网中，STP 可以完全消除线对之间的电磁串扰。最外层的屏蔽层可以屏蔽来自电缆外的电磁 EMI 干扰和无线电 RFI 干扰。STP 电缆的缺点主要有两点，一个是价格贵，另外一个就是安装复杂。安装复杂是因为 STP 电缆的屏蔽层接地问题。电缆线对的屏蔽层和外屏蔽层都要在连接器处与连接器的屏蔽金属外壳可靠连接。交换设备、配线架也都需要良好接地。因此，STP 电缆不仅是材料本身成本高，而且安装的成本也相对较高。

有一种 STP 电缆的变形，叫 ScTP。ScTP 电缆把 STP 中各个线对上的屏蔽层取消，只留下最外层的屏蔽层，以降低线材的成本和安装复杂程度。ScTP 中克服线对之间串绕的问题，与 UTP 电缆一样由线对的扭绞抵消来实现。

ScTP 电缆的安装相对 STP 电缆要简单多了，这是因为免去了线对屏蔽层的接地工作。

屏蔽双绞线抗电磁辐射的能力很强，适合在工业环境和其他有严重电磁辐射干扰或无线电辐射干扰的场合布放。另外，屏蔽双绞线的外屏蔽层有效地屏蔽了线缆本身对外界的辐射。在军事、情报、使馆,以及审计部门、财政部这样的政府部门,都可以使用屏蔽双绞线来有效地防止外界对线路数据的电磁侦听。对于线路周围有敏感仪器的场合,屏蔽双绞线可以避免对它们的干扰。然而,屏蔽双绞线的端接需要可靠地接地。不然,反而会引入更严重的噪声。这是因为屏蔽双绞线的屏蔽层此时就会像天线一样去感应所有周围的电磁信号。

3) 双绞线的频率特性

双绞线有很高的频率响应特性,可以高达 600 MHz,接近电视电缆的频响特性。双绞线电缆依据其频率响应特性可分为以下几种。

(1) 五类双绞线(category 5):频宽为 100 MHz。

(2) 超五类双绞线(enhanced category 5):频宽仍为 100 MHz,串扰、时延差等其他性能参数要求更严格。

(3) 六类双绞线(category 6):频宽为 250 MHz。

(4) 七类双绞线(category 7):频宽为 600 MHz。

快速以太网的传输速度是 100 Mbps,其信号的频宽约 70 MHz;ATM 网的传输速度是 150 Mbps,其信号的频宽约 80 MHz;千兆网的传输速度是 1 000 Mbps,其信号的频宽为 100 MHz。因此,用五类双绞线电缆能够满足常用网络传输对频率响应特性的要求。

六类双绞线是一个较新级别的电缆,其频率带宽可以达到 250 MHz。2002 年 7 月 20 日,TIA/EIA-568-B.2.1 公布了六类双绞线的标准。六类双绞线除了要保证频率带宽达到更高要求,其他参数的要求也颇为严格。例如串扰参数必须在 250 MHz 的频率下测试。七类双绞线是欧洲提出的一种屏蔽电缆 STP 的标准,其频率带宽是 600 MHz。双绞线的分类通常简写为 CAT 5、CAT 5e、CAT 6、CAT 7。

4) 双绞线的端接

为了连接 PC、集线器、交换机和路由器,双绞线电缆的两端需要端接连接器。在 100 Mbps 快速以太网中,网卡、集线器、交换机、路由器用双绞线连接需要两对线,一对用于发送,另外一对用于接收。

根据 TIA/EIA-568 标准的规定,PC 机的网卡和路由器使用 1、2 线对用作发送端,3、6 线对用于接收端。交换机和集线器与之相反,使用 3、6 线对作为发送端,1、2 线对作为接收端。为此,当把一台 PC 与交换机或集线器连接时,使用如图 1-25 所示的直通线。

使用如图 1-26 所示的交叉电缆,可以把两台电脑互联。使用交叉电缆把两台电脑连接在一起的方法,是最简单的网络连接方法。

图 1-25   直通线   图 1-26   交叉线

有时候为了扩充交换机和集线器端口的数量,或者延伸网络的长度(双绞线电缆 UTP 和 STP 的最大连接长度是 100 m),需要多台交换机和集线器级连。由于交换机和集线器的发送端和接收端设置相同,所以它们自己之间的互联也需要使用如图 1-27 所示的交叉电缆。

交换机和集线器的发送端口与接收端口的设置与电脑网卡的设置正好相反,其目的是使电脑与交换机和集线器的连接线缆的端接简化。我们知道,制作 UTP 的直通线要比制作交叉线简单。尤其是需要先在建筑物内布线,再用 UTP 跳线将电脑与交换机连接在一起的场合,直通线的使用可以避免线序的混乱。如图 1-28 所示。

5)双绞线及双绞线端接的测试

为保证信号可靠传输,传输介质以及线缆的布放和端接,必须进行全面的测试。可借助电缆测试仪器实现,这些测试是确保网络能够在高速度、高频率的条件下可靠工作的必要保证。最后的性能参数必须满足某一个公认的测试标准。国际流行的有三个标准:美国的 ANSI/TIA/EIA-568 标准和 ISO/IEC 11801 标准、欧洲的 EN 50173 标准。

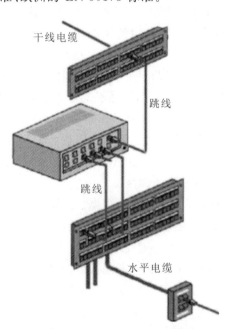

图 1-27   交换机之间的级连也使用交叉线   图 1-28   建筑物内的网络布线

主要的双绞线电缆及双绞线电缆布放和端接的测试参数:线序(wire map)、连接(connection)、电缆长度(cable length)、直流电阻(DC resistance)、阻抗(impedance)、衰减(attenuation)、近端串扰(near-end crosstalk,NEXT)、功率和近端串扰(power sum near-end crosstalk,PSNEXT)、等效远端串扰(equal-level far-end crosstalk,ELFEXT)、功率和远端串扰(power sum equal-level far-end crosstalk,PSELFEXT)。回返损失(return loss)、传导延时(propagation delay)、时延差(delay skew)。线序测试是指测试双绞线两端的 8 条线是否正确端接。当然,线序测试也测试了线缆是否有断路或开路。线序测试也完成了连接测试,确保线缆质量及端接的可靠。

根据 TIA/EIA-568 标准,双绞线电缆长度不得超过 100 m。

直流电阻和交流阻抗超标,会造成衰减指标超标。直流电阻太大,会使电信号的能量转化为热能。交流阻抗过大或过小,会造成两端设备的输入电路和输出电路阻抗不匹配,导致一部分信号像回声一样反射回发送端设备,造成接收端信号衰弱。另外,交流阻抗在整个线缆长度上应该保持一致。不仅从端点测试的交流阻抗需要满足规范,而且沿着线缆的所有部位,都应该满足规范。

回返损失是由于沿线缆长度上交流阻抗不一致而导致信号能量的反射。回返损失用分贝来表示,是测试信号与反射信号的比值。因此,电缆测试仪上回返损失测试结果的读数越大越好。TIA/EIA-568 标准规定回返损失应该大于 10 dB。

衰减是所有电缆测试的重要参数,指信号通过一段电缆后信号幅值的降低。电缆越长,直流电阻和交流阻抗越大,信号频率越高,衰减就越大。

串扰是指一根线缆电磁辐射到另外一根线缆。如图 1-29 所示。当一对线缆中的电压变化时,就会产生电磁辐射能量。这个能量就像无线电信号一样

串扰噪声

图 1-29　串扰

发射出去。而另外一对线缆此时就会像天线一样,接收这个能量辐射。频率越高,串扰就越显著。双绞线就是要依靠绞扭来抵消这样的辐射。如果电缆不合格,或者端接的质量不合格,双绞线依靠绞扭来抵消串扰的能力就会降低,造成通信质量下降,甚至不能通信。

TIA/EIA-568 标准中规定,五类双绞线的近端串扰值不许大于 24 dB。新的网络工程师们直接的感觉是测试结果的近端串扰数值越小,应该是质量越好。可实际上为什么近端串扰数值越大越好呢?原因是 TIA/EIA-568 标准中规定,五类双绞线的近端串扰值是在信号发射端的测试信号的电压幅值与串扰信号幅值之比。其结果用负的分贝数来表示。负的数值越大,反映噪声越小。传统上,电缆测试仪并不显示负数,所以从测试仪上读出 30 dB (实际的结果是−30 dB)比读数为 20 dB 要好。

电缆测试仪在测试串扰时,先在一对线缆中发射测试信号,然后测试另外一对线缆中的电压数值。这个电压就是由于串扰而产生的。

我们知道,近端串扰随着频率升高而显著。因此,我们在测试近端串扰的时候应该按照 ISO/IEC 11801 标准或 TIA/EIA-568 标准,对所有规定的频率完成测试。有些电缆测试为了缩短测试时间,只在几个频率点上测试。这样就容易忽视隐藏频率测试点上的链路故障。

等效远端串扰是指远离发射端的另外一端形成的串扰噪声。由于衰减的原因,一般情况下,如果近端串扰测试合格,远端串扰的测试也能够通过。

功率和近端串扰是指来自所有其他线对的噪声之和。在早期的双绞线使用中我们只使用两对线缆来完成通信。一对用于发送,另外一对用于接收。另外两对电话线对的语音信号频率较低,串扰很微弱。但是,随着 DSL 技术的使用,数据线旁边电话线对的语音线也会有几兆频率的数据信号。另外,千兆以太网开始使用所有 4 对线,经常会有多对线同时向一个方向传输信号。因此,现代通信中,多对线缆中同时通信的串扰的汇聚作用对信号是十分有害的。因此,TIA/EIA-568-B 开始规定需要测试功率和串扰。

造成直流电阻、交流阻抗、衰减、串扰等指标超标的原因除了线缆质量的问题外,更多的是因为端接质量差。如果测试出上述指标或某项指标超标,一般都判断是端接问题。剪掉原来的 RJ-45 连接器,重新端接,一般都可以排除这类故障。如图 1-30 所示。

传导延时是对信号沿导线传输速度的测试。传导延时的大小取决于电缆的长度、线绞

质量差的端接

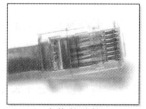
合格的端接

图 1-30　端接的质量

的疏密以及电缆本身的电特性。长度、线绞是随应用而定的。所以,传导延时主要是测试电缆本身的特性是不是合格。TIA/EIA-568-B 对不同类的双绞线有不同的传导延时标准。对于五类 UTP 电缆,TIA/EIA-568-B 规定不得大于 $1\,\mu s$。

传导延时测量是电缆长度测量的基础。测试仪器测量电缆长度是依据传导延时完成的。由于电线是绞扭的,所以信号在导线中行进的距离要长于电缆的物理长度。电缆测试仪器在测量时,发送一个脉冲信号,这个脉冲信号沿同线路反射回来的时间就是传导延时。这样的测试方法被称为时域反射仪测试(time domain reflectometry test),或 TDR 测试。

TDR 测试不仅可以用来测量电缆的长度,也可以测试电缆中短路或断路的地方。当测试脉冲碰到开路或短路的地方时,脉冲的部分能量,甚至全部能量都会反射回测试仪器。这样就可以计算出线缆故障的大体部位。

信号沿一条 UTP 电缆的不同线对传输,其延迟会有一些差异。这是因为线缆电特性不一致造成的。TIA/EIA-568-B 标准中的时延差参数就是这种差异的测试。延迟差异对于高速以太网(比如千兆以太网)的影响非常大。这是因为高速以太网使用几个线对同时传输数据,如果延迟差异太大,从几对线分别送出的数据,在接收端就无法正确地装配。

对于没有使用那么高速度的以太网(如百兆以太网),因为数据不会拆开用几对数据线同时传送,所以工程师往往不注意这个参数。但是,时延差参数不合格的电缆在未来升级到高速以太网的时候就会遇到麻烦。

下面是 TIA/EIA-568-B 对五类双绞线电缆的测试标准:

长度(length)　　　　　　<90 m 衰减(attenuation);

<23.2 dB 传导延时(propagation delay);

<1.0 μs 直流电阻(DC resistance);

<40 ohm 近端串扰(near-end crosstalk loss);

>24 dB 回返损耗(return loss);

>10 dB 要完成电缆测试,就必须使用电缆测试仪器。

如图 1-31 所示的是 Fluke DSP-LIA013,它是大多数网络工程师所熟悉的便携式电缆测试仪,可以测试超五类双绞线电缆。

最后需要强调的是,网络布线不仅需要采购合格的材料(包括线缆和连接器),而且需要合格的施工(包括布放和端接)。电缆测试应该在施工完成后进行。这不仅测试了线缆的质量,而且也测试了连接器、耦合器,更重要的是测试了线缆布放的质量和端接的质量。

6)双绞线技术要求

(1)传输速度。

双绞线质量是决定局域网带宽的关键因素之一。某些厂商在五类 UTP 电缆中所包裹的是三类或四类 UTP 中所使用的线对,这种制假方法对一般用户来说很难辨别。这种所谓的"五类 UTP"无法达到 100 Mbps 的数据传输率,最大为 10 Mbps 或 16 Mbps。

（2）电缆中双绞线对的扭绕应符合要求。

为了降低信号的干扰,双绞线电缆中的每一线对都是由两根绝缘的铜导线相互扭绕而成,而且同一电缆中的不同线对具有不同的扭绕度（就是扭绕线圈的数量）,如图 1-32 和图 1-33 所示。其中,图 1-32 所示为非屏蔽双绞线,它的屏蔽功能较差;图 1-33 所示为屏蔽双绞线,很明显有铜制屏蔽层,屏蔽效果较好,价格也较贵。

图 1-31　Fluke DSP-LIA013 电缆测试仪

同时,标准双绞线电缆中的线对是按逆时针方向进行扭绕。但某些非正规厂商生产的电缆线却存在许多问题：① 为了简化制造工艺,电缆中所有线对的扭绕度相同;② 线对中两根绝缘导线的扭绕度不符合技术要求;③ 线对的扭绕方向不符合要求。如果存在以上问题,将会引起双绞线的近端串扰（指 UTP 中两线对之间的信号干扰程度）,从而使传输距离达不到要求。双绞线的扭绕度在生产中都有较严格的标准,实际选购时,在有条件的情况下可用一些专业设备进行测量,但一般用户只能凭肉眼来观察。需要说明的是,五类 UTP 中线对的扭绕度要比三类密,超五类要比五类密。

图 1-32　非屏蔽双绞线

图 1-33　屏蔽双绞线

除组成双绞线线对的两条绝缘铜导线要按要求进行扭绕外,标准双绞线电缆中的线对之间也要按逆时针方向进行扭绕。否则将会引起电缆电阻的不匹配,限制传输距离。这一点一般用户很少注意到。有关五类双绞线电缆的扭绕度和其他相关参数,有兴趣的读者可查阅 TIA/EIA 568A（TIA/EIA 568 是 ANSI 于 1996 年制定的布线标准,该标准给出了网络布线时有关基础设施,包括线缆、连接设备等的内容）中的具体规定。

（3）五类双绞线。

以太网在使用双绞线作为传输介质时只需要 2 对（4 芯）线就可以完成信号的发送和接收。在使用双绞线作为传输介质的快速以太网中存在着三个标准：100Base-TX、100Base-T2 和 100Base-T4。其中：100Base-T4 标准要求使用全部的 4 对线进行信号传输,另外两个标准只要求 2 对线。而在快速以太网中最普及的是 100Base-TX 标准,所以你在购买 100 M 网络中使用的双绞线时,不要为图一点小便宜去使用只有 2 个线对的双绞线。在美国线规（AWG）中对三类、四类、五类和超五类双绞线都定义为 4 对,在千兆位以太网中更是要求使用全部的 4 对线进行通信。所以,标准五类线缆中应该有 4 对线。

（4）细节描述。

在具备了以上知识后,识别五类 UTP 时还应注意以下几点:① 查看电缆外面的说明信息。在双绞线电缆的外面包皮上应该印有像"AMP SYSTEMS CABLE……24AWG……CAT5"的字样,表示该双绞线是 AMP 公司(最具声誉的双绞线品牌公司)的五类双绞线,其中 24AWG 表示局域网中所使用的双绞线,CAT5 表示为五类;此外还有一种 NORDX/CDT 公司的 IBDN 标准五类网线,上面的字样就是"IBDN PLUS NORDX/CDT……24AWG……CATEGORY 5",这里的"CATEGORY 5"也表示五类线(CATEGORY 是英文"种类"的意思)。笔者曾经用过一箱没有标明类别的所谓"五类线",经实测只能达到三类线的标准。② 是否易弯曲。双绞线应弯曲自然,以方便布线。③ 电缆中的铜芯是否具有较好的韧性。为了使双绞线在移动中不致断线,除外皮保护层外,内部的铜芯还要具有一定的韧性。同时为便于接头的制作和连接可靠,铜芯既不能太软,也不能太硬,太软不便于接头的制作,太硬则容易产生接头处断裂。④ 是否具有阻燃性。为了避免受高温或起火而引起的线缆损坏,双绞线最外面的一层包皮除应具有很好的抗拉特性外,还应具有阻燃性(可以用火来烧一下测试:如果是正品,胶皮会受热松软,不会起火;如果是假货,一点就着)。为了降低制造成本,非标准双绞线电缆一般采用不符合要求的材料制作电缆的包皮,不利于通信安全。

在网络组建过程中,双绞线的接线质量会影响网络的整体性能。双绞线在各种设备之间的接法也非常讲究,应按规范连接。本文主要介绍双绞线的标准接法及其与各种设备的连接方法,目的是使大家掌握规律,提高工作效率,保证网络正常运行。

（5）双绞线的标准接法。

双绞线一般用于星形网络的布线,每条双绞线通过两端安装的 RJ-45 连接器(俗称水晶头)将各种网络设备连接起来。双绞线的标准接法不是随便规定的,目的是保证线缆接头布局的对称性,这样就可以使接头内线缆之间的干扰相互抵消。

超五类线是网络布线最常用的网线,分屏蔽和非屏蔽两种。如果是室外使用,屏蔽线要好些,在室内一般用非屏蔽超五类线就够了,而由于不带屏蔽层,线缆会相对柔软些,但其连接方法都是一样的。一般的超五类线里都有四对绞在一起的细线,并用不同的颜色标明。

双绞线有两种接法:EIA/TIA 568B 标准和 EIA/TIA 568A 标准。具体接法如下(见图1-34)。

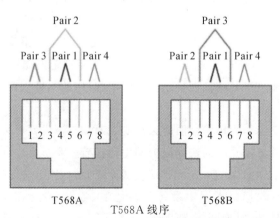

图 1-34   EIA/TIA 568B 标准和 EIA/TIA 568A 标准接线图

1	2	3	4	5	6	7	8
绿白	绿	橙白	蓝	蓝白	橙	棕白	棕

T568B 线序

1	2	3	4	5	6	7	8
橙白	橙	绿白	蓝	蓝白	绿	棕白	棕

续图 1-34

直通线：两头都按相同的线序，如都采用 T568A/T568B 线序标准连接。

交叉线：两头采用不同的线序，如一端是 T568A，另一端必须是 T568B。

2. 同轴电缆

同轴电缆常用于设备与设备之间的连接，或应用在总线网络拓扑中。同轴电缆中心轴线是一条铜导线，外加一层绝缘材料，在这层绝缘材料外边是由一根空心的圆柱网状铜导体包裹，最外一层是绝缘层。与双绞线相比，同轴电缆的抗干扰能力强、屏蔽性能好、传输数据稳定、价格也便宜，而且它不用连接在集线器或交换机上即可使用。同轴电缆的细节展示和实物展示如图 1-35 和图 1-36 所示。

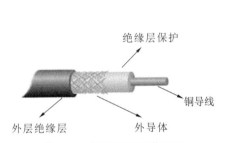

图 1-35 同轴电缆细节展示

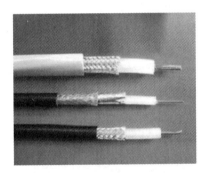

图 1-36 同轴电缆实物展示

同轴电缆是指有两个同心导体，而导体和屏蔽层又共用同一轴心的电缆。最常见的同轴电缆由互相隔离的铜线导体组成，在里层绝缘材料的外部是另一层环形导体及其绝缘体，然后整个电缆由聚氯乙烯材料的护套包住。

常用的同轴电缆有两类：50 Ω 和 75 Ω 的同轴电缆。50 Ω 同轴电缆主要用于基带信号传输，传输带宽为 1～20 MHz，总线型以太网就是使用 50 Ω 同轴电缆。在以太网中，50 Ω 细同轴电缆的最大传输距离为 185 m，粗同轴电缆可达 1 000 m。75 Ω 同轴电缆常用于 CATV 网，故称为 CATV 电缆，传输带宽可达 1 GHz。常用 CATV 电缆的传输带宽为 750 MHz，是 CATV 系统中使用的标准。

其中，通常说的 CATV 电缆，也就是网络同轴电缆。网络同轴电缆是内外由相互绝缘的同轴心导体构成的电缆：内导体为铜线，外导体为铜管。电磁场封闭在内外导体之间，故辐射损耗小，受外界干扰影响小。图 1-37 所示的是网络同轴电缆的接头。

同轴电缆的得名与它的结构相关。同轴电缆也是最常见的传输介质之一。它用来传递信息的一对导体是按照一层圆筒式的外导体套在内导体（一根细芯）外面，两个导体间是用互相隔离的绝缘材料制成。外层导体和中心轴芯线的圆心在同一个轴心上，所以叫作同轴电缆。同轴电缆之所以设计成这样，也是为了防止外部干扰信号的传递。一般来说，网络同轴电缆的连接方法如图 1-38 所示。

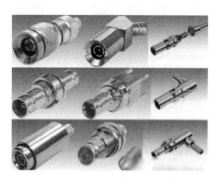

图 1-37　网络同轴电缆接头

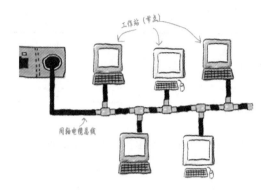

图 1-38　网络同轴电缆连接图

1）工作原理

同轴电缆由里到外分为四层：中心铜线、塑料绝缘体、网状导电层和电线外皮。中心铜线和网状导电层形成电流回路。

如果使用一般电线传输高频率电流，这种电线就相当于一根向外发射的天线，这种效应损耗了信号的功率，使得接收到的信号强度减小。

同轴电缆的设计正是为了解决这个问题。中心电线发射出来的无线电被网状导电层所隔离，网状导电层可以通过接地的方式来控制发射出来的无线电。

同轴电缆也存在一个问题，就是如果电缆某一段发生比较大的挤压或者扭曲变形，那么中心电线和网状导电层之间的距离就不是始终一致的，这会造成内部的无线电波反射回信号发送源。这种效应减低了可接收的信号功率。为了解决这个问题，中心电线和网状导电层之间被加入一层塑料绝缘体来保证它们之间的距离始终一致。这也造成了这种电缆比较僵直而不容易弯曲的特性。

2）优劣分析

同轴电缆的优点是可以在相对长的线路上支持高质量通信，而其缺点也是显而易见的：一是体积大，细缆的直径就有 3/8 英寸粗，要占用电缆管道的大量空间；二是不能承受缠结、压力和严重的弯曲，这些都会损坏电缆结构，阻止信号的传输；三是成本高。

3）分类方式

同轴电缆根据其直径大小可以分为：粗同轴电缆与细同轴电缆。粗缆适用于比较大型的局部网络，它的标准距离长，可靠性高。由于安装时不需要切断电缆，因此可以根据需要灵活调整计算机的入网位置。但粗缆网络必须安装收发器电缆，安装难度大，所以总体造价高。如图 1-39 所示为同轴电缆的粗缆结构，图 1-40 所示为同轴电缆粗缆与细缆的比较。相反，细缆安装则比较简单，造价低。但由于安装过程要切断电缆，两头须装上基本网络连接头（BNC），然后接在 T 形连接器两端，所以当接头多时容易产生不良的隐患，这是运行中的以太网所发生的最常见故障之一。

无论是粗缆还是细缆均为总线拓扑结构，即一根线缆上接多部机器，这种拓扑结构适用于机器密集的环境。但是当一触点发生故障时，故障会串联影响到整根线缆上的所有机器。故障的诊断和修复都很麻烦，因此，同轴电缆将逐步被非屏蔽双绞线或光缆取代。

图 1-39　同轴电缆粗缆结构

图 1-40　同轴电缆粗缆与细缆

4）主要分类

同轴电缆分为细缆 RG-58 和粗缆 RG-11,以及使用极少的半刚型同轴电缆和馈管。

（1）细缆。

细缆的直径为 0.26 cm,最大传输距离为 185 m,使用时与 50 Ω 终端电阻、T 形连接器及网卡相连,线材价格和连接头成本都比较便宜,而且不需要购置集线器等设备,十分适合架设终端设备较为集中的小型以太网络。缆线总长不要超过 185 m,否则信号将严重衰减。细缆的阻抗是 50 Ω。

（2）粗缆。

粗缆（RG-11）的直径为 1.27 cm,最大传输距离达到 500 m。由于其直径相当粗,因此它的弹性较差,不适合在室内狭窄的环境内架设。而且 RG-11 连接头的制作方式也相对要复杂许多,并不能直接与电脑连接,它需要通过一个转接器转成 AUI 接头,然后再接到电脑上。由于粗缆的强度较强,最大传输距离也比细缆长,因此粗缆的主要用途是扮演网络主干的角色,用来连接数个由细缆所结成的网络。粗缆的阻抗是 75 Ω。

（3）半刚型同轴电缆。

这种电缆使用极少,通常用于通信发射机内部的模块连接上,因为这种线传输损耗很小。但它也有一些缺点,比如硬度大,不易弯曲。此外,此类电缆的传输频率极高,大部分都可以达到 30 GHz。

目前工艺在逐渐完善,也出现了一些弯曲幅度较大的此类线材,但笔者推荐在对柔韧性要求不高的地方,尽量使用传统的铜管外导体的此类线材,以保证稳定性。

（4）视频同轴电缆。

它的英文简称为 SYV,常用的有 75-7、75-5、75-3、75-1 等型号,特性阻抗都是 75 Ω,以适应不同的传输距离。它是以非对称基带方式传输视频信号的主要介质。

主要应用范围:设备的支架连线、闭路电视、共用天线系统以及彩色或单色监视器的转送。这些应用不需要选择有特别严格公差要求的精密视频同轴电缆。视频同轴电缆的特征电阻是 75 Ω,这个值不是随意选的。物理学证明了视频信号最优化的衰减特性发生在 77 Ω。在低功率应用中,材料及设计决定了电缆的最优阻抗为 75 Ω。

标准视频同轴电缆既有实心导体也有多股导体的设计。建议在一些电缆要弯曲的应用中使用多股导体设计,如 CCTV 摄像机与托盘和支架装置的内部连接,或者是远程摄像机的传送电缆。

（5）基带同轴电缆。

同轴电缆以硬铜线为芯，外包一层绝缘材料。这层绝缘材料用密织的网状导体环绕，网外又覆盖一层保护性材料。有两种广泛使用的同轴电缆：一种是 50 Ω 电缆，用于数字传输。由于多用于基带传输，也叫基带同轴电缆；另一种是 75 Ω 电缆，用于模拟传输，即宽带同轴电缆。

同轴电缆的这种结构，使它具有极好的噪声抑制特性。同轴电缆的带宽取决于电缆长度。1 km 的电缆可以达到 1～2 Gb/s 的数据传输速率。还可以使用更长的电缆，但是传输率要降低或使用中间放大器。目前，同轴电缆已大量被光纤取代。

（6）宽带同轴电缆。

使用有线电视电缆进行模拟信号传输的同轴电缆系统被称为宽带同轴电缆。"宽带"这个词来源于电话业，指比 4 kHz 宽的频带。然而在计算机网络中，"宽带电缆"却指任何使用模拟信号进行传输的电缆网。

由于宽带网使用标准的有线电视技术，可使用的频带高达 300 MHz（常常到 450 MHz）；由于使用模拟信号，需要在接口处安放一个电子设备，用以把进入网络的比特流转换为模拟信号，并把网络输出的信号再转换成比特流。

宽带系统又分为多个，电视广播通常占用 6 MHz 信道。每个信道可用于模拟电视、CD 质量声音（1.4 Mb/s）或 3 Mb/s 的数字比特流。电视和数据可在一条电缆上混合传输。

宽带系统和基带系统的一个主要区别是：宽带系统由于覆盖的区域广，因此需要模拟放大器周期性地加强信号。这些放大器仅能单向传输信号，因此，如果计算机间有放大器，则报文分组就不能在计算机间逆向传输。为了解决这个问题，人们已经开发了两种类型的宽带系统：双缆系统和单缆系统。

5）同轴电缆网络

同轴电缆网络一般可分为三类。

（1）主干网。

主干线路在直径和衰减方面与其他线路不同，前者通常由有防护层的电缆构成。

（2）次主干网。

次主干电缆的直径比主干电缆小。当在不同建筑物的层次上使用次主干电缆时，要采用高增益的分布式放大器，并要考虑电缆与用户出口的接口。

（3）线缆。

同轴电缆不可绞接，各部分是通过低损耗的连接器连接的。连接器在物理性能上与电缆相匹配。中间接头和耦合器用线管包住，以防不慎接地。若希望电缆埋在光照射不到的地方，那么最好把电缆埋在冰点以下的地层里。如果不想把电缆埋在地下，则最好采用电杆来架设。同轴电缆每隔 100 m 设一个标记，以便于维修。必要时每隔 20 m 要对电缆进行支撑。在建筑物内部安装时，要考虑便于维修和扩展，在必要的地方还需提供管道，保护电缆。

6）安装方法

同轴电缆一般安装在设备与设备之间。在每一个用户位置上都装备有一个连接器，为用户提供接口。接口的安装方法如下：将细缆切断，两头装上 BNC 头，然后接在 T 形连接器两端。粗缆一般采用一种类似夹板的 Tap 装置进行安装，它利用 Tap 上的引导针穿透电缆的绝缘层，直接与导体相连。电缆两端设有终端器，以削弱信号的反射作用。

3. 光纤

光纤又称为光缆或光导纤维，由光导纤维纤芯、玻璃网层和能吸收光线的外壳组成。具有不受外界电磁场的影响、无限制的带宽等特点，可以实现每秒几十兆位的数据传送。尺寸小、重量轻，数据可传送几万米，但价格昂贵。

光纤是光导纤维的简写，是一种利用光在玻璃或塑料制成的纤维中的全反射原理而达成的光传导工具。香港中文大学前校长高锟和 George A. Hockham 首先提出光纤可以用于通信传输的设想，高锟因此获得 2009 年诺贝尔物理学奖。

通常光纤与光缆两个名词会被混淆。多数光纤在使用前必须由几层保护结构包覆，包覆后的缆线即被称为光缆。光纤外层的保护层和绝缘层可防止周围环境对光纤的伤害，如水、火、电击等。光缆分为光纤、缓冲层及披覆。光纤和光缆相似，只是没有网状屏蔽层，中心是光传播的玻璃芯。光纤所用的接头也是要专门制作的，图 1-41 所示的是一般光纤的接头。

在多模光纤中，纤芯分为 50 μm 和 62.5 μm 两种，大致与人的头发的粗细相当。而芯的直径为 8～10 μm。芯外面包围着一层玻璃封套，以使光纤线保持在芯内。再外面的是一层薄的塑料外套，用来保护封套。光纤通常被扎成束，外面有外壳保护，如图 1-42 所示。纤芯通常是由石英玻璃制成的横截面积很小的双层同心圆柱体，它质地脆，易断裂，因此需要外加一保护层。

图 1-41 光纤接头

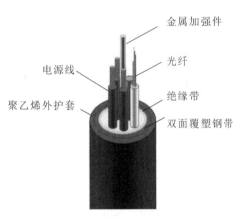

图 1-42 光纤内部结构图

直到 1960 年，美国科学家 Maiman 发明了世界上第一台激光器后，为光通信提供了良好的光源。随后二十多年，人们对光传输介质进行了攻关，终于制成了低损耗光纤，从而奠定了光通信的基石。从此，光通信进入了飞速发展的阶段。

光缆是高速、远距离数据传输的非常重要的传输介质。多用于局域网的骨干线段、局域网的远程互联。在 UTP 电缆传输千兆位的高速数据还不成熟的时候，实际网络设计中，工程师在千兆位的高速网段上完全依赖光缆。即使现在已经有可靠的用 UTP 电缆传输千兆位高速数据的技术，但是，由于 UTP 电缆的距离限制（100 m），所以骨干网仍然要使用光缆（局域网上用的多模光纤的标准传输距离是 2 km）。

光缆完全没有对外的电磁辐射，也不受任何外界电磁辐射的干扰。所以在周围电磁辐射严重的环境下（如工业环境中），以及需要防止数据被非接触侦听的需求下，光纤是一种可靠的传输介质。

在使用光缆传输数据时，在发送端用光电转换器将电信号转换为光信号，并发射到光缆的光导纤维中传输。在接收端,光接收器再将光信号还原成电信号。

光缆由光纤、塑料包层、凯夫拉抗拉材料和外护套构成。光纤用来传递光脉冲。有光脉冲相当于数据 1,没有光脉冲相当于数据 0。光脉冲使用可见光的频率约为 108 MHz 的量级。因此,一个光纤通信系统的带宽远远大于其他传输介质的带宽。

塑料包层用作光纤的缓冲材料,用来保护光纤。有两种塑料包层的设计:松包裹和紧包裹。大多数在局域网中使用的多模光纤采用紧包裹,缓冲材料直接包裹到光纤上。松包裹用于室外光缆,在光纤上增加涂抹垫层后再包裹缓冲材料。

凯夫拉抗拉材料用以在布放光缆的施工中避免因拉拽光缆而损坏内部的光纤线。外护套使用 PVC 材料或橡胶材料。室内光缆多使用 PVC 材料,室外光缆则多使用含金属丝的黑橡胶材料。

1) 光纤数据传输的原理

光纤由纤芯和硅石覆层构成。纤芯是氧化硅和其他物质组成的石英玻璃,用来传输光射线。硅石覆层的主要成分也是氧化硅,但是其折射率要小于纤芯。

光纤传输是根据光学的全反射定律实现的。当光线从折射率高的纤芯射向折射率低的覆层的时候,其折射角大于入射角,如图 1-43 所示。如果入射角足够大,就会出现全反射,即光线碰到覆层时就会折射回纤芯。

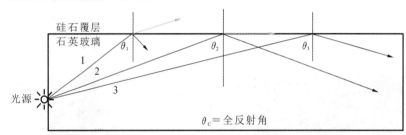

Ray1: $\theta_1 < \theta_c$,反射＋折射
Ray2: $\theta_2 = \theta_c$,反射＋折射
Ray3: $\theta_3 > \theta_c$,所有入射光将全部反射

图 1-43　全反射原理

这个过程不断重复,光也就沿着光纤传输下去了。

现代的生产工艺可以制造出超低损耗的光纤,光可以在光纤中传输数千米而基本上没有什么损耗。我们甚至可以在布线施工中,在几十层楼高的地方借助手电筒的光肉眼查看光纤的布放情况,或分辨光纤的线序(注意,切不可在光发射器工作的时候用这样的方法,激光光源的发射器会损坏眼睛)。

由全反射原理可以知道,光发射器的光源的光必须在某个角度范围内才能在纤芯中产生全反射。纤芯越粗,这个角度范围就越大。反之,当纤芯的直径减小到只有一个光的波长时,则光的入射角度就只有一个。

可以存在多条不同入射角度的光纤,不同入射角度的光线会沿着不同折射线路传输。这些折射线路被称为"模"。如果光纤的直径足够大,以至于有多个入射角形成多条折射线路,这种光纤就是多模光纤。

单模光纤的直径非常小,只有一个光的波长。因此单模光纤只有一个入射角度,光纤中只有一条光线路,如图 1-44 所示。

单模光纤的特点是:纤芯直径小,只有 5 到 10 微米;几乎没有散射;适合远距离传输,标准

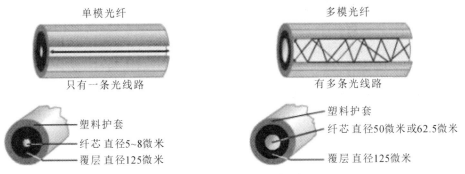

图 1-44　单模光纤和多模光纤

距离达 3 千米,非标准传输距离可以达几十千米;使用激光光源。多模光纤的特点是:纤芯直径比单模光纤的大,有 50 到 62.5 微米,或更大;散射比单模光纤的强,因此有信号的损失;适合远距离传输,但是比单模光纤的短,标准距离达 2 千米;使用 LED 光源。我们可以简单记为:多模光纤纤芯的直径要比单模光纤的大 10 倍左右;多模光纤使用发光二极管作为发射光源,而单模光纤使用激光光源。我们通常看到用 50/125 或 62.5/125 表示的光缆就是多模光纤。而如果在光缆外套上印刷有 9/125 的字样,即说明是单模光纤。如图 1-45 所示。

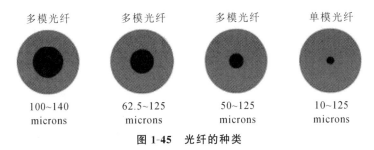

图 1-45　光纤的种类

　　在光纤通信中,常用的三个波长是 850 nm、1310 nm 和 1550 nm。后两种波长的光,在光纤中的衰减比较小。850 nm 的波段的衰减比较大,但在此波段的光波其他特性比较好,因此也被广泛使用。

　　单模光纤使用 1310 nm 和 1550 nm 的激光光源,在长距离的远程连接局域网中使用。多模光纤使用 850 nm、1300 nm 的发光二极管 LED 光源,被广泛地使用在局域网中。

　　2）光纤传输的优点

　　（1）频带宽。

　　频带的宽窄代表传输容量的大小。载波的频率越高,可以传输信号的频带宽度就越大。在 VHF 频段,载波频率为 48.5～300 MHz,带宽约 250 MHz,只能传输 27 套电视和几十套调频广播。可见光的频率达 100 000 GHz,比 VHF 频段高出一百多万倍。尽管由于光纤对不同频率的光有不同的损耗,使频带宽度受到影响,但在最低损耗区的频带宽度也可达 30 000 GHz。

　　（2）损耗低。

　　在同轴电缆组成的系统中,较好的电缆在传输 800 MHz 信号时,每千米的损耗在 40 dB 以上。相比之下,光导纤维的损耗则要小得多,传输 1.31 μm 的光,每千米损耗在 0.35 dB 以下。若传输 1.55 μm 的光,每千米损耗更小,可达 0.2 dB 以下。这就比同轴电缆的功率损耗要小一亿倍,使其能传输的距离要远得多。此外,光纤传输损耗还有两个特点,一是在全部有线电视频道内具有相同的损耗,不需要像电缆干线那样必须引入均衡器进行均衡;二是其损耗几乎不随温度而变,不用担心因环境温度变化而造成干线电平的波动。

(3) 重量轻。

因为光纤非常细,单模光纤芯线直径一般为 $4\sim10\ \mu m$,外径也只有 $125\ \mu m$,加上防水层、加强筋、护套等,用 $4\sim48$ 根光纤组成的光缆直径还不到 13 mm,比标准同轴电缆 47 mm 的直径要小得多。加上光纤是玻璃纤维,比重小,使它具有直径小、重量轻的特点,安装十分方便。

(4) 抗干扰能力强。

因为光纤的基本成分是石英,只传光,不导电,不受电磁场的作用,在其中传输的光信号不受电磁场的影响,故光纤传输对电磁干扰、工业干扰有很强的抵御能力。也正因为如此,在光纤中传输的信号不易被窃听,有利于保密。

(5) 保真度高。

因为光纤传输一般不需要中继放大,不会因为放大引入新的非线性失真。只要激光器的线性好,就可高保真地传输电视信号。实际测试表明,好的调幅光纤系统的载波组合三次差拍比 C/CTB 在 70 dB 以上,交调指标 CM 也在 60 dB 以上,远高于一般电缆干线系统的非线性失真指标。

(6) 工作性能可靠。

我们知道,一个系统的可靠性与组成该系统的设备数量有关。设备越多,发生故障的概率越大。因为光纤系统包含的设备数量少(不像电缆系统那样需要几十个放大器),可靠性自然也就高,加上光纤设备的寿命都很长,无故障达 50 万～75 万小时,其中寿命最短的是光发射机中的激光器,最低寿命也在 10 万小时以上。故一个设计良好、正确安装调试的光纤系统的工作性能是非常可靠的。

(7) 成本不断下降。

目前,有人提出了新的概念,也叫作光学定律(optical law)。该定律指出,光纤传输信息的带宽,每 6 个月增加 1 倍,而价格降低一半。光通信技术的发展,为 Internet 宽带技术的发展奠定了非常好的基础。这就为大型有线电视系统采用光纤传输方式扫清了最后一个障碍。由于制作光纤的材料(石英)来源十分丰富,随着技术的进步,成本还会进一步降低;而电缆所需的铜原料有限,价格会越来越高。显然,今后光纤传输将占绝对优势,成为建立全省以至全国有线电视网最主要的传输手段。

4. 无线介质

无线传输媒介包括无线电波、微波、红外线等。无线就是可以利用电磁波发送和接收信号进行通信。地球上的大气层为大部分无线传输提供了物理通道,就是常说的无线传输介质。无线传输所使用的频段很广,人们现在已经利用了好几个波段进行通信。无线通信的方法有无线电波、微波、蓝牙和红外线等。

1) 无线电波

无线电波是指在自由空间(包括空气和真空)传播的射频频段的电磁波。无线电技术是通过无线电波传播声音或其他信号的技术。无线电技术的原理在于,导体中电流强弱的改变会产生无线电波。利用这一现象,通过调制可将信息加载于无线电波之上。当电波通过空间传播到达收信端,电波引起的电磁场变化又会在导体中产生电流。如图 1-46 所示为无线电波的发射/接收示意图。

2）微波

微波是指频率为 300 MHz～300 GHz 的电磁波,是无线电波中一个有限频带的简称,即波长在 1 m(不含 1 m)到 1 mm 之间的电磁波,是分米波、厘米波的统称。微波频率比一般的无线电波频率高,通常也称为"超高频电磁波"。图 1-47 所示的是微波通信的一个实例。

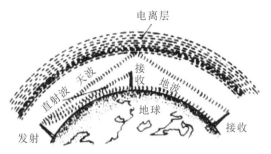

图 1-46　无限电波的发射/接收示意图

图 1-47　微波通信实例

3）红外线

红外线是众多不可见光线中的一种,由英国科学家于 1800 年发现,又称为红外。该科学家将太阳光用三棱镜分解开,在各种不同颜色的色带位置上放置了温度计,试图测量各种颜色的光的加热效应。结果发现,位于红光外侧的那支温度计升温最快。因此得到结论:红光的外侧必定存在看不见的光线,这就是红外线。图 1-48 所示为红外线发射器的实物。红外线的光谱如图 1-49 所示。红外线也可以当作传输之媒介。

图 1-48　红外线发射器

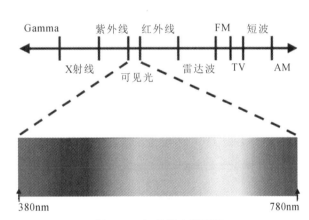

图 1-49　红外线光谱展示

太阳光谱上红外线的波长大于可见光线,波长为 $0.75\sim1000\ \mu m$。红外线可分为三部分,即近红外线,波长为 $0.75\sim1.50\ \mu m$;中红外线,波长为 $1.50\sim6.0\ \mu m$;远红外线,波长为 $6.0\sim1000\ \mu m$。红外线有两个最突出的优点:不易被人发现和截获,保密性强;几乎不会受到电气、人为干扰,抗干扰性强。

此外,红外线通信机体积小,重量轻,结构简单,价格低廉。但是它必须在直视距离内通信,且传播受天气的影响。在不能架设有线线路,而使用无线电又怕暴露自己的情况下,使用红外线通信是比较好的。

（1）无线传输使用的频段。

UTP 电缆、STP 电缆和光缆都是有线传输介质。由于无线传输不需布放线缆,其灵活性使得其在计算机网络通信中的应用越来越多。而且,可以预见,在未来的局域网传输介质中,无线传输将逐渐成为主角。

无线数据传输使用无线电波和微波,可选择的频段很广。计算机网络使用的频段如表1-1所示。

表 1-1　计算机网络使用的频段

频　率	划　分	主 要 用 途
300 Hz	超低频 SLF	
3 kHz	次低频 ILF	
30 kHz	甚低频 VLF	长距离通信、导航
300 kHz	低频 LF	广播
3 MHz	中频 MF	广播、中距离通信
30 MHz	高频 HF	广播、长距离通信
300 MHz	微波(甚高频 VHF)	移动通信
2.4 GHz	微波	计算机无线网络
3 GHz	微波(特高频 UHF)	电视广播
5.6 GHz	微波	计算机无线网络
30 GHz	微波(超高频 SHF)	微波通信
300 GHz	微波(极高频 EHF)	雷达

（2）无线网络的构成和设备。

由微波组成的无线局域网被称为 WLAN。

构成 WLAN 需要的设备少到可以只有两种:无线网卡和无线集线器。搭建 WLAN 要比搭建有线网络简单得多。只需要把无线网卡插入台式电脑或笔记本电脑,把无线 Hub 通上电,网络就搭建完成了。

无线 Hub 在一个区域内为无线节点提供连接和数据报转发,其覆盖的范围大小取决于天线的尺寸和增益的大小。通常的无线 Hub 的覆盖范围是 91.44 米到 152.4 米(300 英尺到 500 英尺)。为了覆盖更大的范围,就需要多个无线 Hub,如图 1-50 所示。在图中我们可以看到,各个无线 Hub 的覆盖区域有一定的重叠,这一点上很像手机通信的基站之间的重叠。覆盖区域重叠的目的是允许设备在 WLAN 中移动。

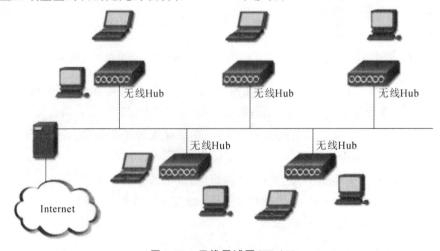

图 1-50　无线局域网 WLAN

虽然没有规范明确规定重叠的深度,但是一般工程师在考虑无线 Hub 的位置时,设置为 20%～30%。这样的设置,使得 WLAN 中的笔记本电脑可以漫游,而不至于出现通信中断。图 1-51 和图 1-52 所示分别为无线 Hub 和无线网卡的实物图。

图 1-51　无线 Hub

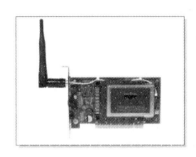

图 1-52　无线网卡

当一台主机希望使用 WLAN 的时候,它首先需要扫描侦听可以连接的无线 Hub。寻找可以连接的无线 Hub 的方法是向空中发出一个请求包,带有一个服务组标识 SSID(注:网络中标识这个术语指的就是编号)。每个 WLAN 都会给自己设置一个服务组标识,并配置到这个网内的主机和无线 Hub 上。因此,当具有相同 SSID 的无线 Hub 收到一个请求包的时候,它就会发送一个应答包。经过身份验证后,连接就建立完成了。

WLAN 的传输速度随主机与 Hub 的距离而变化,如图 1-53 所示。距离越远,通信的信号越弱,因此就需要放慢通信速度来克服噪声。WLAN 这种自适应传输速度调整 ARS 与 ADSL 技术很相似。

三、网络连接设备

网络连接设备是把网络中的通信线路连接起来的各种设备的总称,这些设备包括调制解调器、网卡、中继器、集线器、网桥、交换机、路由器和防火墙等。

1. 调制解调器

调制解调器(Modem),是一个将数字信号调制到模拟载波信号上进行传输,并解调收到的模拟信号以得到数字信息的电子设备,如图 1-54 所示。它的目标是产生能够方便传输的模拟信号并且能够通过解码还原原来的数字数据。根据不同的应用场合,调制解调器可以使用不同的手段来传送模拟信号,比如使用光纤、射频无线电或电话线等。

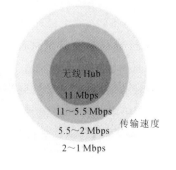

无线 Hub

11 Mbps

11～5.5 Mbps

传输速度

5.5～2 Mbps

2～1 Mbps

图 1-53　WLAN 的传输速度随距离而变化

图 1-54　调制解调器

工作原理:计算机内的信息是由"0"和"1"组成的数字信号,而在电话线上传输的却只能是模拟信号。于是,当两台计算机要通过电话线进行数据传输时,就需要一个设备负责数模的转换。这个数模转换器就是 Modem。计算机在发送数据时,先由 Modem 把数字信号转换为相应的模拟信号,这个过程称为"调制"。经过调制的信号通过电话载波传送到另一台计算机之前,也要经由接收方的 Modem 负责把模拟信号还原为计算机能识别的数字信号,这个过程称为"解调"。正是通过这样一个"调制"与"解调"的数模转换过程,才实现了两台计算机之间的远程通信。

根据 Modem 的形态和安装方式,可将其分为以下几种。

1) 外置式 Modem

外置式 Modem 放置于机箱外,通过串行通信口与主机连接。这种 Modem 方便灵巧、易于安装,闪烁的指示灯便于监视 Modem 的工作状况。但外置式 Modem 需要使用额外的电源与电缆。

2) 内置式 Modem

内置式 Modem 在安装时需要拆开机箱,并且要对中断和 COM 口进行设置,安装较为烦琐。这种 Modem 要占用主板上的扩展槽,但不需额外的电源与电缆,且价格比外置式 Modem 要便宜一些。

3) 插卡式 Modem

插卡式 Modem 主要用于笔记本电脑,它体积小巧,配合移动电话,可方便地实现移动办公。

4) 机架式 Modem

机架式 Modem 相当于把一组 Modem 集中于一个箱体或外壳里,并由统一的电源进行供电。机架式 Modem 主要用于 Internet/Intranet、电信局、校园网、金融机构等网络的中心机房。

2. 网卡

1) 简介

网卡(network interface card,NIC),即网络接口板,又称网络适配器或网络接口控制器,是一块支持计算机在计算机网络上进行通信的计算机硬件。由于其拥有 MAC 地址,因此属于 OSI 模型的第 1 层。它使得用户可以通过电缆或无线相互连接。每一个网卡都有一台被称为 MAC 地址的独一无二的 48 位串行号,它被写在卡上的一块 ROM 中。在网络上的每一台计算机都必须拥有一个独一无二的 MAC 地址。没有任何两块被生产出来的网卡拥有同样的地址。这是因为电气电子工程师学会(IEEE)负责为网络接口控制器销售商分配唯一的 MAC 地址。网卡是应用非常广泛的一种网络设备,它是连接计算机与网络的硬件设备,是局域网最基本的组成部分之一。网卡分为内置式和外置式两种,图 1-55 所示的是内置式网卡。

网卡主要具有以下功能:网卡是工作在数据链路层的网络组件,是局域网中连接计算机和传输介质的接口,不仅能实现与局域网传输介质之间的物理连接和电信号匹配,还涉及帧的发送与接收、帧的封装与拆封、介质访问控制、数据的编码与解码以及数据缓存的功能等。

2) 网卡分类

(1) 根据总线接口分类。

① ISA 总线网卡。

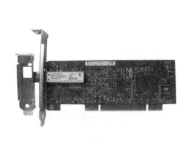 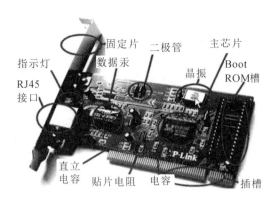

图 1-55　内置式网卡

　　这是早期的一种接口类型网卡,在 20 世纪 80 年代末 90 年代初期几乎所有内置板卡都采用 ISA 总线接口类型,一直到 20 世纪 90 年代末期还有部分这类接口类型的网卡在使用。当然这种总线接口不仅用于网卡,像现在的 PCI 接口一样,当时也普遍应用于包括显卡、声卡等在内的内置板卡。

　　随着 20 世纪 90 年代初 PCI 总线技术的出现,ISA 总线接口由于 I/O 速度较慢,很快被淘汰了。目前在市面上基本看不到 ISA 总线类型的网卡。

　　② PCI 总线网卡。

　　这种总线类型的网卡在台式机上相当普遍。因为它的 I/O 速度远比 ISA 总线网卡的快,所以这种总线技术在出现后很快就替代了原来老式的 ISA 总线。用户通过网卡所带的两个指示灯颜色可以初步判断网卡的工作状态。一般的 PC 机和服务器中也提供了好几个 PCI 总线插槽,基本上可以满足常见 PCI 适配器的(包括显示卡、声卡等)安装。PC 机上用的 32 位 PCI 网卡,PCI2.0、PCI2.1 和 PCI2.2 三种接口规范的网卡外观差不多(主板上的 PCI 插槽也一样)。服务器上用的 64 位 PCI 网卡外观就与 32 位的有较大差别,主要体现在金手指的长度较长。

　　③ PCI-X 总线网卡。

　　这是一种在服务器上使用的网卡类型,它与原来的 PCI 相比,在 I/O 速度方面提高了一倍,比 PCI 接口具有更快的数据传输速度。这种总线类型的网卡主要是由服务器生产厂商随机独家提供,如在 IBM 的 X 系列服务器中就可以见到它的踪影。PCI-X 总线接口的网卡一般为 32 位总线宽度,也有的是用 64 位数据宽度的。

　　④ PCMCIA 总线网卡。

　　这种总线类型的网卡是笔记本电脑专用的,它受笔记本电脑的空间限制,体积远不可能像 PCI 接口网卡那么大。PCMCIA 总线分为两类,一类为 16 位的 PCMCIA,另一类为 32 位的 CardBus。

　　CardBus 是一种用于笔记本计算机的新的高性能 PC 卡总线接口标准,就像广泛地应用在台式计算机中的 PCI 总线一样。该总线标准与原来的 PC 卡标准相比,具有以下的优势。第一,32 位数据传输和 33 MHz 操作。CardBus 快速以太网 PC 卡的最大吞吐量接近 90 Mbps,而 16 位快速以太网 PC 卡仅能达到 20～30 Mbps。第二,总线自主。使 PC 卡可以独立于主 CPU,与计算机内存直接交换数据,这样 CPU 就可以处理其他的任务。第三,3.3 V 供电,低功耗。提高了电池的寿命,降低了计算机内部的热扩散,增强了系统的可靠性。第四,后向兼容 16 位的 PC 卡。老式以太网和 Modem 设备的 PC 卡仍然可以插在 CardBus 插槽上使用。

⑤ USB 接口网卡。

作为一种新型的总线技术,USB(universal serial bus,通用串行总线)已经被广泛应用于鼠标、键盘、打印机、扫描仪、Modem、音箱等各种设备。由于其传输速率远远大于传统的并行口和串行口,设备安装简单并且支持热插拔,因此,USB 设备一旦接入,就能够立即被计算机所承认,可装入所需要的驱动程序,而且不必重新启动系统就可立即投入使用。当不再需要某台设备时,可以随时将其拔除,并可再在该端口上插入另一台新的设备。然后,这台新的设备也同样能够立即得到确认并马上开始工作,所以越来越受到厂商和用户的喜爱。USB 这种通用接口技术不仅在一些外置设备中得到广泛的应用,如 Modem、打印机、数码相机等,在网卡中也不例外。

(2) 根据网络接口分类。

① RJ-45 接口网卡。

这是应用广泛的一种接口类型网卡,主要得益于双绞线以太网应用的普及。因为这种 RJ-45 接口类型的网卡就是应用于以双绞线为传输介质的以太网中,它的接口类似于常见的电话接口 RJ-11,但 RJ-45 是 8 芯线,而电话线的接口是 4 芯线的,通常只接 2 芯线(ISDN 的电话线接 4 芯线)。在网卡上还自带两个状态指示灯,用户通过这两个指示灯颜色可初步判断网卡的工作状态。

② BNC 接口网卡。

这种接口网卡应用于用细同轴电缆为传输介质的以太网或令牌网中,这种接口类型的网卡较少见,主要因为用细同轴电缆作为传输介质的网络比较少。

③ AUI 接口网卡。

这种接口类型的网卡应用于以粗同轴电缆为传输介质的以太网或令牌网中,这种接口类型的网卡更是少见,因为用粗同轴电缆作为传输介质的网络更少。

④ FDDI 接口网卡。

这种接口的网卡应用于 FDDI 网络,这种网络具有 100 Mbps 的带宽,它所使用的传输介质是光纤,所以 FDDI 接口网卡的接口是光模接口的。随着快速以太网的出现,它的速度优势已不复存在,但它须采用昂贵的光纤作为传输介质的缺点并没有改变,所以也非常少见。

⑤ ATM 接口网卡。

这种接口类型的网卡是应用于 ATM 光纤(或双绞线)网络中的。它能提供的物理的传输速度达 155 Mbps。

(3) 根据带宽分类。

① 10 Mbps 网卡。

10 Mbps 网卡是比较老式、低档的网卡。它的带宽限制在 10 Mbps,这在老式的 ISA 总线类型的网卡中较为常见,PCI 总线接口类型的网卡中也有一些是 10 Mbps 网卡,不过目前这种网卡已不是主流。这类网卡仅适应于一些小型局域网或家庭需求,中型以上网络一般不选用,但它的价格比较便宜,一般仅几十元。

② 100 Mbps 网卡。

100 Mbps 网卡的传输 I/O 带宽可达到 100 Mbps，这种网卡一般用于骨干网络中。它的价格稍贵，一些名牌的此带宽网卡一般都要几百元。注意一些杂牌的 100 Mbps 网卡不能向下兼容 10 Mbps 网络。

③ 10 Mbps/100 Mbps 网卡。

这是一种 10 Mbps 和 100 Mbps 两种带宽自适应的网卡，它能自动适应两种不同带宽的网络需求，保护了用户的网络投资。它既可以与老式的 10 Mbps 网络设备相连，又可与较新的 100 Mbps 网络设备连接，所以得到了用户普遍的认同。这种带宽的网卡会自动根据所用环境选择适当的带宽，如与老式的 10 Mbps 设备相连，那它的带宽就是 10 Mbps，但如果是与 100 Mbps 网络设备相连，那它的带宽就是 100 Mbps，仅需简单的配置即可（也有不用配置的）。也就是说它能兼容 10 Mbps 的老式网络设备和较新的 100 Mbps 网络设备。

④ 1 000 Mbps 以太网卡。

千兆以太网是一种高速局域网技术，它能够在铜线上提供 1 Gbps 的带宽。与它对应的网卡就是千兆网卡了，同理这类网卡的带宽也可达到 1 Gbps。千兆网卡的网络接口有两种主要类型，一种是普通的双绞线 RJ-45 接口，另一种是多模 SC 型标准光纤接口。

3. 中继器

中继器（repeater）是一种放大模拟信号或数字信号的网络连接设备，通常具有多个端口，如图 1-56 所示。它接收传输介质中的信号，将其复制、调整和放大后再发送出去，从而使信号能传输得更远，延长信号传输的距离。中继器不具备检查和纠正错误信号的功能，它只是转发信号。

图 1-56 中继器

中继器是位于第一层（OSI 参考模型的物理层）的网络设备。当数据离开源在网络上传送时，它转换为能够沿着网络介质传输的电脉冲或光脉冲——这些脉冲称为信号（signal）。当信号离开发送工作站时，信号是规则的而且是容易辨认出来的。但是，当信号沿着网络介质进行传送时，随着线缆越来越长，信号也变得越来越弱。中继器的目的是在比特级别对网络信号进行再生和发送，从而使得信号能够在网络上传得更远。

中继器最初是指只有一个"入"端口和一个"出"端口的设备，现在有了多端口的中继器。中继器是 OSI 模型中的第一层设备，工作在比特级上，不查看其他信息。

一般情况下，中继器的两端连接的是相同的媒体，但有的中继器也可以完成不同媒体的转接工作。从理论上讲，中继器的使用是无限的，网络也因此可以无限延长。事实上，这是不可能的，因为网络标准对信号的延迟范围做了具体的规定，中继器只能在此规定范围内进行有效的工作，否则会引起网络故障。

1）作用

中继器工作于 OSI 的物理层，是局域网上所有节点的中心。它的作用是放大信号，补偿信号衰减，支持远距离的通信。

2）工作原理

中继器是一个小发明，它设计的目的是给网络信号一定的推动力，以使它们传输得更远。

由于传输线路噪声的影响,承载信息的数字信号或模拟信号只能传输有限的距离。中继器的功能是对接收信号进行再生和发送,从而增加信号传输的距离。它连接同一个网络的两个或多个网段。如以太网常常利用中继器扩展总线的电缆长度,标准细缆以太网的每段长度最大为 185 m,最多可有 5 段,增加中继器后,最大网络电缆长度可提高到 925 m。一般来说,中继器两端的网络部分是网段,而不是子网。

中继器可以连接两局域网的电缆,重新定时并再生电缆上的数字信号,然后发送出去,这些功能是 OSI 模型中第一层——物理层的典型功能。中继器的作用是增加局域网的覆盖区域,例如,以太网标准规定单段信号传输电缆的最大长度为 500 m,但利用中继器连接 4 段电缆后,以太网中信号传输电缆最长可达 2000 m。有些品牌的中继器可以连接不同物理介质的电缆段,如细同轴电缆和光缆。

中继器只管将电缆段上的数据发送到另一段电缆上,并不管其中是否有错误数据或不适于网段的数据。

3)优点

(1)过滤通信量。中继器接收一个子网的报文,只有当报文是发送给中继器所连的另一个子网时,中继器才转发,否则不转发。

(2)扩大了通信距离,但代价是增加了一些存储转发延时。

(3)增加了节点的最大数目。

(4)各个网段可使用不同的通信速率。

(5)提高了可靠性。当网络出现故障时,一般只影响个别网段。

(6)使网络性能得到改善。

4)缺点

(1)由于中继器对接收的帧要先存储后转发,增加了延时。

(2)CAN 总线的 MAC 子层并没有流量控制功能。当网络上的负荷很大时,可能因中继器中缓冲区的存储空间不够而发生溢出,以致产生帧丢失的现象。

(3)中继器若出现故障,对相邻两个子网的工作都将产生影响。

4. 集线器

集线器(Hub)是构成局域网的最常用的连接设备之一,是局域网的中央设备。它的每一个端口可以连接一台计算机,局域网中的计算机通过它来交换信息。常用的集线器可通过两端装有 RJ-45 连接器的双绞线与网络中计算机上安装的网卡相连,每个时刻只有两台计算机可以通信,如图 1-57 所示。它工作于 OSI 参考模型第一层,即"物理层"。集线器与网卡、网线等传输介质一样,属于局域网中的基础设备,采用 CSMA/CD(一种检测协议)访问方式。

利用集线器连接的局域网叫共享式局域网。集线器实际上是一个拥有多个网络接口的中继器,不具备信号的定向传送能力。

1)工作原理

我们知道在环形网络中只存在一个物理信号传输通道,信号是通过同一传输介质来传输的,这样就存在各节点争抢信道的矛盾,传输效率较低。引入集线器这一网络集线设备后,每一个站是用它自己专用的传输介质连接到集线器的,各节点间不再只有一个传输通道,各节点发回来的信号通过集线器集中,集线器再把信号整形、放大后发送到所有节点上,

图 1-57　集线器

这样至少在上行通道不再出现碰撞现象。但基于集线器的网络仍然是一个共享介质的局域网,这里的"共享"其实就是集线器内部总线,所以当上行通道与下行通道同时发送数据时仍然会存在信号碰撞现象。当集线器从其内部端口检测到碰撞时,产生碰撞强化信号(Jam)向集线器所连接的目标端口进行传送。这时所有数据都不能成功发送,造成网络"大塞车"。

2）根据结构不同分类

（1）未管理的集线器。

最简单的集线器通过以太网总线提供中央网络连接,以星形的形式连接起来。这称之为未管理的集线器,只用于很小型的至多 12 个节点的网络中(在少数情况下,可以更多一些)。未管理的集线器没有管理软件或协议来提供网络管理功能,这种集线器可以是无源的,也可以是有源的,有源集线器使用得更多。

（2）堆叠式集线器。

堆叠式集线器是稍微复杂一些的集线器。堆叠式集线器最显著的特征是 8 个转发器可以直接彼此相连。这样只需简单地添加集线器并将其连接到已经安装的集线器上就可以扩展网络,这种方法不仅成本低,而且简单易行。

（3）底盘集线器。

底盘集线器是一种模块化的设备,在其底板电路板上可以插入多种类型的模块。有些集线器带有冗余的底板和电源。同时,有些模块允许用户不必关闭整个集线器便可替换那些失效的模块。集线器的底板给插入模块准备了多条总线,这些插入模块可以适应不同的段,如以太网、快速以太网、光纤分布式数据接口和异步传输模式中。有些集线器还包含有网桥、路由器或交换模块。有源的底盘集线器还可能会有重定时的模块,用来与放大的数据信号关联。

3）根据类型分类

（1）单中继网段集线器。

这是最简单的集线器,是一类用于最简单的中继式 LAN 网段的集线器,与堆叠式以太网集线器或令牌环网多站访问部件(MAU)等类似。

（2）多网段集线器。

它是从单中继网段集线器直接派生而来,采用集线器背板,这种集线器带有多个中继网段。其主要优点是可以将用户分布于多个中继网段上,以减少每个网段的信息流量负载,网段之间的信息流量一般要求具备独立的网桥或路由器。

（3）端口交换式集线器。

该集成器是在多网段集线器基础上,将用户端口和多个背板网段之间的连接过程自动化,通过增加端口交换矩阵(PSM)来实现的集线器。PSM 可提供一种自动工具,用于将任何外来用户端口连接到集线器背板上的任何中继网段上。端口交换式集线器的主要优点是可实现移动、增加和修改的自动化。

(4)网络互联集线器。

端口交换式集线器注重端口交换,而网络互联集线器在背板的多个网段之间可提供一些类型的集成连接,该功能通过一台综合网桥、路由器或 LAN 交换机来完成。这类集线器通常采用机箱形式。

(5)交换式集线器。

目前,集线器和交换机之间的界限已变得模糊。交换式集线器有一个核心交换式背板,采用一个纯粹的交换系统代替传统的共享介质中继网段。应该指出,这类集线器和交换机之间的特性几乎没有区别。

集线器通常都提供三种类型的端口,即 RJ-45 端口、BNC 端口和 AUI 端口,以适用于连接不同类型电缆构建的网络。一些高档集线器还提供有光纤端口和其他类型的端口。

图 1-58   RJ-45 接口示意图

① RJ-45 接口。

RJ-45 接口可用于连接 RJ-45 接头,使用于由双绞线构建的网络,这种端口是常见的,如图 1-58 所示。

② AUI 端口。

AUI 端口是用来与粗同轴电缆连接的接口,它是一种"D"型 15 针接口。

③ BNC 端口。

BNC 端口就是用于与细同轴电缆连接的接口,它一般是通过 BNCT 型接头进行连接的。

5. 网桥

网桥(bridge)像一个聪明的中继器。中继器从一个网络电缆里接收信号,放大它们,将其送入下一个电缆。它们毫无目的地这么做,对它们所转发消息的内容毫不在意。相比较而言,网桥对从关卡上传下来的信息更敏锐一些。

网桥将两个相似的网络连接起来,并对网络数据的流通进行管理。它工作于数据链路层,不但能扩展网络的距离或范围,而且可提高网络的性能、可靠性和安全性。网络 1 和网络 2 通过网桥连接后,网桥接收网络 1 发送的数据包,检查数据包中的地址,如果地址属于网络 1,它就将其放弃。相反,如果是网络 2 的地址,它就继续发送给网络 2。这样可利用网桥隔离信息,将同一个网络号划分成多个网段(属于同一个网络号),隔离出安全网段,防止其他网段内的用户非法访问。由于网络的分段,各网段相对独立(属于同一个网络号),一个网段的故障不会影响到另一个网段的运行。

网桥的作用具体如下。

第一,许多大学的系或公司的部门都有各自的局域网,主要用于连接他们自己的个人计算机、工作站以及服务器。由于各系(或部门)的工作性质不同,因此选用了不同的局域网,这些系(或部门)之间早晚需相互交往,因而需要网桥。

第二,一个单位在地理位置上较分散,并且相距较远,与其安装一个遍布所有地点的同轴电缆网,不如在各个地点建立一个局域网,并用网桥和红外链路连接起来,这样费用可能会低一些。

第三,可能有必要将一个逻辑上单一的 LAN 分成多个局域网,以调节载荷。例如采用由网桥连接的多个局域网,每个局域网有一组工作站,并且有自己的文件服务器,因此大部分通信限于单个局域网内,减轻了主干网的负担。

第四,在有些情况下,从载荷上看单个局域网是毫无问题的,但是相距最远的机器之间的物理距离太远(比如超过 IEEE 802.3 所规定的 2.5 km)。即使电缆铺设不成问题,但由于来回时延过长,网络仍将不能正常工作。唯一的办法是将局域网分段,在各段之间放置网桥。通过使用网桥,可以增加工作的总物理距离。

第五,可靠性问题。在一个单独的局域网中,一个有缺陷的节点不断地输出无用的信息流会严重地破坏局域网的运行。网桥可以设置在局域网中的关键部位,就像建筑物内的防火门一样,防止因单个节点失常而破坏整个系统。

第六,网桥有助于安全保密。大多数 LAN 接口都有一种混杂工作方式,在这种方式下,计算机接收所有的帧,包括那些并不是编址发送给它的帧。如果网中多处设置网桥并谨慎地拦截无须转发的重要信息,那么就可以把网络分隔以防止信息被窃。

网桥的工作原理如下。

数据链路层互联的设备是网桥,在网络互联中它起到数据接收、地址过滤与数据转发的作用,用来实现多个网络系统之间的数据交换。

网桥的基本特征如下。

(1)网桥在数据链路层上实现局域网互联。

(2)网桥能够互联两个采用不同数据链路层协议、不同传输介质与不同传输速率的网络。

(3)网桥以接收、存储、地址过滤与转发的方式实现互联的网络之间的通信。

(4)网桥需要互联的网络在数据链路层上采用相同的协议。

(5)网桥可以分隔两个网络之间的通信量,有利于改善互联网络的性能与安全性。

(6)网桥分为两种类型:透明网桥和源路由选择网桥。

(7)透明网桥一般用于连接以太网段,而源路由选择网桥则一般用于连接令牌环网段。

6. 交换机

交换机(Switch)又称交换式集线器,在网络中用于完成与它相连的线路之间的数据单元的交换,是一种基于 MAC(网卡的硬件地址)识别,完成封装、转发数据包功能的网络设备,交换机的实物如图 1-59 所示。在局域网中可以用交换机来代替集线器,其数据

图 1-59   24 口交换机

交换速度比集线器快得多。这是由于集线器不知道目标地址在何处,只能将数据发送到所有的端口。而交换机中有一张地址表,通过查找表格中的目标地址,把数据直接发送到指定端口。

利用交换机连接的局域网叫交换式局域网。在用集线器连接的共享式局域网中,信息传输通道就好比一条没有划出车道的马路,车辆只能在无序的状态下行驶,当数据和用户数量超过一定的限量时,就会发生抢道、占道和交通堵塞的现象。交换式局域网则不同,就好比将上述马路划分为若干车道,保证每辆车能各行其道、互不干扰。交换机为每个用户提供专用的信息通道,负责各个源端口与各自的目的端口之间可同时进行通信而不发生冲突,除

非两个源端口企图同时将信息发往同一个目的端口。

除了在工作方式上与集线器不同之外,交换机在连接方式、速度选择等方面与集线器基本相同。

交换机的主要功能包括物理编址、网络拓扑结构、错误校验、帧序列以及流控。

交换机的工作原理如下。

交换机根据收到数据帧中的源 MAC 地址,建立该地址同交换机端口的映射,并将其写入 MAC 地址表中。

交换机将数据帧中的目的 MAC 地址同已建立的 MAC 地址表进行比较,以决定由哪个端口进行转发。

如数据帧中的目的 MAC 地址不在 MAC 地址表中,则向所有端口转发。这一过程称为泛洪(flood)。

广播帧和组播帧向所有的端口转发。

7. 路由器

路由器(Router)又称网关设备(gateway),用于连接多个逻辑上分开的网络。所谓逻辑网络是代表一个单独的网络或者一个子网。当数据从一个子网传输到另一个子网时,可通过路由器的路由功能来完成。因此,路由器具有判断网络地址和选择 IP 路径的功能。它能

在多网络互联环境中,建立灵活的连接,可用完全不同的数据分组和介质访问方法连接各种子网,路由器只接收源站或其他路由器的信息,属网络层的一种互联设备。如图 1-60 所示为有线路由器和无线路由器的实物展示。

图 1-60　有线路由器与无线路由器

路由器是一种连接多个网络或网段的网络设备,它能将不同网络或网段之间的数据信息进行"翻译",以使它们能够相互"读"懂对方的数据,实现不同网络或网段间的互联互通,从而构成一个更大的网络。路由器已成为各种骨干网络内部之间、骨干网之间、一级骨干网和因特网之间连接的枢纽。校园网一般就是通过路由器连接到因特网上的。

路由器的工作方式与交换机不同,交换机利用物理地址(MAC 地址)来确定转发数据的目的地址,而路由器则是利用网络地址(IP 地址)来确定转发数据的地址。另外路由器具有数据处理、防火墙及网络管理等功能。

1) 作用

路由器的一个作用是连接不同的网络,另一个作用是选择信息传送的线路。选择通畅快捷的近路,能大大提高通信速度,减轻网络系统通信负荷,节约网络系统资源,提高网络系统畅通率,从而让网络系统发挥出更大的效益来。

从过滤网络流量的角度来看,路由器的作用与交换机和网桥非常相似。但是与工作在网络物理层,从物理上划分网段的交换机不同,路由器使用专门的软件协议从逻辑上对整个网络进行划分。例如,一台支持 IP 协议的路由器可以把网络划分成多个子网段,只有指向特殊 IP 地址的网络流量才可以通过路由器。对于每一个接收到的数据包,路由器都会重新计算其校验值,并写入新的物理地址。因此,使用路由器转发和过滤数据的速度往往要比只

查看数据包物理地址的交换机慢。但是,对于那些结构复杂的网络,使用路由器可以提高网络的整体效率。路由器的另外一个明显优势就是可以自动过滤网络广播。从总体上说,在网络中添加路由器的整个安装过程要比即插即用的交换机复杂很多。一般说来,异种网络互联与多个子网互联都应采用路由器来完成。

路由器的主要工作就是为经过路由器的每个数据帧寻找一条最佳传输路径,并将该数据有效地传送到目的站点。由此可见,选择最佳路径的策略即路由算法是路由器的关键工作。为了完成这项工作,在路由器中保存着各种传输路径的相关数据——路径表(routing table),供路由选择时使用。路径表中保存着子网的标志信息、网上路由器的个数和下一个路由器的名字等内容。路径表可以是由系统管理员固定设置好的,也可以由系统动态修改;可以由路由器自动调整,也可以由主机控制。

2)静态路径表

由系统管理员事先设置好的固定的路径表称之为静态(static)路径表,一般是在系统安装时就根据网络的配置情况预先设定的,它不会随未来网络结构的改变而改变。

3)动态路径表

动态(dynamic)路径表是路由器根据网络系统的运行情况而自动调整的路径表。路由器根据路由选择协议提供的功能,自动学习和记忆网络运行情况,在需要时自动计算数据传输的最佳路径。

按照路由器的功能分类有:接入路由器、企业级路由器、骨干级路由器、太比特路由器等。

路由器的主要构成:输入端口、输出端口、交换开关和路由处理器。

8. 防火墙

防火墙(firewall)是一项协助确保信息安全的设备,会依照特定的规则,允许或是限制传输的数据通过。防火墙可以是一台专属的硬件,也可以是架设在一般硬件上的一套软件。除了安全作用,防火墙还支持具有 Internet 服务特性的企业内部网络技术体系 VPN(虚拟专用网)。防火墙分为硬件防火墙和软件防火墙,其中图 1-61 所示为硬件防火墙。

防火墙指的是一个由软件和硬件设备组合而成,在内部网和外部网之间、专用网与公共网之间的界面上构造的保护屏障,是一种获取安全性方法的形象说法。它是一种计算机硬件和软件的结合,在 Internet 与 Intranet 之间建立起一个安全网关,从而保护内部网免受非法用户的侵入。防火墙主要由服务访问规则、验证工具、包过滤和应用网关 4 个部分组成,防火墙就是一个位于计算机和它所连接的网络之间的软件或硬件。该计算机流入、流出的所有网络通信和数据包均要经过此防火墙。

在网络中,所谓“防火墙”,是指一种将内部网和公众访问网(如 Internet)分开的方法,它实际上是一种隔离技术。防火墙是在两个网络通信时执行的一种访问控制尺度,它能允许你“同意”的人和数据进入你的网络,同时将你“不同意”的人和数据拒之门外,最大限度地阻止网络中的黑客来访问你的网络。换句话说,如果不通过防火墙,公司内部的人就无法访问 Internet,Internet 上的人也无法和公司内部的人进行通信。图 1-62 所示为防火墙在网络中的拓扑结构。

图 1-61　硬件防火墙

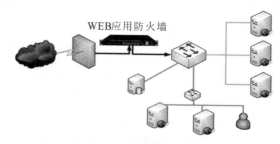

图 1-62　防火墙网络拓扑结构

1）主要类型

（1）网络层防火墙。

网络层防火墙可视为一种 IP 封包过滤器，运作在底层的 TCP/IP 协议堆栈上。我们可以枚举的方式，只允许符合特定规则的封包通过，其余的一概禁止穿越防火墙（病毒除外，防火墙不能防止病毒侵入）。这些规则通常可以经由管理员定义或修改，不过某些防火墙设备可能只能套用内置的规则。

（2）应用层防火墙。

应用层防火墙是在 TCP/IP 堆栈的应用层上运作，使用浏览器时所产生的数据流或是使用 FTP 时的数据流都是属于这一层。应用层防火墙可以拦截进出某应用程序的所有封包，并且封锁其他的封包（通常是直接将封包丢弃）。理论上，这一类的防火墙可以完全阻绝外部的数据流进到受保护的机器里。

根据侧重不同，应用层防火墙还可分为：包过滤型防火墙、应用层网关型防火墙、服务器型防火墙。其中，图 1-63 所示为应用层防火墙的结构。

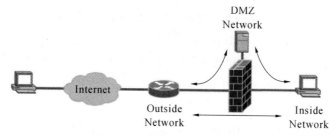

图 1-63　应用层防火墙结构

2）基本特性

（1）内部网络和外部网络之间的所有网络数据流都必须经过防火墙。

（2）只有符合安全策略的数据流才能通过防火墙。

（3）防火墙自身应具有非常强的抗攻击免疫力。

3）优点

（1）防火墙能强化安全策略。

（2）防火墙能有效地记录 Internet 上的活动。

（3）防火墙限制暴露用户点。防火墙能够用来隔开网络中一个网段与另一个网段。这样，能够防止影响一个网段的问题通过整个网络传播。

（4）防火墙是一个安全策略的检查站。所有进出的信息都必须通过防火墙，防火墙便成为安全问题的检查站,使可疑的访问被拒绝于门外。

4) 主要功能

(1) 网络安全的屏障。

(2) 强化网络安全策略。

(3) 监控网络存取和访问。

(4) 防止内部信息的外泄。

◆ 知识点 1.2.2 IP 地址的基础知识

一、物理地址与逻辑地址

1. 物理地址

物理地址也称为 MAC(media access control)地址,它是识别 LAN 节点的标识。网卡的物理地址通常是由网卡生产厂家烧入网卡的 EPROM(一种闪存芯片,通常可以通过程序擦写),它存储的是传输数据时真正赖以标识发出数据的电脑和接收数据的主机的地址。

也就是说,在网络底层的物理传输过程中,是通过物理地址来识别主机的,它一般是全球唯一的。比如,著名的以太网卡,其物理地址大小是 48 bit(比特位),前 24 位是厂商编号,后 24 位为网卡编号,如:44-45-53-54-00-00,以机器可读的方式存入主机接口中。以太网地址管理机构(IEEE)将以太网地址,也就是 48 比特的不同组合,分为若干独立的连续地址组,生产以太网网卡的厂家就购买其中一组,具体生产时,逐个将唯一地址赋予以太网卡。

形象地说,就如同我们身份证上的身份证号码,具有全球唯一性。

网络中的地址分为物理地址和逻辑地址两类,与传输层的端口号以及应用层的用户名相比较,局域网的 MAC 层地址是由硬件来处理的,叫作物理地址或硬件地址。IP 地址传输层的端口号以及应用层的用户名是由逻辑地址来处理的。MAC 地址不等同于物理地址。大多数局域网通过为网卡分配一个硬件地址来标识一个联网的计算机或其他设备。所谓物理地址是指固化在网卡 EPROM 中的地址,应该保证这个地址在全网是唯一的。IEEE 注册委员会为每一个生产厂商分配物理地址的前三字节,即公司标识。后面三字节由厂商自行分配,一个厂商获得一个前三字节的地址可以生产的网卡数量是 16 777 216 块,而一块网卡对应一个物理地址。也就是说,对应物理地址的前三字节就可以知道它的生产厂商。例如固化在网卡中的地址为 002514895423,那么这块网卡插到主机 A 中,主机 A 的物理地址就是 002514895423,不管主机 A 是连接在局域网 1 上还是局域网 2 上,也不管这台计算机移到什么位置,主机 A 的物理地址就是 002514895423。它是不变的,而且不会和世界上任何一台计算机相同。当主机 A 发送一帧,网卡执行发送程序时,直接将这个地址作为源地址写入该帧。当主机 A 接收一帧时,直接将这个地址与接收帧目的地址比较,以决定是否接收。物理地址一般记作 00-25-14-89-54-23(主机 A 的地址是 002514895423)。

确定自己的 IP 设置的正确性和获得本机网卡的物理地址(MAC 地址)的方法如下:

打开"开始"→"运行"→在弹出窗口中输入"cmd"→"确定"。

在 DOS 窗口下输入 ipconfig/all。

其操作过程如图 1-64 和图 1-65 所示。

在图 1-65 中,物理地址也就是 Physical Address,是本机的网卡的物理地址(MAC 地

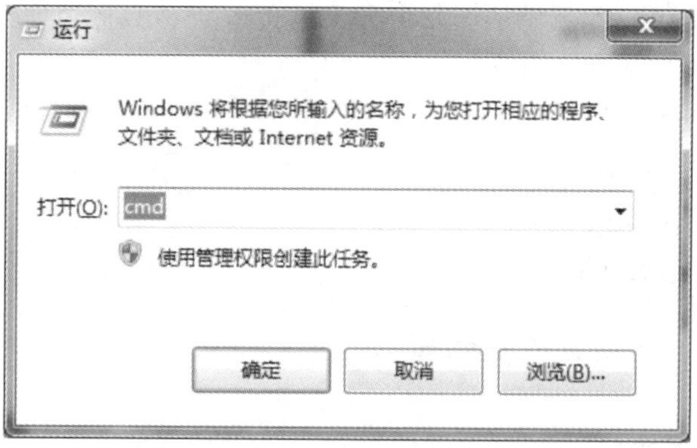

图 1-64　在 MS-DOS 下查看物理地址（1）

图 1-65　在 MS-DOS 下查看物理地址（2）

址），下面为本机的 IP 设置信息。

2. 逻辑地址

逻辑地址在互联网上使用的是互联网协议地址。互联网协议地址（Internet protocol address，又译为网际协议地址），缩写为 IP 地址（IP address）。IP 地址是互联网协议提供的一种统一的地址格式，它为互联网上的每一个网络和每一台主机分配一个逻辑地址，以此来屏蔽物理地址的差异。

二、IP 地址结构与分类

IP 是英文 Internet protocol 的缩写，意思是"网络之间互连的协议"，也就是为了网络能够相互连接进行通信而设计的协议。在因特网中，它规定了计算机在因特网上进行通信时应当遵守的规则。任何厂家生产的计算机系统，只要遵守 IP 协议就可以与因特网互联互通。正是因为有了 IP 协议，因特网才得以迅速发展成为世界上最大的、开放的计算机通信网络。IP 协议也可以叫作"互联网协议"。

　　IP 地址被用来给因特网上的电脑一个编号。大家日常见到的情况是每台联网的个人电脑上都需要有 IP 地址,才能正常通信。我们可以把"个人电脑"比作"一台电话",那么"IP 地址"就相当于"电话号码",而因特网中的路由器,就相当于电信局的"程控式交换机"。

1. IP 地址结构与分类

　　IP 地址是一个 32 位的二进制数,通常被分割为 4 个"8 位数"(也就是 4 个字节)。IP 地址通常用点分十进制表示成(a. b. c. d)的形式,其中,a、b、c、d 都是 0~255 之间的十进制整数。例如:点分十进制 IP 地址(100.4.5.6),实际上是 32 位二进制数(01100100.00000100.00000101.00000110)。

　　IP 地址是一种在 Internet 上的给主机编址的方式,也称为网络协议地址。常见的 IP 地址分为 IPv4 与 IPv6 两大类。

　　IP 地址编址方案:IP 地址编址方案将 IP 地址空间划分为 A、B、C、D、E 五类,其中 A、B、C 是基本类,D、E 类作为多播和保留使用。

　　IPv4 有 4 段数字,每一段最大不超过 255。由于互联网的蓬勃发展,IP 地址的需求量愈来愈大,使得 IP 地址的发放愈趋严格。各项资料显示全球 IPv4 地址可能在 2005 至 2010 年间全部发完(实际情况是在 2019 年 11 月 25 日 IPv4 地址分配完毕)。

　　地址空间的不足必将妨碍互联网的进一步发展。为了扩大空间,拟通过 IPv6 重新定义地址空间。IPv6 采用 128 位地址长度。在 IPv6 的设计过程中,除了一劳永逸地解决了地址短缺的问题以外,还考虑了在 IPv4 中解决不好的其他问题。

　　IP 地址封装在数据报的 IP 报头中。IP 地址有两个用途,一个是网络的路由器设备使用 IP 地址确定目标网络地址,进而确定该向哪个端口转发报文。另外一个用途就是源主机用目标主机的 IP 地址来查询目标主机的物理地址。

　　物理地址封装在数据报的帧报头中。典型的物理地址是以太网中的 MAC 地址。MAC 地址在两个地方使用,主机中的网卡通过报头中的目标 MAC 地址判断网络送来的数据报是不是发给自己的;网络中的交换机通过报头中的目标 MAC 地址确定数据报该向哪个端口转发。其他物理地址的实例是帧中继网中的 DLCI 地址和 ISDN 中的 SPID。

　　端口地址封装在数据报的 TCP 报头或 UDP 报头中。端口地址用于源主机告诉目标主机本数据报是发给对方的哪个应用程序的。如果 TCP 报头中的目标端口地址指明是 80,则表明数据是发给 WWW 服务程序的;如果是 25130,则是发给对方主机的 CS 游戏程序的。

　　计算机网络是靠网络地址、物理地址和端口地址的联合寻址来完成数据传送的。缺少其中的任何一个地址,网络都无法完成寻址。(点对点连接的通信是一个例外。点对点通信时,两台主机用一条物理线路直接连接,源主机发送的数据只会沿这条物理线路到达另外那台主机,物理地址是没有必要的了。)

　　IP 地址是一个四字节 32 位长的地址码。一个典型的 IP 地址为 200.1.25.7(以点分十进制表示)。

　　IP 地址可以用点分十进制数表示,也可以用二进制数来表示:

200.1.25.7

11001000 00000001 00011001 00000111

　　IP 地址被封装在数据包的 IP 报头中,供路由器在网间寻址的时候使用。

因此,网络中的每个主机,既有自己的 MAC 地址,也有自己的 IP 地址,如图 1-66 所示。MAC 地址用于网段内寻址,IP 地址则用于网段间寻址。

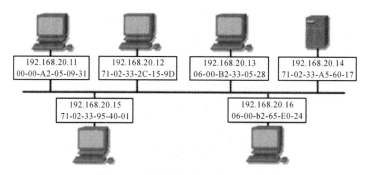

图 1-66   每台主机需要有一对地址

IP 地址分为 A、B、C、D、E 共 5 类地址,其中前三类是我们经常涉及的 IP 地址。

IP address class	IP address range (First Octet Decimal Value)
Class A	1-126 (00000001-01111110) *
Class B	128-191 (10000000-10111111)
Class C	192-223 (11000000-11011111)
Class D	224-239 (11100000-11101111)
Class E	240-255 (11110000-11111111)

图 1-67   IP 地址的分类

分辨一个 IP 是哪类地址可以从其第一个字节来区别。如图 1-67 所示。A 类地址的第一个字节在 1 到 126 之间,B 类地址的第一个字节在 128 到 191 之间,C 类地址的第一个字节在 192 到 223 之间。例如,200.1.25.7 是一个 C 类 IP 地址,155.22.100.25 是一个 B 类 IP 地址。

A、B、C 类地址是我们常用来为主机分配的 IP 地址。D 类地址用于组播组的地址标识。E 类地址是 Internet Engineering Task Force(IETF)组织保留的 IP 地址,用于该组织自己的研究。

一个 IP 地址分为两部分,网络地址码部分和主机码部分,如图 1-68 所示。A 类 IP 地址用第一个字节表示网络地址编码,后三个字节表示主机编码。B 类地址用第一、二两个字节表示网络地址编码,后两个字节表示主机编码。C 类地址用前三个字节表示网络地址编码,最后一个字节表示主机编码。

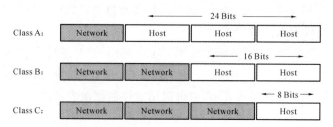

图 1-68   IP 地址的网络地址码部分和主机码部分

把一个主机的 IP 地址的主机码置为全 0 得到的地址码,就是这台主机所在网络的网络地址。例如 200.1.25.7 是一个 C 类 IP 地址,将其主机码部分(最后一个字节)置为全 0,200.1.25.0 就是 200.1.25.7 主机所在网络的网络地址。155.22.100.25 是一个 B 类 IP 地址,将其主机码部分(最后两个字节)置为全 0,155.22.0.0 就是 155.22.100.25 主机所在网络的网络地址。

我们知道 MAC 地址是固化在网卡中的,由网卡的制造厂家随机生成。IP 地址是怎么得到的呢? IP 地址是由国际互联网络信息中心(the Internet's Network Information Center,InterNIC)分配的,它在美国 IP 地址注册机构的授权下操作。我们通常是从 ISP(因特网服务提供方)处购买 IP 地址,ISP 可以分配它所购买的一部分 IP 地址给你。

A 类地址通常分配给非常大型的网络,因为 A 类地址的主机位有三个字节的主机编码位,提供多达 1 600 万个 IP 地址给主机($2^{24}-2$)。也就是说,61.0.0.0 这个网络,可以容纳多达 1 600 万个主机。全球一共只有 126 个 A 类网络地址,目前已经没有 A 类地址可以分配了。当你使用 IE 浏览器查询一个国外网站的时候,留心观察左下方的地址栏,可以看到一些网站分配了 A 类 IP 地址。

B 类地址通常分配给大机构和大型企业,每个 B 类网络地址可提供 65 000 多个 IP 主机地址。全球一共有 16 384 个 B 类网络地址。

C 类地址用于小型网络,大约有 200 万个 C 类地址。C 类地址只有一个字节用来表示这个网络中的主机,因此每个 C 类网络地址只能提供 254 个 IP 主机地址(2^8-2)。

你可能注意到了,A 类地址第一个字节最大为 126,而 B 类地址的第一个字节最小为 128。第一个字节为 127 的 IP 地址,既不属于 A 类也不属于 B 类。第一个字节为 127 的 IP 地址实际上被保留用作回返测试,即主机把数据发送给自己。例如 127.0.0.1 是一个常用的用作回返测试的 IP 地址。

由图 1-69 可见,有两类地址不能分配给主机:网络地址和广播地址。

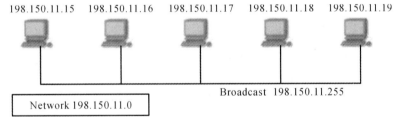

图 1-69　网络地址和广播地址不能分配给主机

广播地址是主机码置为全 1 的 IP 地址。例如 198.150.11.255 是 198.150.11.0 网络中的广播地址。在图 1-69 中的网络里,198.150.11.0 网络中的主机只能在 198.150.11.1 到 198.150.11.254 范围内分配,198.150.11.0 和 198.150.11.255 不能分配给主机。

有些 IP 地址不必从 IP 地址注册机构处申请得到,这类地址的范围由图 1-70 给出。

RFC 1918 文件分别在 A、B、C 类地址中指定了三块作为内部 IP 地址。这些内部 IP 地址可以随便在局域网中使用,但是不能用在互联网中。

IP 地址是在 20 世纪 80 年代开始由 TCP/IP 协议使用的。不幸的是,TCP/IP 协议的设计者没有预见到这个协议会如此广泛地在全球使用,4 个字节编码的 IP 地址已被使用完了。

Class	RFC 1918 internal address range
A	10.0.0.0 to 10.255.255.255
B	172.16.0.0 to 172.31.255.255
C	192.168.0.0 to 192.168.255.255

图 1-70　内部 IP 地址

A 类和 B 类地址占了整个 IP 地址空间的百分之七十五,却只能分配给 17 000 个机构使用。只有占整个 IP 地址空间的百分之十二点五的 C 类地址可以留给新的网络使用。

新的 IP 版本已经开发出来,被称为 IPv6。而旧的 IP 版本被称为 IPv4。IPv6 中的 IP 地址使用 16 个字节的地址编码,将可以提供 3.4×10^{38} 个 IP 地址,拥有足够的地址空间满足未来的商业需要。

由于现有的数以千万计的网络设备不支持 IPv6,所以如何平滑地从 IPv4 迁移到 IPv6 仍然是个难题。

不过,在 IP 地址空间即将耗尽的压力下,人们最终会使用 IPv6 的 IP 地址描述主机地址和网络地址。

2. ARP 协议

主机在发送一个数据之前,需要为这个数据封装报头。在报头中,最重要的东西就是地址。在数据帧的三个报头中,需要封装进目标 MAC 地址、目标 IP 地址和目标 port 地址。

要发送数据,应用程序要么给出目标主机的 IP 地址,要么给出目标主机的主机名或域名,否则就无法指明数据该发送给谁了。

但是,如何给出目标主机的 MAC 地址呢? 目标主机的 MAC 地址是一个随机数,且固化在对方主机的网卡上。事实上,应用程序在发送数据的时候,只知道目标主机的 IP 地址,无法知道目标主机的 MAC 地址。

ARP 协议的程序可以利用目标主机的 IP 地址查到它的 MAC 地址。

当主机 176.10.16.1 需要向主机 176.10.16.6 发送数据时,它的 ARP 程序就会发出 ARP 请求广播报文,询问网络中哪台主机是 176.10.16.6 主机,并请它应答自己的查寻。

网络中的所有主机都会收到这个查询请求广播,但是只有 176.10.16.6 主机会响应这个查询请求,向源主机发送 ARP 应答报文,把自己的 MAC 地址 FE:ED:31:A2:22:A3 传送给源主机。于是,源主机便得到了目标主机的 MAC 地址。

这时,源主机掌握了目标主机的 IP 地址和 MAC 地址,就可以封装数据报的 IP 报头和帧报头了。为了下次再向主机 176.10.16.6 发送数据时不再向网络查询,ARP 程序会将这次查询的结果保存起来。ARP 程序保存网络中其他主机 MAC 地址的表称为 ARP 表。如图 1-71 所示。

当别人给 ARP 程序一个 IP 地址,要求它查询出这个 IP 地址对应的主机的 MAC 地址时,ARP 程序总是先查自己的 ARP 表。如果 ARP 表中有这个 IP 对应的 MAC 地址,则能够轻松、快速地给出所要的 MAC 地址。如果 ARP 表中没有,则需要通过 ARP 广播和 ARP 应答的机制来获取对方的 MAC 地址。

下面看看 ARP 程序是如何工作的。

ARP 程序在局域网中是一个非常重要的程序。没有 ARP 程序,我们就无法得到目标

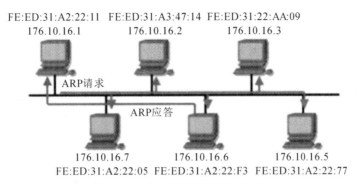

图 1-71 ARP 请求和 ARP 应答

主机的 MAC 地址,也就无法封装帧报头。

说明这种通过 IP 地址获得 MAC 地址方法的协议被称为 ARP 协议。从本节后,我们将逐步学习很多协议。协议是为某个程序或某个硬件的设计做出的约定。一个协议一般要说明三个东西:你要做的程序或硬件要完成什么功能;实现这个功能的方法;实现这个功能所需要通信的数据格式。比如 ARP 协议,规定了 ARP 程序完成通过 IP 地址获得 MAC 地址的功能;规定了通过广播报查询目标主机,并由目标主机应答源主机的方法;ARP 协议还规定了 ARP 请求报文和 ARP 应答报文的格式。

ARP 程序在哪里? 是由谁编写的呢?

在主机中的 ARP 程序是操作系统的一部分。Windows 2007、UNIX、Linux 这样的操作系统中都有 ARP 程序。当然,Windows 2007 中的 ARP 程序是微软公司的工程师们编写的。

在 Windows 2007 机器上,可以在"命令提示符"窗口用 ipconfig/all 命令查看到本机的MAC 地址。

3. IP 地址表现网络地址

IP 地址是一个层次化的地址,既能表示主机的地址,也表现出这个主机所在网络的网络地址。

在图 1-72 中有三个 C 类地址的网络 192.168.10.0、192.168.11.0 和 192.168.12.0,它们由路由器互联在一起,可以通过路由器交换数据。

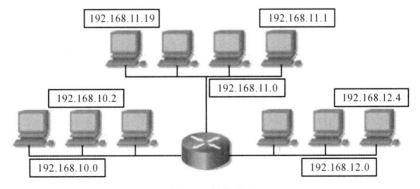

图 1-72 网络地址

C 类地址的前 3 个字节是网络地址编码。网络地址的主机地址码部分置 0。

192.168.10.0、192.168.11.0 和 192.168.12.0 这三个网络地址的最后一个字节都是

0,它们不表示任何主机,表示的是一个网络的地址编码。

当主机 192.168.10.2 需要与主机 192.168.11.19 通信时,通过比较目标主机 IP 地址的网络地址编码部分,它便知道对方与自己不在一个网段上。与主机 192.168.11.19 的通信需要通过路由器转发才能到达。

每个网络都必须有自己的网络地址。事实上,我们都是先获得网络的网络 IP 地址,然后才用这个网络 IP 地址为这个网络上的各个主机分配主机 IP 地址的。

4. 子网划分

1)为什么要划分子网

如果你的单位申请获得一个 B 类网络地址 172.50.0.0,你们单位的所有主机的 IP 地址就将在这个网络地址里分配。如 172.50.0.1、172.50.0.2、172.50.0.3……。那么这个 B 类地址能为多少台主机分配 IP 地址呢? 我们看到,一个 B 类 IP 地址有两个字节用作主机地址编码,因此可以编出 $2^{16}-2$ 个,即六万多个 IP 地址码。(计算 IP 地址数量的时候减 2,是因为网络地址本身 172.50.0.0 和这个网络内的广播 IP 地址 172.50.255.255 不能分配给主机。)

能想象六万多台主机在同一个网络内的情景吗? 它们在同一个网段内的共享介质冲突和它们发出的类似 ARP 这样的广播会让网络根本就工作不起来。

因此,需要把 172.50.0.0 网络进一步划分成更小的子网,以使在子网之间隔离介质访问冲突和广播报。

将一个大的网络进一步划分成一个个小的子网的另外一个目的是网络管理和网络安全的需要。我们总是把财务部、档案部的网络与其他网络分割开来,外部进入财务部、档案部的数据通信应该受到限制才对。

我们来假设 172.50.0.0 这个网络地址分配给了铁道部,铁道部网络中的主机 IP 地址的前两个字节都将是 172.50。铁道部计算中心会将自己的网络划分成郑州机务段、济南机务段、长沙机务段等铁道部门的各个子网,如图 1-73 所示。这样的网络层次体系是任何一个大型网络都需要的。

下面夹层,郑州机务段、济南机务段、长沙机务段等各个子网的地址是什么呢? 怎么样能让主机和路由器分清目标主机在哪个子网中呢? 这就需要给每个子网分配子网的网络 IP 地址。

通常的解决方法是将 IP 地址的主机编码分出一些位来用作子网编码。

我们可以在 172.50.0.0 地址中,将第 3 个字节挪用出来表示各个子网,而不再分配给主机地址。这样,我们可以用 172.50.1.0 表示郑州机务段的子网,172.50.2.0 分配给济南机务段作为该子网的网络地址,172.50.3.0 分配给长沙机务段作为长沙机务段子网的网络地址。于是,172.50.0.0 网络中有 172.50.1.0、172.50.2.0、172.50.3.0 等子网。

事实上,为了解决介质访问冲突和广播风暴的技术问题,一个网段超过 200 台主机的情况是很少的。

一个好的网络规划中,每个网段的主机数都不超过 80 个。

因此,划分子网是网络设计与规划中非常重要的一个工作。

2)子网掩码

为了给子网编址,就需要挪用主机编码的编码位。在上述的例子中,我们挪用了一个字

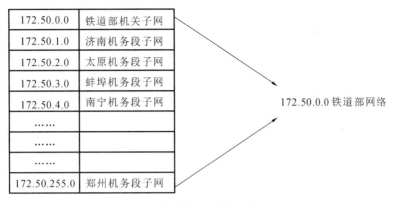

图 1-73　铁道部门网络 IP 分配图

节 8 位。

我们来看下面的例子。

一小型企业分得了一个 C 类地址 202.33.150.0,准备根据市场部、生产部、车间、财务部分成 4 个子网。现在需要从最后一个主机地址码字节中借用 2 位($2^2=4$)来为这 4 个子网编址。子网编址的结果是,市场部子网地址:202.33.150.00000000＝＝202.33.150.0;生产部子网地址:202.33.150.01000000＝＝202.33.150.64;车间子网地址:202.33.150.10000000＝＝202.33.150.128;财务部子网地址:202.33.150.11000000＝＝202.33.150.192。

根据上面的设计,我们把 202.33.150.0、202.33.150.64、202.33.150.128 和 202.33.150.192 定为 4 个部门的子网地址,而不是主机 IP 地址。可是,别人怎么知道它们不是普通的主机地址呢?

我们需要设计一种辅助编码,用这个编码来告诉别人子网地址是什么。这个编码就是掩码。一个子网的掩码是这样编排的:用 4 个字节的点分二进制数表示时,其网络地址部分全置为 1,它的主机地址部分全置为 0。如上例的子网掩码为:11111111.11111111.11111111.11000000。

通过子网掩码,我们就可以知道网络地址位是 26 位,而主机地址的位数是 6 位。

子网掩码在发布时并不是用点分二进制数来表示的,而是将点分二进制数表示的子网掩码翻译成与 IP 地址一样的用 4 个点分十进制数来表示。上面的子网掩码在发布时记作:255.255.255.192(11000000 转换为十进制数为 192)。二进制数转换为十进制数的简便方法是把二进制数分为高 4 位和低 4 位两部分,用高 4 位乘以 16,然后加上低 4 位。

下面是转换的步骤。

11000000 拆成高 4 位和低 4 位两部分:1100 和 0000。

记住:1000 对应十进制数 8;

0100 对应十进制数 4;

0010 对应十进制数 2;

0001 对应十进制数 1。

高 4 位 1100 转换为十进制数为 8＋4＝12,低 4 位转换为十进制数为 0,11000000 转换为十进制数为 $12×16＋0＝192$。

子网掩码通常和 IP 地址一起使用,用来说明 IP 地址所在的子网的网络地址。

图 1-74 显示了 Windows 7 主机的 IP 地址配置情况。图中的主机配置的 IP 地址和默认网关是 192.168.1.38 和 192.168.1.1,子网掩码为 255.255.255.0。

来看另外一个例子,子网掩码和 IP 分别是 255.255.255.128 和 211.68.38.155,则需要通过逻辑与计算来获得 211.68.38.155 所属子网的网络地址:

211.68.38.155	11010011.0100100.00100110.10011011
255.255.255.128 and	11111111.11111111.11111111.10000000
	11010011.0100100.00100110.10000000

=211.68.38.128

因此,我们计算出 211.68.38.155 这台主机在 211.68.38.0 网络的 211.68.38.128 子网上。

十进制数转换为二进制数的简便方法:用十进制除以 16,商是二进制数的高 4 位,余数是低 4 位。211 转换为二进制数,先用 211 除以 16,商是 13,余数是 3。二进制数的高 4 位是 1101(13),低 4 位是 0011(3)。211 转换为二进制数的结果就是:11010011。

如果我们不知道子网掩码,只看 IP 地址 211.68.38.155,我们就只能知道它在 211.68.38.0 网络上,而不知道在哪个子网上。

(在计算子网掩码的时候,经常要进行二进制数与十进制数之间的转换。可以借助 Windows 的计算器来轻松完成,但是要把计算器设置为"科学"型。Windows 的计算器默认设置是"标准"型。在十进制数转二进制数的时候,先选择十进制数值系统前面的小圆点,输入十进制数,然后点二进制数值系统前面的小圆点就得到转换的二进制数结果了。反之亦然。参见图 1-75。)

图 1-74　IP 的设置

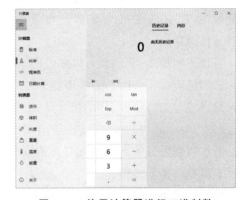

图 1-75　使用计算器进行二进制数
与十进制数之间的转换

子网掩码对于路由器设备来说非常重要。路由器要从数据报的 IP 报头中取出目标 IP 地址,用子网掩码和目标 IP 地址进行操作,进而得到目标 IP 地址所在网络的网络地址。路由器是根据目标网络地址来工作的。

3）子网中的地址分配

回顾一下前述的例子，以展开本节的讨论。前述的例子的各个部门子网的编址是，市场部子网地址：202.33.150.0；生产部子网地址：202.33.150.64；车间子网地址：202.33.150.128；财务部子网地址：202.33.150.192。下面，我们为市场部的主机分配 IP 地址。

市场部的网络地址是 202.33.150.0，第一台主机的 IP 地址就可以分配为 202.33.150.1，第二台主机分配 202.33.150.2，依此类推。最后一个 IP 地址是 202.33.150.62，而不是 202.33.150.63。原因是 202.33.150.63 是 202.33.150.0 子网的广播地址。

广播地址的定义：IP 地址主机位全置为 1 的地址是这个 IP 地址所在网络上的广播地址。202.33.150.0 子网内的广播地址就该是其主机位全置为 1 的地址。计算 202.33.150.0 子网内广播地址的方法是先把 202.33.150.0 转换为二进制数：202.33.150.00000000，再将后 6 位主机编码位全置为 1：202.33.150.00111111，最后转换回十进制数 202.33.150.63。因此得知 202.33.150.63 是 202.33.150.0 子网内的广播地址。

用同样方法可以计算出各个子网中主机的地址分配方案，如表 1-2 所示。

表 1-2　各个子网中主机的地址分配方案

部　　门	子 网 地 址	地 址 分 配	广 播 地 址
市场部子网	202.33.150.0	202.33.150.1 到 202.33.150.62	202.33.150.63
生产部子网	202.33.150.64	202.33.150.65 到 202.33.150.126	202.33.150.127
车间子网	202.33.150.128	202.33.150.129 到 202.33.150.190	202.33.150.191
财务部子网	202.33.150.192	202.33.150.193 到 202.33.150.254	202.33.150.255

每个子网的 IP 地址分配数量是 $2^6-2=62$ 个。IP 地址数量减 2 的原因是需要减去网络地址和广播地址。这两个地址是不能分配给主机的。

所有子网的掩码是 255.255.255.192。各个主机在配置自己的 IP 地址的时候，要连同子网掩码 255.255.255.192 一起配置。

4）IP 地址设计

企业或者机关从连接服务商 ISP 那里申请的 IP 地址是网络地址，如 179.130.0.0，企业或机关的网络管理员需要在这个网络地址上为本单位的主机分配 IP 地址。在分配 IP 地址之前，首先需要根据本单位的行政关系、网络拓扑结构划分网络，为各个子网分配子网地址。然后才能在子网地址的基础上为各个子网中的主机分配 IP 地址。

我们从 ISP 那里申请得到的网络地址也称为主网地址，这是一个没有挪用主机位的网络地址。单位自己划分出的子网地址需要挪用主网地址中的主机位来为各个子网编址。网络地址或主网地址不用掩码也可以计算出来，只需要看它是哪一类 IP 地址即可。A 类主网地址是 255.0.0.0，B 类主网地址是 255.255.0.0，C 类主网地址是 255.255.255.0。

下面我们从一个例子来学习完整的 IP 地址设计。

设某单位申请得到一个 C 类地址 200.210.95.0，需要划分出 6 个子网。我们需要为这 6 个子网分配子网地址，然后计算出本单位子网的子网掩码、各个子网中 IP 地址的分配范围、可用 IP 地址数量和广播地址。

步骤 1：计算需要挪用的主机位数。

多少主机位需要试算。借 1 位主机位可以分配出 $2^1=2$ 个子网地址；借 2 位主机位可

以分配出 $2^2=4$ 个子网地址;借 3 位主机位可以分配出 $2^3=8$ 个子网地址。因此我们决定挪用 3 位主机位作为子网地址的编码。

步骤 2:用二进制数为各个子网编码。

子网 1 的地址编码:200.210.95.00000000;子网 2 的地址编码:200.210.95.00100000;子网 3 的地址编码:200.210.95.01000000;子网 4 的地址编码:200.210.95.01100000;子网 5 的地址编码:200.210.95.10000000;子网 6 的地址编码:200.210.95.10100000。

步骤 3:将二进制数的子网地址编码转换为十进制数表示,成为能发布的子网地址。

子网 1 的子网地址:200.210.95.0;子网 2 的子网地址:200.210.95.32;子网 3 的子网地址:200.210.95.64;子网 4 的子网地址:200.210.95.96;子网 5 的子网地址:200.210.95.128;子网 6 的子网地址:200.210.95.160。

步骤 4:计算出子网掩码。

先计算出二进制的子网掩码:11111111.11111111.11111111.11100000。

再转换为十进制表示,成为对外发布的子网掩码:255.255.255.224。

步骤 5:计算出各个子网的广播 IP 地址。

先计算出二进制的子网广播地址,然后转换为十进制:200.210.95.00011111。子网 1 的广播 IP 地址:200.210.95.00011111/200.210.95.31;子网 2 的广播 IP 地址:200.210.95.00111111/200.210.95.63;子网 3 的广播 IP 地址:200.210.95.01011111/200.210.95.95;子网 4 的广播 IP 地址:200.210.95.01111111/200.210.95.127;子网 5 的广播 IP 地址:200.210.95.10011111/200.210.95.159;子网 6 的广播 IP 地址:200.210.95.10111111/200.210.95.191。

实际上,简单地用下一个子网地址减 1,就得到本子网的广播地址。我们列出二进制的计算过程是为了让读者更好地理解广播地址是如何被编码的。

步骤 6:列出各个子网的 IP 地址范围。

子网 1 的 IP 地址分配范围:200.210.95.1 至 200.210.95.30;子网 2 的 IP 地址分配范围:200.210.95.33 至 200.210.95.62;子网 3 的 IP 地址分配范围:200.210.95.65 至 200.210.95.94;子网 4 的 IP 地址分配范围:200.210.95.97 至 200.210.95.126;子网 5 的 IP 地址分配范围:200.210.95.129 至 200.210.95.158;子网 6 的 IP 地址分配范围:200.210.95.161 至 200.210.95.190。

步骤 7:计算出每个子网中的 IP 地址数量,被挪用后主机位的位数为 5,能够为主机编址的数量为 $2^5-2=30$。减 2 的目的是去掉子网地址和子网广播地址。

划分子网会损失主机 IP 地址的数量。这是因为我们需要拿出一部分地址来表示子网地址、子网广播地址。另外,连接各个子网的路由器的每个接口也需要额外的 IP 地址开销。但是,为了网络的性能和管理的需要,我们不得不损失这些 IP 地址。

以前的子网地址编码中是不允许使用全 0 和全 1 的。如上例中的第一个子网不能使用 200.210.95.0 这个地址,因为担心分不清这是主网地址还是子网地址。但是近年来,为了节省 IP 地址,允许全 0 和全 1 的子网地址编码。(注意,主机地址编码仍然无法使用全 0 和全 1 的编址,全 0 和全 1 的编址被用于本子网的子网地址和广播地址了。)读者在实际工作中可以建立下面相同的表格(见表 1-3 和表 1-4),以便快速进行 IP 地址设计。

类地址的子网划分如表 1-3 所示。

表 1-3　类地址的子网划分

划分的子网数量	网络地址位数/挪用主机位数	子 网 掩 码	每个子网中可分配的 IP 地址数
2	17/1	255.255.128.0	32 766
4	18/2	255.255.192.0	16 382
8	19/3	255.255.224.0	8 190
16	20/4	255.255.240.0	4 094
32	21/5	255.255.248.0	2 046
64	22/6	255.255.252.0	1 022
128	23/7	255.255.254.0	510
256	24/8	255.255.255.0	254
512	25/9	255.255.255.128	126
1024	26/10	255.255.255.192	62
2048	27/11	255.255.255.224	30

地址的子网划分如表 1-4 所示。

表 1-4　地址的子网划分

划分的子网数量	网络地址位数/挪用主机位数	子 网 掩 码	每个子网中可分配的 IP 地址数
2	25/1	255.255.255.128	126
4	26/2	255.255.255.192	62
8	27/3	255.255.255.224	30
16	28/4	255.255.255.240	14

在有网段划分的企业、单位的网络中,就会遇到对网络 IP 地址的设计。设计的核心是从 IP 地址的主机编码位处借位来为子网进行编码。学习并理解本节介绍的方法,就会很容易对任何网络类型进行子网划分并创建子网。

5. 动态 IP 地址分配

每一台计算机都需要配置 IP 地址。动态分配 IP 地址是指计算机不用事先配置好 IP 地址,在其启动的时候由网络中的一台 IP 地址分配服务器负责为它分配。当这台机器关闭后,地址分配服务器将收回为其分配的 IP 地址。如图 1-76 所示。

有三个动态分配 IP 地址的协议:RARP、BOOTP 和 DHCP。它们的工作原理基本相同。我们拿 DHCP 的工作原理来解释动态 IP 地址分配的过程。

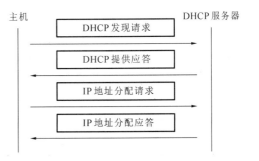

图 1-76　动态 IP 地址分配的过程

一台主机开机后如果发现自己没有配置 IP 地址,就将启动自己的 DHCP 程序,以动态获得 IP 地址。

DHCP 程序首先向网络中发"DHCP 发现请求"广播包,寻找网络中的 DHCP 服务器。DHCP 服务器收听到这个请求后,将向请求主机发应答包(单播)。请求主机这时就可以向 DHCP 服务器发送"IP 地址分配请求"。最后,DHCP 服务器就可以在自己的 IP 地址池中取出一个 IP 地址,分配给请求主机。

三、IP 地址的表示与计算

1. 准备知识

二进制与十进制的相互转换,二进制的计算方法,如取反、相与、相或等。

1) 二进制与十进制的相互转换

(10001101)B＝(141) D;

(219) D＝(1101 1011) B;

(124) D＝(0111 1100)B。

2) 二进制的逻辑运算

(1) 与(AND)。

AND 的运算规则为:1AND1＝1;1AND0＝0;0AND1＝0;0AND0＝0。

AND 的运算口诀是全"1"才为"1",例如:

(10110011 11010001) AND(10110011 11101011) ＝(10110011 11000001)

(2) 或(OR)。

OR 的运算规则为:1OR1＝1;1OR0＝1;0OR1＝1;0OR0＝0。OR 的运算口诀是有"1"就为"1",例如:

(11011010 11001011) OR(11011011 00110001) ＝(11011011 11111011)

(3) 非(NOT)。

NOT 运算为取反,如"1"取反后为"0","0"取反后为"1"。例如:

NOT(11001101) B＝(00110010) B

2. 关于 IP 地址的基本定义

1) IP 地址分类

IP 地址分类如表 1-5 所示。

表 1-5　IP 地址分类

分　　类	网段范围	子网掩码
A 类	10.0.0.1～126.255.255.254	255.0.0.0/8
B 类	128.0.0.1～191.255.255.254	255.255.0.0/16
C 类	192.0.0.1～223.255.255.254	255.255.255.0/24

默认情况下,主机数为:

A 类:$2^{24}-2＝16\ 777\ 214$ 个主机;

B 类:$2^{16}-2＝65\ 534$ 个主机;

C 类:$2^8-2=254$ 个主机。

2）子网掩码

子网掩码(subnet mask)又叫地址掩码、子网络遮罩,子网掩码是一个 32 位地址,是与地址结合使用的一种技术。它的主要作用是用于屏蔽 IP 地址的一部分以区别网络标识和主机标识,以及用于将一个大的 IP 网络划分为若干小的子网络。子网掩码——一个 IP 地址的网络部分的"全 1"比特模式。对于 A 类地址来说,默认的子网掩码是 255.0.0.0;对于 B 类地址来说,默认的子网掩码是 255.255.0.0;对于 C 类地址来说,默认的子网掩码是 255.255.255.0。利用子网掩码可以把大的网络划分成子网,也可以把小的网络归并成大的网络。

IP 地址＝网络地址＋主机地址,如 192.168.0.1 中,网络地址为 192.168.0.0,主机地址为 0.0.0.1,表示该 IP 的网段为 192.168.0.0,主机位置为"1"。

3）网络号

网络号(网络地址)既可以视为用户在互联网上的身份标识,又可以作为用户在互联网上的个性化、智能型和多功能的信息通信软件应用系统。用户通过所持有的网络号,获得以精准网络信息配送为主,包括交流、展示和应用的平台服务。

4）主机号

主机号(主机地址)就是一台主机可以使用的 IP 地址。

四、设置 TCP/IP 属性

设置 TCP/IP 属性(即配置 IP 地址)的方法如下。

(1) 在桌面上选择"网上邻居"的右键菜单,单击"属性"项。

(2) 进入"网上邻居"的"更改适配器设置"菜单后,查看网络连接状态中的"本地连接"项。其操作界面如图 1-77 所示。

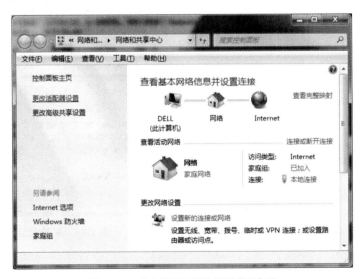

图 1-77　单击"更改适配器设置"选项

(3) 然后选择"本地连接",单击右键,在弹出的快捷菜单中,单击"属性"。其操作界面如图 1-78 所示。

图 1-78   设置"本地连接"中的"属性"

（4）进入"本地连接"的属性面板后，可以看到有一个 Internet 协议，选择然后单击"属性"进入。其操作界面如图 1-79 所示。

（5）然后双击进入 Internet 协议版本面板，在这里可以设置 IP，你可以根据你自己的要求亲手填写 IP 或者让系统自动获取。其操作界面如图 1-80 所示。

（6）选择自己的方法完成后，单击"确定"，一直确定下去就可以完成设置。

图 1-79   进入"本地连接 属性"对话框

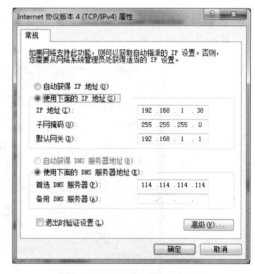

图 1-80   手动配置 IP 地址

◆ 知识点 1.2.3   接入局域网

局域网（local area network），简称 LAN，是指在某一区域内由多台计算机互联成的计算机组。"某一区域"指的是同一办公室、同一建筑物、同一公司和同一学校等，一般是方圆几千米以内。局域网可以实现文件管理、共享，打印机共享，扫描仪共享，工作组内的日程安排,电子邮件和传真通信服务等功能。局域网是封闭型的,可以由办公室内的两台计算机组成,也可以由一个公司内的上千台计算机组成。如图 1-81 所示为一个典型的局域网络的拓扑结构。

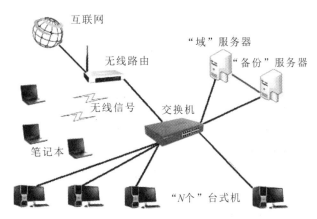

图 1-81　局域网的拓扑结构

为了完整地给出 LAN 的定义,必须使用两种方式:一种是功能性定义,另一种是技术性定义。LAN 的功能性定义为一组台式计算机和其他设备,在物理地址上彼此相隔不远,以允许用户相互通信和共享诸如打印机和存储设备之类的计算资源的方式互联在一起的系统。这种定义适用于办公环境下的 LAN、工厂和研究机构中使用的 LAN。

就 LAN 的技术性定义而言,它定义为由特定类型的传输媒体(如电缆、光缆和无线媒体)和网络适配器(亦称为网卡)互联在一起的计算机,并受网络操作系统监控的网络系统。

功能性和技术性定义之间的差别是很明显的,功能性定义强调的是行为和服务;技术性定义强调的则是构成 LAN 所需的物质基础和构成的方法。

局域网(LAN)的名字本身就隐含了网络地理范围的局域性。由于地理范围的局限性,LAN 通常要比广域网(WAN)具有高得多的传输速率。例如,LAN 的传输速率为 10 Mb/s,FDDI 的传输速率为 100 Mb/s,而 WAN 的主干线速率国内仅为 64 Kbps 或 2.048 Mbps,最终用户的上线速率通常为 14.4 Kbps。

LAN 的拓扑结构常用的是总线型和环形,这是由有限地理范围决定的,这两种结构很少在广域网环境下使用。

LAN 还有诸如高可靠性、易扩缩和易于管理及安全等多种特性。

 技能实训1　IP地址的计算

一般考试中都会给定一个 IP 地址和对应的子网掩码,让你计算以下几项:

① 网络号;

② 主机号;

③ 子网数目;

④ 广播地址;

⑤ 可用 IP 地址范围;

⑥ 主机个数。

首先,不要管这个 IP 是 A 类、B 类还是 C 类,IP 是哪一类对于解题是没有任何意义的,因为在很多题中 B 类掩码和 A 类或是 C 类网络一起出现,不要把这认为是一个错误,很多时候都是这样出题的。

其次,应该掌握以下一些知识。

1. 明确基本概念

1) 二进制数转为十进制数

比方说,在不牵涉到 IP 地址的计算时,将二进制的 111 转换为十进制,采用的方法是 2 的 2 次方+2 的 1 次方+2 的 0 次方,即 4+2+1,得到的结果是十进制的 7。但是在计算 IP 地址时,二进制到十进制的转换就不能采用这种方式了,二进制的 111 转换为十进制时,看到有几个"1",就表示为 2 的几次方,这里有三个"1",就是 2 的 3 次方,即在计算 IP 地址时,二进制的 111 转换为十进制就是 2 的 3 次方,2 的 3 次方的结果是 8。

2) 网络的总个数和可用个数

A 类网络的个数有 2 的 7 次方个,即 128 个。根据网络规范的规定,应该再去除 128 个中的第一个和最后一个,那么可用的 A 类网络的个数是 126 个。

B 类网络的个数有 2 的 14 次方个,即 16 384 个。根据网络规范的规定,应该再去除 16 384 个中的第一个和最后一个,那么可用的 B 类网络的个数是 16 382 个。

C 类网络的个数有 2 的 21 次方个,即 2 097 152 个。根据网络规范的规定,应该再去除 16 384 个中的第一个和最后一个,那么可用的 C 类网络的个数是 2 097 150 个。

3) 网络的总 IP 数和可用 IP 地址数

每个 A 类大网(A 类网络)中容纳 2 的 24 次方个 IP 地址,即 16 777 216 个 IP 地址;每个 B 类大网中容纳着 2 的 16 次方个 IP 地址,即 65 536 个 IP 地址;每个 C 类大网中容纳着 2 的 8 次方个 IP 地址,即 256 个 IP 地址。可用的 IP 地址数是在总 IP 地址数的基础上减 2 得到。

如果把一个 B 类大网划分为 32 个小网,那么每个小网的 IP 地址数目就是 65 536/32＝2 048;如果把 C 类大网划分为 32 个小网,那么每个小网的 IP 地址数目就是 256/32＝8。

2. 明确掩码的含义

掩码的作用就是用来告诉电脑把"大网"划分为多少个"小网"。好多书上说,掩码是用来确定 IP 地址所在的网络号,用来判断另一个 IP 是不是与当前 IP 在同一个子网中。这也对,但是对于我们做题来说,意义不大。我们要明确:掩码的作用就是用来告诉电脑把"大网"划分为多少个"小网"。掩码是用来确定子网数目的依据。

3. 明确十进制数与 8 位二进制数的转换

做这类题要能够在心中将 255 以内的十进制数转换为对应的二进制数。可以参考这个公式表(第一行是二进制,第二行是十进制):

1	1	1	1	1	1	1	1
128	64	32	16	8	4	2	1

可以看到:第一行左起第一个二进制 1 对应十进制的 128;第一行左起第二个 1 对应十进制的 64……依次类推。

上面这些关系要牢记,这是进制转换的基础。

比方说,将十进制的 133 转为二进制,可以这样想,因为 133 和 128 比较近,又由于公式表中左起第一个二进制 1 表示 128,所以可以马上将待转换成 8 位二进制的最左边的一位确定下来,定为 1。再接下来,看到 133 和 128 只相差 5,而 5 是 4 与 1 的和,而 4 与 1 分别对应公式表中的左起第 6 位和第 8 位,所以十进制的 133 转换为 8 位二进制数就是 10000101,对应如下:

| 1 | 0 | 0 | 0 | 0 | 1 | 0 | 1 | (二进制表示的 133) |
| 128 | 0 | 0 | 0 | 0 | 4 | 0 | 1 | (十进制表示的 133) |

其他 255 以内的十进制数转换为 8 位二进制数的方法依此类推。

4. 牢记各类网络的默认掩码

A 类网络的默认掩码是 255.0.0.0,换算成二进制就是 11111111.00000000.00000000.00000000。默认掩码意味着没有将 A 类大网(A 类网络)再划分为若干个小网。掩码中的 1 表示网络号,24 个 0 表示在网络号确定的情况下(用二进制表示的 IP 地址的左边 8 位固定不变),用 24 位二进制数来表示 IP 地址的主机号部分(IP 地址是由网络号+主机号两部分构成)。

B 类网络的默认掩码是 255.255.0.0,换算成二进制就是 11111111.11111111.00000000.00000000。默认掩码意味着没有将 B 类大网再划分为若干个小网。16 个 0 表示在网络号确定的情况下(用二进制表示的 IP 地址的左边 16 位固定不变),可以用 16 位二进制数来表示 IP 地址的主机号部分[可以把 B 类默认掩码理解为是将 A 类大网(A 类网络)划分为 2 的 8 次方(即 256)个小网]。

C 类网络的默认掩码是 255.255.255.0,换算成二进制就是 11111111.11111111.11111111.00000000。默认掩码意味着没有将 C 类大网再划分为若干个小网。这里的 8 个 0 表示在网络号确定的情况下(用二进制表示的 IP 地址的左边 24 位固定不变),可以用 8 位二进制数来表示 IP 地址的主机部分[可以把 C 类默认掩码理解为是将 A 类大网(A 类网络)划分为 2 的 16 次方(即 65 536)个小网]。

5. 关于正确有效的掩码

正确有效的掩码应该满足一定的条件,即把十进制掩码换算成二进制后,掩码的左边部分一定要全为 1 且中间不能有 0 出现。比方说,将 255.255.248.0 转为二进制是 11111111.11111111.11111000.00000000,可以看到左边都是 1,在 1 的中间没有 0 出现(0 都在 1 的右边),这样就是一个有效的掩码。我们再来看 254.255.248.0,转成二进制是 11111110.11111111.11111000.00000000,这不是一个正确有效的掩码,因为在 1 中间有一个 0 的存在。

6. 关于子网掩码的另类表示法

有些题目中不是出现如 255.255.248.0 这样的子网掩码,而是出现 IP 地址/数字这样的形式,这里的"/数字"就是子网掩码的另类表示法。我们将 255.255.248.0 转为二进制是 11111111.11111111.11111000.00000000,可以看到左边是有 21 个 1,所以我们可以将 255.255.248.0 这个掩码表示为/21。

7. 网络中有两个 IP 地址不可用

不管是 A 类、B 类还是 C 类网络,在不划分子网的情况下,有两个 IP 地址不可用:网络号和广播地址。比如,在一个没有划分子网的 C 类大网中用 202.203.34.0 来表示网络号,用 202.203.34.255 来表示广播地址,因为 C 类大网的 IP 地址有 256 个,现在减去这两个 IP 地址,那么可用的 IP 地址就只剩下 256−2＝254 个了。如果题目问:把一个 C 类大网划分为 4 个子网,会增加多少个不可用的 IP 地址? 可以这样想,在 C 类大网不划分子网时,有两个 IP 地址不可用;现在将 C 类大网划分为 4 个子网,那么每个子网中都有 2 个 IP 地址不可用。所以 4 个子网中就有 8 个 IP 地址不可用,用 8 个 IP 地址减去没划分子网时的那两个不可用的 IP 地址,得到的结果为 6 个。所以在将 C 类大网划分为 4 个子网后,将会多出 6 个不可用的 IP 地址。

8. 根据掩码来确定子网的数目

首先看题中给出的掩码是属于哪个默认掩码范围内,这样我们就可以知道是对 A 类、B 类还是 C 类大网来划分子网。比方说 202.117.12.36/30,我们先把/30 这种另类的掩码表示法转换为我们习惯的表示法:11111111.11111111.11111111.11111100,转为十进制是 255.255.255.252。我们可以看到,这个掩码的左边三节与 C 类默认掩码相同,只有第四节与 C 类默认掩码不同,所以我们认为 255.255.255.252 这个掩码是在 C 类默认掩码的范围之内的,意味着我们将对 C 类网络进行子网划分。因为 C 类网络的默认掩码是 255.255.255.0,将 C 类默认掩码转换为二进制是 11111111.11111111.11111111.00000000,这里的 8 个 0 表示可以用 8 位二进制数来表示 IP 地址,也就是说 C 类大网中可有 2 的 8 次方个 IP 地址,即 256 个 IP 地址。这道题中的掩码的最后一节是 252,转换为二进制是 11111100,因为 1 表示网络号,所以 111111 就表示将 C 类大网划分为(111111)2＝64 个子网。将 111111 转换为十进制是 64,所以就表示将 C 类大网划分为 64 个子网,每个子网的 IP 地址数目是 256/64＝4,去除子网中的第一个表示子网号的 IP 地址和最后一个表示广播地址的 IP 地址,子网中的可分配的 IP 地址数目就是子网中的总的 IP 地址数目再减去 2,也就是 4−2＝2 个。

9. 综合实例

【例 1-1】 已知 IP 为 172.31.128.255/18,试计算:

(1) 网络号;

(2) 主机号;

(3) 子网数目;

(4) 广播地址;

(5) 网段范围;

(6) 主机个数。

解

(1) 算网络号。

用公式:将 IP 地址的二进制和子网掩码的二进制进行"与"运算,得到的结果就是网络号。"与运算"的规则是 1 AND 1＝1,0 AND 1＝0,1 AND 0＝0。

172.31.128.255 转为二进制是 10101100.00011111.10000000.11111111。

子网掩码是:11111111.11111111.11000000.00000000。

所以将其相与后得:

10101100.00011111.10000000.11111111

11111111.11111111.11000000.00000000

AND 运算得:10101100.00011111.10000000.00000000

将 10101100.00011111.10000000.00000000 转换为十进制就是 172.31.128.0,所以网络号是 172.31.128.0。

(2)算主机号。

用公式:用 IP 地址的二进制和子网掩码的二进制的反码进行"与"运算,得到的结果就是主机号。反码就是将原本是 0 的变为 1,原本是 1 的变为 0。由于掩码是 11111111.11111111.11000000.00000000,所以其反码表示为 00000000.00000000.00111111.11111111,再将 IP 地址的二进制和掩码的反码进行"与"运算:

10101100.00011111.10000000.11111111(IP 地址)

00000000.00000000.00111111.11111111(子网掩码取反)

AND 运算得:00000000.00000000.00000000.11111111

将 00000000.00000000.00000000.11111111 转换为十进制是 0.0.0.255,我们将左边的 0 去掉,只留右边的数字,所以我们说这个 IP 的主机号是 255。

(3)算子网数目。

首先将/18 换成我们习惯的表示法,18 为子网掩码中"1"的个数。

11111111.11111111.11000000.000000 转为十进制就是 255.255.192.0。本题 IP 地址为 B 类地址,子网掩码中多两位"1",则子网数量为 2^n-2(固定公式)。

① 子网数量=2^n-2。

举个例子来说,比如子网掩码:255.255.192.0,其二进制为:11111111.11111111.11000000.000000,可见 $n=2$,2 的 2 次方为 4,说明子网地址可能有如下 4 种情况:00,01,10,11。

② 为什么得数还要减 2 呢?

其中代表网络自身的 00,代表广播地址的 11 是被保留的,这两个是不能算的,所以要减 2。

故,此题子网数目为 $2^2-2=2$。

(4)算广播地址。

用公式:在得到网络号的基础上,将网络号右边的表示 IP 地址的主机部分的二进制位全部填上 1,再将得到的二进制数转换为十进制数就可以得到广播地址。因为本题中子网掩码是 11111111.11111111.11000000.00000000,网络号占了 18 位,所以本题中表示 IP 地址的主机部分的二进制位是 14 位,我们将网络号 172.31.128.0 转换为二进制是 10101100.00011111.10000000.00000000,然后从右边数起,将 14 个 0 全部替换为 1(子网掩码取反)与网络号相加,即:10101100.00011111.10111111.11111111,这就是这个子网的广播地址的二进制表示法。将这个二进制广播地址转换为十进制就是 172.31.191.255。

(5)算网段范围(可用 IP 地址范围)。

因为网络号是 172.31.128.0,广播地址是 172.31.191.255,所以子网中可用的 IP 地址范围就是从网络号+1 到广播地址-1,所以子网中的可用 IP 地址范围为 172.31.128.1~172.31.191.254。

（6）算主机个数。

主机位为 14 位(14 为子网掩码中"0"的个数)。

$$2^{14}-2=16\ 384-2=16\ 382$$

【例 1-2】 已知某公司的网络 IP 为 203.26.13.24/28,求该网络的:

（1）网络地址;

（2）主机地址;

（3）广播地址;

（4）子网个数;

（5）网段范围;

（6）主机个数。

解

（1）网络地址。

① 先求子网掩码 11111111.11111111.11111111.11110000,转十进制为 255.255.255.240。

② 转 IP 为二进制得:11001011.00011010.00001101.00011000。

③ 按位相与得:11001011.00011010.00001101.00010000。

④ 转十进制为:203.26.13.16。

（2）主机地址。

① 先求子网掩码取反得:00000000.00000000.00000000.00001111。

② 按位与 IP 相与得:00000000.00000000.00000000.00001000。

③ 转十进制为:0.0.0.8。

（3）广播地址。

① 因子网掩码中有 28 个"1",故"0"有 32-28=4 个。

② 网络号二进制为 11001011.00011010.00001101.00010000。

③ 将子网掩码中 4 个"0"变成 4 个"1",替换掉网络号中最后的 4 个"0",计为 11001011.00011010.00001101.00011111。

④ 转十进制为:203.26.13.31。

（4）子网个数。

① 因该题 IP 为 C 类地址,故默认子网掩码中有 24 个"1";本题有 28 个"1",则多 32-28=4 个"1"。

② 该网络的子网个数为 $4^2=16$ 个。

首先将/28 换成我们习惯的表示法(28 为子网掩码中"1"的个数):11111111.11111111.11111111.11110000,转十进制为 255.255.255.240。因是 C 类地址,多 4 个"1",子网数量为 2^n-2,可见 $n=4$,2 的 4 次方为 16,说明子网地址可能有如下 16 种情况:0000;0001;0010;0011;0100;0101;0110;0111;1000;1001;1010;1011;1100;1101;1110;1111。

但其中代表网络自身的 0000,代表广播地址的 1111 是被保留的,所以要减 2。

故,此题子网数目为 16-2=14。

（5）网段范围。

因该题网络地址为 203.26.13.16,广播地址为 203.26.13.31,则网段范围为:203.26.

13. (16+1)~203.26.13.(31-1),计为 203.26.13.17~203.26.13.30。

（6）主机个数。

主机位为 4 位（4 为子网掩码中"0"的个数）。

$$2^4-2=16-2=14$$

故为 14 个主机。

【例 1-3】 有一单位最初只有 200 台计算机联网,申请了一个 C 类 IP 地址为 211.83.140.0,现在上网的计算机增加到了 2 000 台,要求 2 000 台计算机连成一个局域网并能连接到 Internet 网,还需要申请多少个 C 类 IP 地址? 此网络的子网掩码如何设置?

解

（1）多少个 IP 地址。

$$2\ 000/256=7.81,取 8$$

还需申请 8-1=7 个 C 类 IP。

（2）子网掩码。

① 256×8=2 048 个主机。

② 2 048=2^{11},11 是指主机位（子网掩码中"0"的个数）,C 类默认的主机位为（255.255.255.0）8 位,11-8=3。

$$IP=网络地址+主机地址$$

③ 子网掩码应该为:11111111.11111111.11111000.00000000（借 3 位）。

④ 转十进制为:255.255.248.0。

技能实训2 局域网基本使用

1. IP 地址的配置

（1）实验环境。

计算机机房,典型局域网的配置环境,学生每人一台电脑均与局域网相连（可以是集线器或交换机连接的局域网）。

（2）实验目的。

加强学生对局域网、IP 地址配置的认识。

（3）实验内容。

每个学生确定自己的座位号,按照这个号码进行配置 TCP/IP 属性,其主要的配置信息如下。

① IP 地址为 192.168.1.5~192.168.1.70（按座位号的顺序）。

② 子网掩码:255.255.255.0。

③ 默认网关:192.168.1.1。

④ 首选 DNS 服务器:202.103.24.68。

⑤ 备用 DNS 服务器:202.103.0.117。

其中,192.168.0.254 为教师机的 IP,且为服务器。

(4) 实验成果验证。

① ping 局域网中其他同学的地址。

② ping 主机地址 127.0.0.1 或 localhost。

2. 使用 ipconfig 命令

(1) 实验环境。

计算机机房,典型局域网的配置环境,学生每人一台电脑均与局域网相连(可以是集线器或交换机连接的局域网)。

(2) 实验目的。

理解物理地址与逻辑地址的区别,熟悉计算机网络中的基本配置信息。

(3) 实验内容。

① 打开 MS-DOS,并键入"ipconfig /?",查看该命令的参数。

② 键入"ipconfig /all",查看本地计算机的网络配置情况,包括 MAC 地址、IP 地址、子网掩码、DNS 服务器地址等信息。

③ 键入"ipconfig/release"后,再查看网络配置情况(ipconfig/all),并记录。

④ 键入"ipconfig/renew"后,再查看网络配置情况(ipconfig/all),并记录。

⑤ 实验成果验证。

3. 网络共享文件夹的使用

(1) 实验环境。

计算机机房,典型局域网的配置环境,学生每人一台电脑均与局域网相连(可以是集线器或交换机连接的局域网)。

(2) 实验目的。

理解网络中共享资源、数据交换的概念。掌握创建共享文件夹来共享文件的方法。

(3) 实验内容。

① 共享文件夹的设置。

② 用"网上邻居"查找共享文件。

③ 用 IP 地址查找共享文件。

④ 用主机名查找共享文件。

(4) 实验成果验证。

不管使用哪种方式访问共享文件夹,所看到的结果都是一样的,说明了从局域网中访问共享文件夹的方法有多种。

 技能实训3 网线的制作方法

1. PC 连 Hub(电脑连接上网设备)

PC 和 Hub 连接的双绞线线序排列如图 1-82 所示。水晶头金属面对自己,从左到右为1~8(白橙、橙,白绿、蓝,白蓝、绿,白棕、棕)。

2. PC 连 PC(电脑连接电脑)

PC 之间连接的双绞线线序排列如图 1-83 所示。

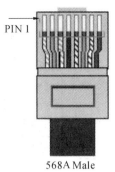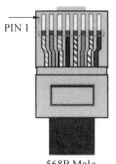

PIN 1

568A Male   568B Male

A端 (标准568A)：白橙、橙，白绿、蓝，白蓝、绿，白棕、棕
B端 (标准568B)：白橙、橙，白绿、蓝，白蓝、绿，白棕、棕

图 1-82　PC 和 Hub 连接的双绞线线序排列

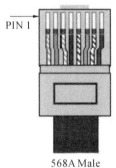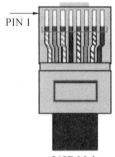

PIN 1

568A Male   568B Male

A端 (568A)：白绿、绿，白橙、蓝，白蓝、橙，白棕、棕
B端 (568B)：白橙、橙，白绿、蓝，白蓝、绿，白棕、棕

图 1-83　PC 之间连接的双绞线线序排列

3. Hub 连 Hub（上网设备连接上网设备）

千兆 5 类或超 5 类（包括 6 类线）双绞线的形式与百兆网线的形式相同,也分为直通和交叉两种。直通网线与我们平时所使用的没有什么区别,都是一一对应的。但是传统的百兆网络只用到 4 根线缆来传输,而千兆网络要用到 8 根来传输,所以千兆交叉网线的制作与百兆的不同,制作方法如下:1 对 3,2 对 6,3 对 1,4 对 7,5 对 8,6 对 2,7 对 4,8 对 5。例如,一端为白橙、橙,白绿、蓝,白蓝、绿,白棕、棕;另一端为白绿、绿,白橙、白棕、棕,橙、蓝,白蓝;T568B 为橙白、橙,绿白、蓝,蓝白、绿,棕白、棕;T568A 为绿白、绿,橙白、蓝,蓝白、橙,棕白、棕。直连线:两端都做成 T568B 或 T568A,用于不同设备相连(如网卡到交换机)。交叉线:一端做成 T568B,一端做成 T568A,用于同种设备相连(如网卡到网卡)。10 M 的网卡中只有 4 根弹片,8 根线中另 4 根不起作用所以要求低,两边是同一顺序就行,但最好按规范做;100 M 的网卡中有 8 根弹片,4 根用于数据传输,另 4 根用于防串扰,严格按照规范做线能减少网络故障。Hub 之间连接的双绞线线序排列如图 1-84 所示。

（1）100 M 使用四对线。要求 1、2、3、6、4、5、7、8 必须为双绞交叉线制作（用于 Hub 没有级连口、两台电脑直连）。

10 M：

1 2 3 4 5 6 7 8

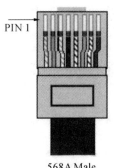
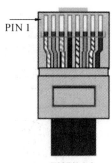

PIN 1   PIN 1

568A Male   568B Male

A端 (568A)：白绿、绿，白橙、蓝，白蓝、橙，白棕、棕

B端 (568B)：白橙、橙，白绿、蓝，白蓝、绿，白棕、棕

图 1-84   Hub 之间连接的双绞线线序排列

3 6 1 4 5 2 7 8

100 M：

1 2 3 4 5 6 7 8

3 6 1 2 7 8 4 5

(2) 制作心得：10 M 使用两对线 1、2、3、6(其中 1 发送数据、2 发送数据、3 发送数据、6 接收数据，4、5、7、8 保留)。如果只有一根网线，但想两台机子同时上网，不增加外设，做网线时采用 45 水晶头连接方法；或者说一个房间只有一个网线接口，但要两台机子上网，现在该怎么办呢？前提是不增加外设。方法如下。① 其实一般公司网络和个人网络都最多 10 M，也就是说网线实际工作的线路只有 1、2、3、6(也就是说只需要 4 条线就可以上网)。以标准 586B(橙白－1，橙－2，绿白－3，蓝－4，蓝白－5，绿－6，棕白－7，棕－8)为例子，实际工作线路是橙白－1，橙－2，绿白－3，绿－6。其中，蓝－4，蓝白－5，棕白－7，棕－8 正好是多余的。② 网线有 8 条，剩余的 4 条正好接另一台机子。具体接法如下：拔开接好的网线取出蓝－4，蓝白－5，棕白－7，棕－8，4 根线，连接另一个水晶头。因为水晶头位置不好确定，你可以找几根废线占位。网线两头排列如下：蓝－1，蓝白－2，棕白－3，废线－甲，废线－乙，棕－6，废线－丙，废线－丁(废线的作用只是占水晶头里的位置，因为怕剩余 4 根线排错位置。其实无实质意义，因此断截的都可以)。

(3) 如图 1-85 所示，如果是双机直连，必须使用交叉网线(实际上就是 1、2、3、6 四根线交叉)，实际上电信 ADSL 所提供的那根网线就是这种网线，其两头的排列方式分别为：1、2、3、4、5、6、7、8，3、6、1、4、5、2、7、8。如果是使用简易网线测量仪，其灯跳顺序应为：12→45→78→36→12，下面更详细地再说一遍。

一端：白橙/橙/白绿/蓝/白蓝/绿/白棕/棕(12345678)

1 2 3 4 5 6 7 8

一端：白绿/绿/白橙/蓝/白蓝/橙/白棕/棕(36145278)

3 6 1 4 5 2 7 8

用户也可以把 4578 四根线也交叉，即：

1 2 3 4 5 6 7 8

3 6 1 7 8 2 4 5

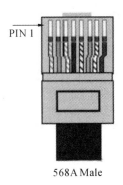
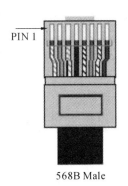

图 1-85　双机直连网线做法图示

通常 Hub 上都会留一个口用于 Hub 之间的级连,也就是将许多 Hub 连在一起用。为了在不级连时充分利用硬件资源,该接口一般与其旁边一个普通网卡接口是相通的。另外一种情形是设置一个拨动开关用来改变最后一个网口的功能,那么作为级连用的网口到底有什么不同呢? 事实上非常简单,级连的网口就是一个标准的双机直连接口,也就是 1 与 3、2 与 6 交叉。那么我们知道这个事实,就可以知道以下几点。

(1) 在 Hub 没电的时候也可以用两条普通网线连接两台电脑,只需将一条网线插在级连口,另一个接它旁边的接口就行。

(2) 对没有级连口的 Hub,我们可以通过一条双机直连线将它与别的 Hub 级连起来(各插任意一个普通网口即可)。

(3) 将双机直连线插入 Hub 的级连口,可以像普通网线一样插其他 Hub 网口,一样可以联网(1 与 3、2 与 6 交叉两次,又变回去了),这样只需带一条双机直连线即可,直连与插 Hub 两不误。

4. 两台电脑直连的方法

两台具有支持 800.11b 的无线网卡的电脑,配置成无线对等网的注意事项具体如下。

(1) 将无线网卡都开启。

(2) 在无线网络连接的属性中的"无线网络配置"标签下,选择"用 Windows 来配置我的无线网络配置"。在"首选网络"中,添加一个网络。"服务名(SSID)"可以任意命名,但两台电脑的 SSID 必须相同。没有特别的需要,"网络验证"可以配置成"开放式","数据加密"可以配置成"已禁用"。

(3) 特别注意事项。在高级选项中,必须配置成"仅计算机到计算机",不然无法形成对等网。还需要开启 Windows 的 Wireless 的相关服务。

把笔记本和台式机连起来的方法有以下几种。

(1) 通过网络直连线连接。到市场中买一条网线——五类双绞线,然后让卖线的人帮忙做成直通方式,回家把网线的两头分别插在笔记本和台式机上,配置好网络 IP 地址就可以了。连接速度为 100 Mbps 左右。

(2) 通过红外线连接。如果你的台式机上有前置红外线接口,而且你的笔记本上有红外线接口,那么打开两台机器的红外端口就可以自动找到机器并互传文件了。

(3) 通过无线连接。台式机连接一个 USB 接口的无线网卡,笔记本上也装一个无线网卡,然后打开两个无线网卡,在找到对方并配置好网络 IP 地址后就可以共享使用了。使用感觉就像使用有线网一样,但是这种方式可以自由移动,不受约束。

(4)通过 IEEE 1394 线连接,然后两台主机就可以通信了,其通信速度非常快。通过一条 USB 桥接线连接,插上再装好驱动程序后就可以双机互联了。

(5)通过并口将双机互联。

(6)通过串口双机互联。

对于共用宽带的问题,稍微复杂一点。首先,你的操作系统最好是 XP PRO 的或者是 WIN2K SERVER 的,支持双网卡互联;然后在上网设置中打开"允许其他人通过这台机器连入 INTERNET"的选项,在另一台上设置的上网方式是"另一台电脑上网",这样就可以了。但是设置起来非常烦琐而且不易一次成功。另外一种方式是在台式机上使用 WINGATE 之类的代理服务器软件,然后笔记本利用台式机上网。还有一种方式,现在有些软件可以支持智能连接网络和共享上网功能,笔者试用过的联想 Y300 笔记本上随机送的那种关联任意通软件就可以这样。网络直连跟操作系统版本无关,XP/2K/98/ME 之间是可以互联的。关键是网络是否畅通,网络参数是否设置正确。双机直连需要直连网线,就是一正一反两个头的那种。连好后应该可以看到网卡上的指示灯在闪烁。然后设置 IP 地址,建议一般设置成 192.168.0.1,子网掩码:255.255.255.0。另一台设置成 192.168.0.2,子网掩码:255.255.255.0。然后使用 DOS 命令——ping 192.168.0.X,如果反馈信息是 XXms,就表示网络畅通,双机互联成功了。否则就要检查是否是网线没有接好或者是网线有问题。肯定不能使用两个正头的,那是用来接 Hub 或者交换机用的。

思政小课堂——立志篇

我国神舟十三号飞船成功发射,从神舟十三号飞船的发射、对接等过程可以看到我们国家在航天技术方面的进步确实是非常大的,有一些技术更是取得了突破性的进展。如,神舟十三号飞船与空间站核心舱的对接采用的是径向对接方式,这是我们首次径向停靠空间站,与之前神舟十二号飞船和空间站的前后交会对接方式是完全不同的,此次难度更大一些。因为空间站与神舟十三号飞船的对接口不是在空间站的前端或者后端,而是在空间站的下方,需要神舟十三号飞船从下往上对接,这对飞船、空间站的速度等方面的控制要求非常高。但是神舟十三号飞船已经以实际行动证明,这些技术我们已经掌握。

从取得的一个个技术突破可以看出我们目前掌握的技术是过硬的,为民族、为国家争取了荣誉。将来,我们要带着这份荣誉继续前行,不断开拓进取,永远掌握先进的技术,这就要求我们新时期的青年人一定要沉下心来做技术,戒骄戒躁,砥砺前行!

本章习题

1.选择题

(1) OSI 七层网络体系结构中,由下往上第四层为(　　)。

A.传输层　　　　　B.应用层　　　　　C.网络层　　　　　D.会话层

(2) 网络互联通常采用(　　)拓扑结构。

A.星形　　　　　　B.总线型　　　　　C.网状　　　　　　D.环形

(3) 如果你已经为办公室的每台作为网络工作站的微型机购置了网卡,还配置了双绞线、RJ-45 接插件、集线器 Hub,那么你要组建这个小型局域网时,你还需要配置(　　)。

A.一台作为服务器的高档微型机　　　B.路由器

C.一套局域网操作系统软件　　　　　D.调制解调器

(4) 按照应用领域,交换机可分为(　　)。

A.ATM 交换机　　B.部门级交换机　　C.企业级交换机　　D.工作组交换机

(5) 处于计算机信息系统结构最底层的是(　　)。

A.系统平台　　　　B.信息系统　　　　C.传输平台　　　　D.网络平台

(6) 在基于网络的信息系统中,为了了解、维护和管理整个系统的运行,必须配置相应的软硬件进行(　　)。

A.安全管理　　　　B.系统管理　　　　C.故障管理　　　　D.配置管理

(7) 系统集成是在(　　)的指导下,提出系统的解决方案,将部件或子系统综合集成,形成一个满足设计要求的整体自治的过程。

A.系统规划学　　　B.系统集成学　　　C.系统工程学　　　D.系统配置学

(8) 以下不属于系统集成任务的是(　　)。

A.应用功能的集成　B.技术集成　　　　C.支撑系统的集成　D.产品设计

(9) 以下说法中错误的是(　　)。

A.计算机网络是由多台独立的计算机和各类终端通过传输媒体连接起来相互交换数据信息的复杂系统,相互通信的计算机系统必须高度协调地工作。

B.计算机网络体系结构从整体角度抽象地定义计算机网络的构成及各个网络部件之间的逻辑关系和功能,给出协调工作的方法和计算机必须遵守的规则。

C.现代计算机网络体系结构按结构化方式进行设计,分层次定义了网络通信功能。

D.不同协议实现不同的功能,如差错检测和纠正、对数据块的分块和重组等,同样的功能不会出现在不同的协议中。

(10) 开放系统互联参考模型中的"开放"意指(　　)。

A.其模型是允许不断调整和完善的

B.模型支持不定数量的设备

C.遵循 OSI 后,一个系统就可以和其他遵循该标准的系统进行通信

D.该模型支持和其他标准的设备互联

2.简答题

(1) 系统集成不等于计算机网络工程,但它们之间有什么关系呢?

(2) 在计算机网络发展的过程中,OSI 模型起到了什么作用?

（3）TCP/IP 模型中没有会话层和表示层，是 Internet 不需要这些层次提供的服务吗？如果不是，Internet 又如何得到这些服务？

（4）为什么进行子网划分时，子网地址的位数最多只有 30 位？其对应的子网掩码是什么？这种子网通常用在什么场合？

（5）现有一个 C 类 IP 网络，其网络地址为 211.100.51.0，需要将其划分为 5 个子网，其中 3 个子网中主机数目不超过 25，一个子网的主机数目不超过 260，一个子网的主机数目为 112，要求给出一种该 C 类 IP 网络子网划分的方案，希望剩余的 IP 地址能尽量地多。请写出各子网的 IP 地址范围与子网掩码、剩余的 IP 地址的数量。

3. 计算题

（1）进制转换。

① (1011 0100)B＝(　　)D；

② (234)D＝(　　)B；

③ (173)D＝(　　)B；

④ (1100 0101) B＝(　　)D；

⑤ (1001 1100)B(NOT)＝(　　)B；

⑥ (1010 1111 1101 1000)AND(1101 0010 1111 1010) ＝(　　)；

⑦ (1101 0011 0101 1001) OR(1010 0111 0011 1000)＝(　　)。

（2）子网划分，分别求出 192.168.1.64(子网掩码为 255.255.168.0)这个 IP 的：

① 网络地址；② 主机地址；③ 广播地址；④ 子网个数；⑤ 网段范围；⑥ 主机个数。

（3）超网计算：某单位原有一个 C 类 IP 为 192.168.0.68，原有员工为 200 人，现扩大规模后增加到 300 人，请问若要保证该单位每位员工可以上网，子网掩码应设置为多少合适？

第2章 局域网技术

随着时间的推移，小李已经了解了不少网络中的基本知识，公司办公室要小李马上投入组建新厂区网络的工作中。小李虽然已经学习了一段时间，但是组建一个厂区的网络还是头一次，他需要理论联系实践了。下面，我们就从网络设计开始，深入地了解网络组建的方法。

2.1 网络设计

◆ 知识点 2.1.1 网络设计基础

1. Visio 软件介绍

Visio 是 Visio 公司在 1991 年推出的用于制作图表的软件（现被微软收购），在早期它主要用作商业图表制作，后来随着版本的不断提高，新增了许多功能。

Visio 是世界上最优秀的商业绘图软件之一，它可以帮助用户创建软件流程图、数据库模型图和平面布置图等。

因此，不论用户是行政或项目规划人员，还是网络设计师、网络管理者、软件工程师、工程设计人员，或者是数据库开发人员，Visio 都能在用户的工作中派上用场。Office Visio 2013 有两种独立版本：Office Visio Professional 和 Office Visio Standard。图 2-1 所示为 Office Visio Professional 的界面。

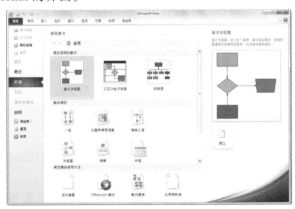

图 2-1 Office Visio Professional 的界面

Office Visio 提供了各种模板：业务流程的流程图、网络图、数据库模型图和软件图。这些模板可用于简化业务流程，跟踪项目和资源，绘制、映射网络，绘制建筑地图以及优化系统等。

1）功能介绍

使用 Office Visio 中的新增功能或改进功能，可以更轻松地将流程、系统和复杂信息可视化，借助模板快速入门。Office Visio 提供了特定工具来满足 IT 和商务专业人员的不同图表制作需要。使用 Office Visio Professional 中的 ITIL（IT 基础设施库）模板和价值流图模板，可以创建种类更广泛的图表。使用预定义的 Microsoft Smart Shapes 符号和强大的搜索功能可以找到合适的形状，而无论该形状是保存在本地还是网站上的。

（1）快速访问常用的模板。通过浏览简化的模板类别和使用大模板预览，在新增的"入门"窗口中查找所需的模板。在"入门"窗口中新增的"最近打开的模板"视图中可以找到用户最近使用的模板。

（2）从示例图表获得灵感。在 Office Visio Professional 中，打开新的"入门"窗口和使用新的"示例"类别，可以更方便地查找新的示例图表。查看与数据集成的示例图表，为创建自己的图表获得思路，认识到数据为众多图表类型提供更多上下文的方式，以及确定要使用的模板。

（3）无须绘制连接线便可连接形状。只需单击一次，Office Visio 中新增的自动连接功能就可以将形状连接、使形状均匀分布并使它们对齐。移动连接的形状时，这些形状会保持连接，连接线会在形状之间自动重排。

Microsoft Office Visio 绘图和图表制作软件有助于 IT 和商务专业人员轻松地分析和交流复杂信息。它能够将难以理解的复杂文本和表格转换为一目了然的 Visio 图表。该软件通过创建与数据相关的 Visio 图表（而不使用静态图片）来显示数据，这些图表易于刷新，并能够显著提高生产效率。使用 Office Visio 中的各种图表可了解、操作和共享企业内组织系统、资源和流程的有关信息。

2）优势介绍

（1）可视化。

使用 Office Visio 中的各种图表类型，可以有效地对流程、资源、系统及其幕后隐藏的数据进行可视化处理、分析和交流。使用新增的"入门教程"窗口，可以快速查找最近使用过的模板和文档。通过查看增强的缩略图预览，可以轻松确定要使用的模板。使用 Office Visio Professional，从"入门教程"窗口的新"示例"类别中打开与数据连接的示例图表，以了解如何创建和设计自己的图表。

（2）信息集成。

通过将图表与不同源中的信息集成来提高工作效率。将数据与图表集成可以将不同源中复杂的可视信息、文本信息和数字信息组合在一起。数据链接图表提供了数据的可视上下文，以及创建系统或流程的完整画面。使用 Office Visio Professional 中新增的数据链接功能，可以更轻松地将图表链接到各种数据源中的数据。使用新的自动链接向导可使图表中的所有形状与数据相关联。

（3）保持图表更新。

使 Office Visio 2007 保持图表最新版本，减少手动重新输入数据的工作。用户不必担心 Visio 图表中的数据过期。通过使用 Office Visio Professional 新增的数据刷新功能，或安排 Office Visio 自动定期刷新图表中的数据，可以轻松刷新图表中的数据。通过使用新增的"刷新冲突"任务窗格，可以轻松处理数据更改时可能会出现的数据冲突。

（4）处理和操作。

通过显示图表中的数据，Office Visio Professional 对复杂信息进行可视化处理和操作。使用 Office Visio Professional 可视化图表中的数据，以便轻松理解数据并高效地处理。将任一图表中的数据以文本、数据栏、图表和颜色代码的形式显示，所有这些操作都要使用 Office Visio Professional 中新增的数据图形功能。

（5）数据透视关系图。

使用数据透视关系图分析数据、轻松跟踪趋势、标识问题和标记异常。使用 Office Visio Professional 中的数据透视关系图模板，可以在显示数据组和合计的分层窗体中可视化和分析业务数据，深入了解复杂数据、使用数据图形显示数据、动态创建不同的数据视图，并更好地了解复杂信息。将数据透视关系图插入任意 Visio 图表中，以提供有助于跟踪流程或系统进度的标准和报表。链接到包括 Microsoft Office SharePoint Server、Microsoft Office Project 和 Microsoft Office Excel 在内的各种数据源，以生成数据透视关系图。以数据透视关系图的形式在这些程序中生成可视报表，可以更有效地跟踪和报告在 Office SharePoint Server 和 Office Project 中管理的资源和项目。

（6）更快地创建图表。

使用新的自动连接功能，只需单击一次，即可使得 Office Visio 自动连接、分发和对齐图表中的形状。只需将形状拖动到绘图页，并将其置于其中一个蓝色箭头（这些箭头显示在绘图页中某个形状上）上即可；Visio 会执行其余的操作。

（7）交流复杂信息。

借助 Office Visio 中新增和增强的模板和形状，可以通过更多方式进行可视化交流。例如，在 Office Visio Professional 中，使用新增的 ITIL（IT 基础设施库）模板绘制 IT 服务流程图，或使用新增的价值流图模板创建基于精益方法的图表并使制造流程图可视化。在新的 Office Visio 帮助窗口中，可以更轻松地找到有关处理新的和现有 Visio 图表类型的信息，可以直接轻松搜索整个 Microsoft Office Online 网站，以获取问题的答案、提示和技巧及更多模板。

（8）更有效地传递信息。

使用具有专业外观的图表有效地传达信息。使用新的"主题"功能，可以为整个图表选择颜色或效果（文本、填充、阴影、线条以及连接线格式），从而设计出具有专业外观的 Visio 图表。用户可以从 Visio 附带的内置主题中选择，也可以创建自己的自定义主题。Office Visio 使用的内置主题与其他 Microsoft Office system 程序相同。因此，如果在 Visio 图表中应用 Microsoft Office Word 文档和 Microsoft Office PowerPoint 所用的内置主题，它们都能够相互匹配。这样，相互使用文件就变得更加简便。另外，使用新增的三维工作流形状（该形状就是使用新增的内置 Visio 主题功能设计的）可以设计更动态的工作流。

（9）共享。

使用图表交流并与多人共享图表。提供对重要组织数据的最经济的访问：首先使用 Office Visio 将数据制作成可轻松共享的安全图表，然后可以在 Windows Internet Explorer 中进行查看（需安装免费的 Visio Viewer），或者在 Microsoft Office Outlook 中预览。在新增的"信任中心"中,调整所有 Microsoft Office system 程序(包括 Visio)的安全和隐私设置。对于没有安装 Visio 或 Visio Viewer 的访问群体,可以将图表另存为网页、JPG 文件或 GIF 文件。甚至可以将 Visio 图表另存为 PDF 格式和新的 Microsoft XPS,以使其更具可移植性,并可供更多访问群体使用。

(10) 自定义。

以编程方式自定义 Office Visio 2007 并创建自定义的数据连接解决方案。用户可以根据特定行业的情况或独特的组织要求,通过自定义方式或与其他方案集成来轻松扩展 Office Visio。用户可以开发自己的自定义解决方案和形状,也可以使用 Visio 解决方案提供商提供的解决方案和形状。通过使用 Office Visio Professional 的"软件和数据库"类别中的模板,可以使用 Visio 图表实现自定义解决方案的可视化,这些图表包括数据流和 Windows 用户界面图表等。

通过 Office Visio Professional 和 Visio 绘图控件,可以创建自定义的数据链接解决方案,以便在任何上下文中链接和显示数据。您可以通过编程方式控制 Office Visio 中的多个新增功能,包括链接到数据源、将形状链接到数据、以图形方式显示链接数据、使形状自动互相连接(自动连接)、监视和筛选鼠标拖动操作以及应用主题颜色和主题效果。在 Microsoft 开发人员网络(MSDN)上和 Visio 软件开发工具包(SDK)中,可以找到 Office Visio 中与开发人员相关的所有新增功能的更多信息。

2. Visio 软件绘图

1) 打开 Office Visio Professional 工具

单击"开始"菜单,选择"所有程序"中的"Microsoft Office",继续选择"Microsoft Office Visio 2013"打开 Visio 软件绘图界面,如图 2-2 所示。

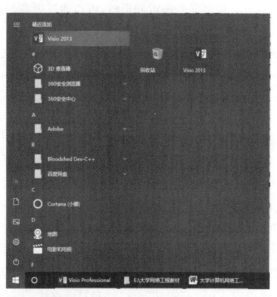

图 2-2　打开 Office Visio Professional

2) 选择网络拓扑图

进入操作主界面后,在左侧的"类别"列表中选择"网络"选项,并单击右侧的"Active Directory"图标即可进入"详细网络图"的绘制状态,如图 2-3 所示。

图 2-3 Office Visio Professional **选择主界面**

3）调整画布大小

单击"视图"菜单中的"显示比例"窗格中的"适应窗口大小"选项，将绘图画布展开以便于绘图，如图 2-4 所示。

图 2-4 Office Visio Professional **绘图主界面**

选择左侧列表中的"网络和外设-3D"，搜寻需要的绘图图标，选中后拖曳至画布中。

4）调整图标的大小

Visio 中的每个图标元素都是一个独立的图形元素，均可以根据绘图需要调整图形元素大小。调整时，选中图形元素，每个图形元素就会产生八个可控点，如图 2-5 所示。使用鼠标来拖放可调整该图形元素的大小，非常方便。调整后的效果如图 2-6 所示。

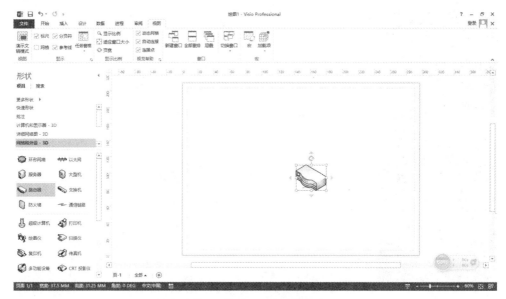

图 2-5　调整 Visio 图形元素

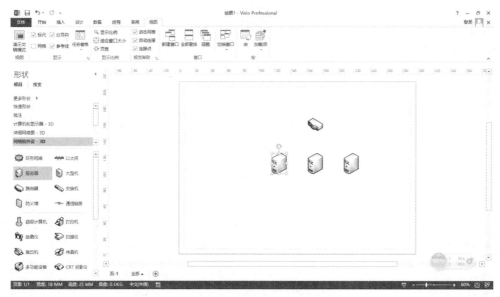

图 2-6　调整后的图形元素

（1）使用连线工具连接图形元素。

直接选择"开始"菜单，"工具"任务窗格中的连线工具" "，先单击其中一个图标，再去单击另一个需要相连的图标，即可将两个图标连接到一起，如图 2-7 所示。

（2）使用文本框来对图形的内容进行标注。

选中常用工具栏中的" A "按钮，可以绘制文本框，对每个图形进行注释，如图 2-8 所示。

（3）切换到指针状态。

在使用了文本工具或连线工具后需要回到指针状态时，必须再单击" "键返回。

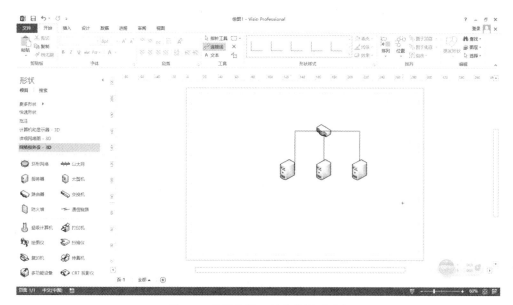

图 2-7　使用连线工具连接图形元素

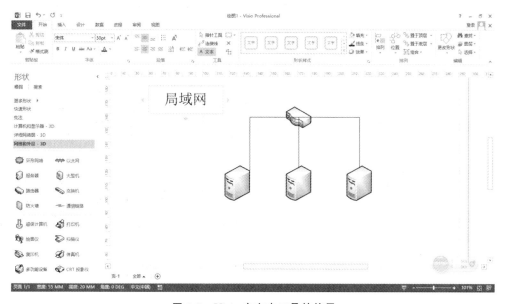

图 2-8　Visio 中文本工具的使用

　　通过 Visio 绘图软件基本的绘图操作学习可以看出，Visio 软件的使用非常简单，而且菜单也类似 Office 其他软件，所以熟悉 Office 软件的人应该能很快上手。

　　（4）使用 Visio 软件绘制的校园网拓扑图欣赏。

　　校园网拓扑图是为学校师生提供教学、科研和综合信息服务的宽带多媒体网络。首先，校园网应为学校教学、科研提供先进的信息化教学环境。这就要求：校园网是一个既能上宽带，又具有交互功能，而且专业性还很强的局域网络。软件开发平台，多媒体演示教室，教师备课系统，电子阅览室以及教学、考试资料库等，都可以在该网络上运行。如果一所学校包括多个专业学科（或多个系），也可以形成多个局域网络，并通过有线或无线方式连接起来。其次，校园网应具有教务和总务管理功能。

随着经济的发展和国家科教兴国战略的实施,校园网络建设已逐步成为学校的基础建设项目,更成为衡量一个学校教育信息化、现代化的重要标志。目前,大多数有条件的学校已完成了校园网硬件工程建设。然而,各个学校多年来都对校园网的认识不够全面,甚至存在很大的误区。例如:认为网络越高档越好,在建设中盲目追求高投入,对校园网络的建设缺乏综合规划及开发应用;认为建好了校园网络,就等于实现了教学和办公的自动化和信息化,而缺乏对校园网络的综合管理、技术人员和教师的应用培训,缺乏对教学资源的开发与积累等。所有这些,都极大地阻碍了校园网络在学校管理、教育教学中所应发挥的实际效益。

图 2-9 和图 2-10 就是在这种设计的指导思想下绘制得很成功的校园网络拓扑结构。

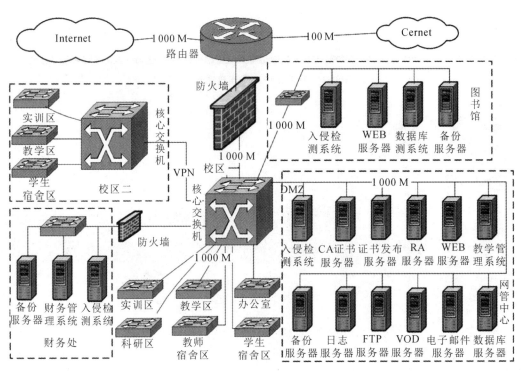

图 2-9　校园网络拓扑图(1)

◆　知识点 2.1.2　网络设计举例

一、校园网络系统现状及需求分析

1. 校园网现状

目前学生公寓的装修即将完工,学校现代化的图书馆已经落成,学生公寓、图书馆以及学校教师办公楼,都将是校园网覆盖区域的重要组成部分。原男生公寓已经拥有局域网(10 Mb/s 以太网),虽然已经接入校园网,但相对于现在的 1 000 M 网络速度极慢,并且网络不稳定,加上学生个人电脑的加速普及导致整个局域网的效率和可靠性都很低。在信息高速发展的今天,10 Mb/s 的带宽根本无法满足日常工作和学习的需求。女生公寓暂时还没有

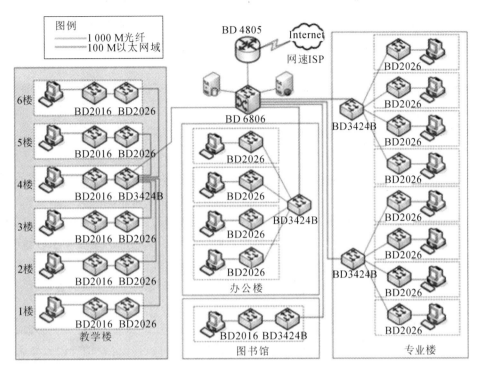

图 2-10　校园网络拓扑图（2）

铺设局域网。网络中心拥有公有 IP 地址 5 个（C 类地址），有 WEB 服务器、FTP 服务器和 E-mail 服务器等五台服务器。相对校园网规模来说，低带宽、低性能的核心交换机将成为该校园网发展的瓶颈。

2. 校园网需求分析

校园网建设方案应该完全适应校园网的需求。以提供完美的系统综合处理能力和性能为核心，要求网络带宽（包括主干层、接入层和用户层的带宽）足够高，网络能快速有效地传送 IP 数据包。校园网的建设不仅仅是给学校的计算机网络搭上网络平台，还要利用这些硬件、软件平台给全校师生提供网络化的信息。这些信息包括在一期工程中完成的 WWW、BBS、E-mail、FTP 等 Internet 服务，在二期工程中就要实现全文检索，VOD 视频点播、网络音视频下载等视听服务。

中学校园网是一种为学校学习活动、教学活动、科研活动和管理服务的校园内局域网络环境，且它是建构在多媒体技术和现代网络技术之上，并与因特网连接的高速现代网络。校园网络还应考虑：网络环境建设、网络畅通保障机制、网络教学资源和网络应用四个要素。建设原则是：实用性、开放性、先进性、安全可靠性、高效性、可扩展性、可管理性。

本校园网设有一个网络中心，网络中心作为本校区的接入点，直接使用 1 000 M 单模光纤互联，与电信距离为 4 000 m 左右。校园内主干网采用 1 000 M 多层交换以太网，100 Mbps 交换到终端。男生公寓采用了 10 Mbps 以太网，需对所有网络设备及线路进行改造。并且为了丰富学生的校园生活，提高中学生的动手能力，鼓励学生充分利用网络硬件资源和课余时间，建立自己的个人主页、学习经验交流平台、各科知识论坛等网络交流平台，这是提高整个校园学生学习积极性、动手能力以及认识网络技术的有效途径。但是由于 10 Mbps

局域网的速度缺陷,一个拥有上百个节点的公寓楼里,这样的速度已经无法满足同学们的网络应用需求。所以在此次规划中,将其原来的线路和交换设备全部更换为新的 100 Mbps 快速以太网,同时与校园内其他子网进行互联,让同学们在公寓里就能够浏览到电子图书馆的所有图书资源,以及进行其他网络应用。

教师办公楼网络系统需要较高的安全性,要与其他子网区分开,不可随意访问,以免学校重要数据丢失或被窃取,造成不必要的损失。但还要在教师与学生之间建立一个交流平台,通过学校的 BBS 站点,及时得到学生的学习信息,加强老师与学生之间的交流,促进学生各科成绩的提高,打造一个良好的信息交流平台。

学校图书馆需要安装两套功能强大的图书管理系统,第一套用于对书籍的借还和摆放管理;第二套是电子图书馆信息系统,根据电子图书独有的特点和校园学生的数量,图书馆信息系统需要拥有高性能的应用服务器。而电子图书文档的存储对存储系统的容量空间和数据访问速度也提出了较高的要求,以保障图书馆馆藏电子文档的扩充需求和访问速度。

整个校园通信网络功能相对复杂,涉及各个领域,如软件、经济、政治、科研、学术等的信息资源共享系统,人事管理、财务管理、教务管理、科研管理、档案管理、外事管理、医疗管理、后勤管理等学校信息管理系统和 MAIL 系统等。不同应用对服务器要求不同,为此,建议将各个不相关应用服务分开部署,以获得较好的性能及方便管理、维护。而校园管理应用的数据对学校的整体教学与运营来说至关重要,对存储系统的可靠性、可管理性以及数据安全都提出了较高的要求。

通过一系列的调查总结出学校总体目标,根据学校现有资金情况,利用先进实用的计算机技术和网络通信技术,把学校内所有的局域网、网段和单机终端都连接起来,组成一个分布式网络系统。再通过校园网与外部 Cernet 和 Internet 连接,向下覆盖全校,分享国内外因特网的计算机信息资源,并建立基于校园网的网络应用系统。

二、该校园网需求分类

1. 功能应用需求

(1)电子图书馆功能。

(2)网络办公管理功能。

(3)网络多媒体教学功能。

(4)系统管理和维护功能。

(5)Internet/Intranet 信息服务功能。

(6)虚拟 ADSL 拨号认证和计费服务。

(7)WWW、FTP、E-mail、VOD 服务。

2. 网络管理需求

虚拟网的划分:在内部主干网上要求做到能够划分跨越物理子网的虚拟网,以便使各种网段(尤其是办公网)的划分不受地理区域的限制;基于端口的虚拟网的划分,将不同的部门、楼宇划分成不同的虚拟网(VLAN),如图书馆、办公楼、实验楼、学生公寓等,并有效地限制网间广播,控制网间访问。

虚拟网管理:对虚拟网的配置可以通过网络中心"交换机管理服务器"进行集中的控制管理,以便随时进行扩充、迁移等调整;设备及端口管理,对主干网上所有网络设备及连接局域网的所有端口可以进行集中的控制管理。

网络检测：对主干网的运行状态和故障进行集中检测、报警、统计。

上网计费管理：对校园网内终端 Internet 接入采用"ADSL 虚拟拨号＋接入计费管理器"的计费解决方案。

3. 网络安全需求

划分内部网和外部网：所有向 Internet 提供的信息发布服务放在外部网上，如 WEB 服务器、E-mail 服务器；所有校内应用放在内部网上，如 VOD 服务器、交换机管理服务器等，内部网与外部网之间设置防火墙以保证内部网的安全。

内部网的各个子网之间的互访可以控制，通过配置交换机端口访问控制列表（access-list）允许或阻断某些网段和主机的访问，杜绝非授权的访问。

4. 广域网连接需求分析

校园广域网的连接需求主要表现在：能够通过电信总代理服务器出口与国际互联网连接，至少提供 100 Mbps 的带宽；满足大量数据交换所需，能够与 Cernet 连接，与国内各个重点中学、单位交流信息。

三、校园网络系统设计原则和实现目标

1. 局域网设计原则

面对校园网络具有的巨大教育价值及各种功能作用，有不少条件较好的中小学开始或正在制订规划，以 Internet 模式建立自己的校园网。但是，由于技术和资金的原因，存在着各种各样的问题。笔者认为，中学校园网的规划和建设应遵照以下几点原则。

1）规划应着眼长远

校园网不是一个孤立的单元，它的规划应与学校的信息化、现代化管理和师资培训紧密相连，形成一个有机的整体，这就需要建设者从全局出发，综合地考虑整个网络的规划。

2）建设应切合实际

Internet 是一项仍在高速发展中的复杂技术，除了确实具备条件（资金、人员等）的学校外，校园网一般不应盲目追求设备先进、一步到位，不能忽视建设软环境和培养专业人员。应立足于学校的现有设备，从学校的优势项目出发，集中力量，重点开发一些紧迫课题并充分利用 Internet 网上已经较成熟的教育资源，以点带面，不断积累，逐步发展为规模网络，形成具有自己特色的校园网络系统。

3）组网应厉行节约

中学的教育资金紧张，这是普遍存在的情况。网络的建设者应以高度的责任心，充分利用现有的软硬件设备，尽量做到以最经济的投入，得到最大的效益。

2. 校园网建设的目标

校园网建设总体目标是以校园网信息基础设施为依托，通过校园网广泛应用，加速学校教育教学信息化建设，促进学校教育教学现代化，切实有效提升学校教育教学质量和综合办学水准。建设一个技术先进、扩充容易、安全可靠、能覆盖全校楼宇的校园主干网络，将全校各种计算机、网络设备和外设通过高性能的通信线路连接到分别以图书馆、办公楼、教学楼、实验楼、学生公寓、教师公寓等为中心的局域网络，再把这些局域网连接在一起，组成一个连

接全校各单位、各部门,能快速传递文字、表格、数据、图形、图像等信息,能提供多媒体数据应用和视频点播等服务,能在网上快速运行各种应用软件的分布式计算机网络环境。并能接入因特网,形成结构合理、内外沟通方便的校园计算机网络。在此基础上开发各部门应用数据库和实用软件,为实现教学、科研、管理、办公和交流现代化奠定良好基础。总体目标如下:① 技术成熟、先进可靠;② 面向应用、实用性强;③ 科学规划、结构合理;④ 标准设计、易于升级;⑤ 开放形式、易于扩充;⑥ 调研论证、性价比高;⑦ 管理严格、信息安全;⑧ 技术措施、网络安全;⑨ 市场理念、以网养网。

四、网络设计关键技术说明

局域网技术包括以太网(IEEE 802.3)、令牌总线网(IEEE 802.4)、令牌环网(IEEE 802.5)和无线局域网(IEEE 802.11)。在所有的局域网标准中,发展得较好、应用面较广的是采用 CSMA/CD 协议的以太网,主要归功于其不断发展:一是从共享式到交换式的发展,这克服了负载提高所带来的瓶颈;二是速度从最先的 10 Mbps,发展到 100 Mbps(IEEE 802.3u,快速以太网)、1 000 Mbps(IEEE 802.3z)甚至是 10 000 Mbps(IEEE 802.3ae),满足了各种不同的应用需求。同时无线局域网技术的应用和发展也在不断扩大。早期局域网技术的关键是如何解决连接在同一总线上的多个网络节点有秩序地共享一个信道的问题,即网络上所有站点共享一条公共通信通道。若多个站点同时请示发送数据,将会发生冲突。后来出现的以太网利用带冲突检测的载波监听多路访问(CSMA/CD)技术成功地提高了局域网络共享信道的传输利用率,从而得以发展和流行。目前,又产生了多种新型网络技术,即以"改良"方式产生的交换以太网、快速以太网和千兆以太网。另外,还有基于信元传送的 ATM(异步传输模式)网络以及近几年发展起来的宽带无线网络系统。下面就在校园网中广泛应用的几种高速局域网络技术进行分析、说明。

1.快速以太网技术

快速以太网(100Base-X)是传统以太网的 100 Mbps 版本,是以太网最直接和简单的延伸。它可以应用在共享式环境下,同时也可以应用在交换式环境下,并可作为主干技术提供优异的服务质量。快速以太网和传统以太网同样遵循 CSMA/CD 协议,方便地实现了 10 Mbps LAN 无缝连接到 100 Mbps LAN 上,最大限度地保护了用户的现有投资。快速以太网技术已归结为 IEEE 802.3u 标准,并得到了主流网络设备厂商的全面支持,获得了良好的性能价格比。特别是近几年发展起来的链路层交换技术(即交换式以太网技术)和提高收发时钟频率(即百兆快速以太网技术),稳固了快速以太网技术在中小型网络主干技术中的地位。而且快速以太网向千兆网升级非常方便,直接平滑升级,不需协议转换,向上、向下兼容性非常好。

2.千兆以太网技术

千兆以太网(gigabit Ethernet)是 IEEE 802.3 以太网标准的扩展,传输速度为 1 Gbps,应用于大型信息网,能与现有的 10 Mbps 以太网和 100 Mbps 快速以太网连接。它可取代 100 Mbps FDDI 网,也是 ATM 技术的强劲对手。千兆以太网采用同样的 CSMD/CD 协议,同样的帧格式,是现有以太网最自然的升级途径,使用户对原有设备的投资得以保护。千兆以太网是超高速主干网的一种选择方案。它能克服原以太网的弱点,提供服务保证等特性。

千兆以太网支持交换机之间、交换机与终端之间的全双工连接,支持共享网络的半双工连接方式,使用中继器和 CSMA/CD 冲突检测机制。千兆以太网为以太网的应用提供以下几种方案。

(1)更新快速以太主干网:更换核心交换机,全面提高原有网络性能。

(2)用于交换机到服务器链路:服务器使用千兆以太网卡,直接与千兆以太网交换机相接,提供每秒百万个包的处理能力。

(3)高性能工作站安装千兆以太网卡,直接与千兆以太网相连。

(4)用于交换机之间的链路。千兆以太网交换机用光纤相接,可提供一条高性能主干线路。

3. 系统安全与虚拟网划分

为了保证各应用系统的安全性,网络应具有根据应用划分虚拟网并对各虚拟网之间的访问进行严格控制的能力。

虚拟网络技术打破了地理环境的制约,在不改动网络物理连接的情况下,可以任意将工作站点在工作组或子网之间移动。工作站组成逻辑工作组或虚拟子网,提高信息系统的运作性能,均衡网络数据流量,合理利用硬件及信息资源。同时,利用虚拟网络技术,大大减轻了网络管理和维护工作的负担,降低网络维护费用。

虚拟网(VLAN)提供以下一些特性。

(1)简化终端的删除、增加、改动。当一个终端从物理上移动到一个新的位置,它的特征可以从网络管理工作站中通过 SNMP 或用户界面菜单重新定义。而对于仅在同一个 VLAN 中移动的终端来说,它会保持以前定义的特征。在不同 VLAN 中移动的终端,则可以获得新的 VLAN 定义。

(2)控制通信活动。VLAN 可以由相同或不同的交换机端口组成。广播信息被限制在 VLAN 中,这个特征限定了只在 VLAN 中的端口才有广播、多播通信。管理域(management domain)是一个仅有单一管理者的多个 VLAN 的集合。

(3)工作组和网络安全。将网络划分不同的域可以增加安全性。VLAN 可以限制广播域的用户数,限制 VLAN 的大小和组成,也可以限制广播域的相应特性。

在一个大型或超大型网络中建立虚拟网,主要有以下两个优点。

第一个优点是:抑制机构范围内的广播和组广播,进行跨园区的带宽和性能管理。如果不管理(或限制)这些工作组的整个范围,网络管理员将遭遇在用户间没有或少有广播防火墙的情况下,建立大型平面网络拓扑结构的风险。VLAN 是控制广播发送的有效技术,它的采用可以减少对最终用户站点、网络服务器以及用于处理关键任务数据的背板重要部分的影响。

第二个优点是:网络变更造成的管理任务大大缩减,即管理员可以减少在整个网络上添加用户移动和改变用户物理位置的工作量。尤其是在多网络服务器或多网络操作系统的情况下,用户需要多种用途的网络操作,这种变更就显得尤为重要。

五、校园网络系统总体方案设计

1. 校园网拓扑结构设计

局域网经常采用总线型、环形、星形和树形拓扑结构,因此可以把局域网分为总线型局域网、环形局域网、星形局域网和树形局域网等类型。某中学校园网采用星形局域网结构，这也是局域网中使用较多的拓扑结构。

在星形结构局域网中，每个入网节点都连接到一个中心节点上，典型连接方式是为数据发送和数据接收分别建立两个通向中心节点的链路。中心节点收到某个入网节点发送的数据帧后，在转发给接收节点时有两种操作模式可以选择：一个是通过广播方式将数据帧送往星形连接上所有的节点；另一个是根据帧中的目的地址仅将它转发到目的地址节点。当采用前一种模式时，虽然在物理上局域网是星形结构的，但是在逻辑上仍然是按照总线方式工作的。

图 2-11 所示为某中学校园网采用的星形拓扑结构。

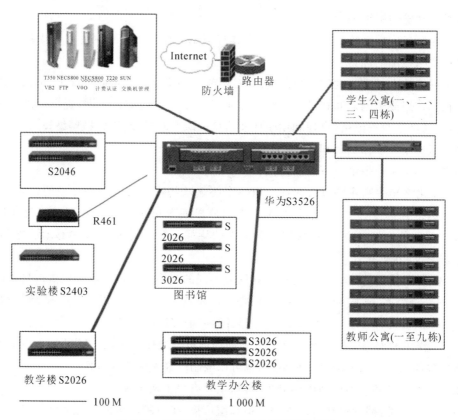

图 2-11　某中学校园网采用的星形拓扑结构

2. 校园网中的通信协议

校园网的通信协议有三种，TCP/IP、IPX/SPX 和 NetBEUI，分别称为传输控制协议/互联网协议、互联网信息交换包/顺序信息交换包、网络基本输入/输出情况，它们都是一些中级协议。其中，TCP/IP 常被用来联系不同的局域网，IPX/SPX 则是 Novell 网的两个基本协议之一，用于网络服务器和客户机之间的数据传输。现对这三个协议加以简单介绍。

1）NetBEUI

NetBEUI 是 IBM 开发的非路由协议，用于携带 NetBIOS 通信。NetBEUI 缺乏路由和网络层寻址功能。因为它不需要附加的网络地址和网络层头尾，所以适用于有单个网络或整个网络都桥接起来的小工作环境。

2) IPX/SPX

IPX 基于施乐的 Xerox network system(XNS)协议,而 SPX 基于施乐的 Xerox SPP (sequenced packet protocol:顺序包协议)协议,它们都是由 Novell 公司开发出来应用于局域网的一种高速协议。它和 TCP/IP 的一个显著不同是它不使用 IP 地址,而是使用网卡的物理地址即 MAC 地址。在实际使用中,它基本不需要什么设置,装上就可以使用。由于其在网络普及初期发挥了巨大的作用,所以得到了很多厂商的支持,包括 Microsoft,到现在很多软件和硬件也均支持这种协议。

3) TCP/IP

TCP/IP(transmission control protocol/Internet protocol)是传输控制协议和互联网协议的英文缩写。世界上有各种不同类型的计算机,例如 IBM 兼容机和苹果的 MAC;相同的机器也存在着不同的操作系统,如 UNIX、Windows 和 OS/2 等。这些不同的机器要互相通信,就必须有统一的标准。TCP/IP 协议是各方面遵从的网际互联的工业标准。

六、网络系统接入设计与安全设计

1. 网络系统接入

1) Cernet 接入

中国教育和科研计算机网 Cernet 接入通过 100 Mbps 的带宽直接与省教育科研网网络中心(浙江大学)相连。Cernet 是由国家投资建设,教育部负责管理,清华大学等高等学校承担建设和管理运行的全国性学术计算机互联网络。它主要面向教育和科研单位,是全国较大的公益性互联网。经过长期的努力,中国教育和科研计算机网基础建设不断取得成绩,规模日益壮大,已经成长为国家信息化建设的重要设施。Cernet 目前已基本具备了连接全国大多数高等学校的联网能力,完成了 Cernet 八大地区主干网的升级扩容,建成了一个大型的中国教育信息检索系统,并将建设国内著名大学学科信息镜像系统、高等教育和重点学科信息全文检索系统。Cernet 与国内 Cstnet、ChinaNet 和 ChinaGBN 实现互联,并已经有 28 条国际和地区性通道,与美国、加拿大、英国、德国、日本和中国香港特区联网,总带宽 100 M 以上,有利于我们学习先进科学技术与文化交流。Cernet 分四级管理系统,分别是全国网络中心、地区网络中心和地区主节点、省教育科研网、校园网。

2) Internet 接入

随着 Internet 的迅猛发展和信息社会的到来,Internet 的接入和应用已经成为当今校园网的重要组成部分,是教师无纸化教学、科研、办公等日常工作的好帮手,也是我们当代大学生学习、科研等信息来源和通信的良好渠道。杭州市第二中学校园网 Internet 接入分为两部分:第一部分是学生公寓和宿舍采用的是中国电信宽带专线 DDN 接入(PPPoE 连接);第二部分是教师宿舍,学院的教学、办公都采用 IP 地址+MAC 地址+802.1 认证终端,然后通过出口路由器(华为 R2631E)的动态复用 NAT(网络地址转换)映射成路由器地址池中的某个公有 IP 地址,最后通过杭州市第二中学总出口与 Internet 相连。

2. 网络安全设计

网络安全越来越受到人们的重视,本书结合笔者在网络管理的一些经验体会,从密码安全、系统安全、共享目录安全和木马防范方面,对校园网的安全设计谈下自己的看法和做法,供大家参考。

随着"校校通"工程的深入开展,许多学校都建立了校园网络并投入使用,这无疑对加快信息处理、提高工作效率、减轻劳动强度、实现资源共享都起到无法估量的作用。但在积极发展办公自动化、实现资源共享的同时,人们对校园网络的安全也越加重视。尤其是近年来陆续暴发的"冲击波""震荡波"及"狙击波"等病毒,使人们更加深刻地认识到网络安全的重要性。正如人们所说的:网络的生命在于其安全性。因此,如何在现有的条件下搞好网络安全,就成了网络管理人员的一个重要课题。

一些学校的校园网以 Windows NT 作为系统平台,由 IIS(Internet information server)提供 WEB 等服务。下面笔者结合自己对 Windows NT 网络管理的一点经验与体会,就技术方面谈谈自己对校园网安全的一些看法。

1) 密码的安全

众所周知,用密码保护系统和数据的安全是最经常采用也是最初采用的方法之一。一些安全问题,是由于密码管理不严,使"入侵者"得以乘虚而入。因此密码口令的有效管理是非常基本的,也是非常重要的。

在密码的设置安全上,首先,要杜绝不设口令的账号存在,尤其是超级用户账号。一些网络管理人员,为了图方便,认为服务器只由自己一个人管理使用,常常对系统不设置密码。这样,"入侵者"就能通过网络轻而易举地进入系统。笔者曾经就发现并进入多个这样的系统。另外,对于系统的一些权限,如果设置不当,对用户不进行密码验证,也可能为"入侵者"留下后门。比如,对 WEB 网页的修改权限设置,在 Windows NT 4.0+IIS 4.0 版系统中,就常常将网站的修改权限设定为任何用户都能修改(可能是 IIS 默认安装造成的),这样,任何一个用户,通过互联网连上站点后,都可以对主页进行修改、删除等操作。其次,在密码口令的设置上要避免使用弱密码,这样容易被人猜出密码。笔者就猜过几个这样的站点,它们的共同特点就是利用自己名字的缩写或 6 位相同的数字进行密码设置。

密码的长度也是设置者所要考虑的一个问题。在 Windows NT 系统中,有一个 sam 文件,它是 Windows NT 的用户数据库,所有 NT 用户的登录名及口令等相关信息都会保存在这个文件中。如果"入侵者"通过系统或网络的漏洞得到了这个文件,就能通过一定的程序(如 L0phtCrack)对它进行解码分析。在用 L0phtCrack 破解时,如果使用"暴力破解"方式对所有字符组合进行破解,那么对于 5 位以下的密码它最多只要用十几分钟就完成破解,对于 6 位字符的密码它也只要用十几个小时,但是对于 7 位或 7 位以上的密码它至少要耗时一个月才能破解。所以说,在进行密码设置时一定要有足够的长度。总之,在密码设置上,最好使用一个不常见、有一定长度的但是你又容易记得的密码。另外,适当地交叉使用大小写字母也是增加破解难度的好办法。

2) 系统的安全

曾流行于网络上的"冲击波""震荡波"及"狙击波"病毒都是利用系统的漏洞进行传播的。从目前来看,各种系统或多或少都存在着各种的漏洞,系统漏洞成为网络安全的首要问题,发现并及时修补漏洞是每个网络管理人员的主要任务。当然,从系统中找到并修补漏洞不是我们一般网络管理人员所能做到的,但是及早地发现漏洞,并进行升级补丁却是我们应该做的。而发现漏洞最常用的方法,就是经常登录各有关网络安全网站,对于我们正在使用的软件和服务,应该密切关注其程序的最新版本和安全信息,一旦发现与这些程序有关的安全问题就立即对软件进行必要的升级。比如上面提及引起"冲击波""震荡波"及"狙击波"病毒的传播流行的 RPC 漏洞和溢出漏洞,早在 2005 年的 3 月就被发现,且没隔多久就有了解决方案和补丁,但是许多的网络管理员并没有及时地发现,以至于过了一年多,还能扫描到许多机器存在该漏洞。

校园网的服务器,为用户提供着各种的服务,但是服务提供得越多,系统就存在更多的漏洞,也就有更多的危险。因此从安全角度考虑,应将不必要的服务关闭,只向公众提供他们所需的基本服务。最典型的例子是,我们在校园网服务器中对公众通常只提供 WEB 服务功能,而没有必要向公众提供 FTP 功能。这样,在服务器的服务配置中,我们只开放 WEB 服务,而将 FTP 服务禁止。如果要开放 FTP 功能,就一定只能向可以信赖的用户开放,因为通过 FTP 用户可以上传文件内容,如果用户目录又给了可执行权限,那么,通过运行上传某些程序,就可能使服务器受到攻击。

在 Windows NT 中使用的 IIS,是微软的组件中漏洞非常多的一个,平均两三个月就要出一个漏洞,而微软的 IIS 默认安装又实在不安全,为了加大安全性,在安装配置时可以注意以下几个方面。

首先,不要将 IIS 安装在默认目录里(默认目录为 C:\\Inetpub),可以在其他逻辑盘中重新建一个目录,并在 IIS 管理器中将主目录指向新建的目录。

其次,IIS 在安装后,会在目录中产生如 scripts 等默认虚拟目录,而该目录有执行程序的权限,这对系统的安全影响较大,许多漏洞的利用都是通过它进行的。因此,在安装后,应将所有不用的虚拟目录都删除掉。

最后,在安装 IIS 后,要对应用程序进行配置,在 IIS 管理器中删除必需之外的任何无用映射,只保留确实需要用到的文件类型。对于各目录的权限设置一定要慎重,尽量不要给可执行权限。

3)目录共享的安全

在校园网络中,利用在对等网中对计算机中的某个目录设置共享进行资料的传输与共享是人们常采用的一个方法。但在设置过程中,要充分认识到当一个目录共享后,就不光是校园网内的用户可以访问,而是连在网络上的各台计算机都能对它进行访问。这也成了数据资料安全的一个隐患。笔者曾搜索过外地机器的一个 C 类 IP 网段,发现共享的机器就有十几台,而且许多机器是将整个 C 盘、D 盘进行共享,在共享时将属性设置为完全共享,不进行密码保护。这样只要将其映射成一个网络硬盘,就能对上面的资料、文档进行查看、修改、删除。所以,为了防止资料的外泄,在设置共享时一定要设定访问密码。只有这样,才能保证共享目录资料的安全。

4)木马的防范

相信木马对于大多数人来说不算陌生。它是一种远程控制工具,以简便、易行、有效而深受广大黑客青睐。一台电脑一旦中了木马,它就变成了一台傀儡机,对方可以在你的电脑上上传、下载文件,偷窥你的私人文件,偷取你的各种密码及口令信息……电脑中了木马,你的一切秘密都将暴露在别人面前,隐私将不复存在。木马,应该说是网络安全的大敌。并且在进行的各种入侵攻击行为中,木马都起到了"开路先锋"的作用。

木马感染通常是执行了一些带毒的程序而驻留在你的计算机当中,在计算机启动后,木马就在机器中打开一个服务,通过这个服务将你计算机的信息、资料向外传递。在各种木马中,较常见的是"冰河",笔者也曾用冰河扫描过网络上的计算机。发现每个 C 类 IP 网段中

（个人用户），会有一两个感染冰河的机器。由此可见，个人用户感染木马的可能性还是比较高的。如果是服务器感染了木马，危害更是可怕。

木马一般可以通过各种杀毒软件来进行查杀。但对于新出现的木马，我们的防治可以通过端口的扫描来进行。端口是计算机和外部网络相连的逻辑接口，我们平时多注意一下服务器中开放的端口，如果有一些新端口的出现，就必须查看一下正在运行的程序，以及注册表中自动加载运行的程序，来监测是否有木马存在。

以上只是笔者对防范外部入侵，维护网络安全的一些粗浅看法，当然对于这些方面的安全防范还可以通过设置必要的防火墙，建立健全网络管理制度来实现。但是在网络内部数据安全上，还必须定时进行数据安全备份。对硬盘中数据备份的方法有很多种，在 Windows 2000 Server 版本上，我们提倡通过镜像卷的设置来进行实时数据备份，这样即使服务器中的一个硬盘损坏，也不至于使数据丢失。

七、校园网设备的选型

校园网硬件主要由以下部件组成：服务器、网卡、传输介质、交换机、路由器。

1. 网络服务器的选择

服务器是一种高性能计算机，作为网络的节点，存储、处理网络上 80% 的数据信息，因此也被称为网络的总管家，也可以说是服务器在"组织"和"领导"这些设备。

为了本网络内部实现用户访问数据库、互联网访问等功能，我们选择集性能、存储和高可用性等顶尖技术于一身的部门级方正服务器。支持双处理器、配合最高达 4 GB 的 DDRAM 内存。适用于对稳定性、可靠性、处理性能要求较高的关键应用环境，结合 RAID 技术可进一步提高数据安全，在各行各业的应用中都能应付自如。我们配置了双 Xeon3.0G，华硕 NCLV-D Intel E7520 服务器主板（板载双千兆网卡），Registered ECC DDR 2G，希捷 SCSI 73G 10000 转 × 6 RAID0 阵列＋希捷 80G 8M 并口，SCSI 320 阵列卡＋原装 SCSI 数据线，集成 ATI rage 8M 显卡，世纪之星服务器机箱＋磐石 600 W 电源。这款机器适用于服务器整合、商业智能或企业资源规划的需求，其双倍处理能力带给用户高可用性，还具有卓越的内部规模可扩展性、高性能和优质服务能力的特点，以获得更大的带宽满足广大用户访问速率的要求。

2. 网卡的选择

网卡是 OSI 模型中数据链路层的设备，是 LAN 的接入设备，是在单机与网间架设的桥梁。

网卡的主要功能如下：读入由其他网络设备（Router、Switch、Hub 或其他 NIC）传输过来的数据包，经过拆包，将其变成客户机或服务器可以识别的数据，通过主板上的总线将数据传输到所需设备中（CPU、RAM 或 Hard Driver）；将 PC 设备（CPU、RAM 或 Hard Driver）发送的数据，打包后输送至其他网络设备中。

网卡的远程开机是在无盘工作站上可以借助于远程文件服务器来开启工作站。若要执行"远程开机"功能，就必须在工作站的网络卡上加装一块"Boot ROM"芯片，由于该芯片上固化有开机引导程序，故它具有开机功能。另外，用户也必须将网卡上的 Boot ROM Jumper 调整为"Enabled"。若网卡无 Jumper，则请使用网卡驱动盘上所附的 Setup 程序，将 Boot ROM 设为"Enabled"。

这里我们主要叙述服务器所应配备的网卡：Intel Pro 1000M 网卡和 BroadCom 1000M

网卡。前者大多是独立网卡,需要另外购买,前面提到了服务器中已经集成了两块 BroadCom 1000M 网卡,这为购买网卡节省了一笔不小的开支。千兆网卡还有 Realtek 8169、Marvell 1000＋等多种芯片,选择范围比较广,但笔者推荐选用 Intel Pro 1000M 原装网卡,该网卡性能强劲、稳定,实际使用中该网卡的表现非常优秀。

3. 网络传输介质的选择

在计算机之间联网时,首先遇到的是通信线路和通道传输问题。计算机通信分为有线通信和无线通信两种。有线通信是利用电缆或光缆或电话线来充当传输导体的,无线通信是利用卫星、微波、红外线来充当传输导体的。对于有线通信线路,网络通信线路的选择必须考虑网络的性能、价格、使用规则、安装难易性、可扩展性及其他一些因素。校园网通信线路上使用的传输介质主要是双绞线。

双绞线是一种综合布线工程中最常用的传输介质。双绞线是由两根具有绝缘保护层的铜导线组成。把两根绝缘的铜导线按一定密度互相绞在一起,可降低信号干扰的程度,每一根导线在传输中辐射出来的电波会被另一根线上发出的电波抵消。双绞线一般由两根 2、2 号或 2、4 号或 2、6 号绝缘铜导线相互缠绕而成。如果把一对或多对双绞线放在一个绝缘套管中便成了双绞线电缆。与其他传输介质相比,双绞线在传输距离、信道宽度和数据传输速度等方面均受一定限制,但价格较为低廉。

双绞线电缆分为屏蔽双绞线电缆(STP),如图 2-12 所示;非屏蔽双绞线电缆(UTP),如图 2-13 所示。在主交换机与二级交换机、主交换机与各服务器之间选择 AMP 六类线,AMP 双绞线具有非常好的用料和做工,品质相当优秀,配合 AMP 水晶头,为网络信号输入建立了良好的平台。二级交换机与三级交换机、三级交换机与用户终端之间则使用 AMP 五类线。

光纤仅用于与 Internet 的外部连接线路,这里不再过多讨论。

图 2-12　屏蔽双绞线

图 2-13　非屏蔽双绞线

4. 交换机的选择

交换机也称为交换器。交换机是一个具有简化、低价、高性能和高端口密集特点的交换产品。与桥接器一样,交换机按每一数据包中的 MAC 地址相对简单地决策信息的转发。与桥接器不同的是交换机转发延迟很短,操作性能接近单个局域网的性能,远远超过了普通桥接互联网络之间的转发性能。

交换技术允许共享型和专用型的局域网段进行带宽调整。交换机能经济地将网络分成小的冲突网域,为每个工作站提供更高的带宽。协议的透明性使得交换机在软件配置简单的情况下直接安装在多协议网络中;交换机使用现有的电缆、中继器、集线器和工作站的网卡,不必做高层的硬件升级;交换机对工作站是透明的,这样管理开销低廉,简化了网络节点的增加、移动和网络变化的操作。利用专门设计的集成电路可使交换机以线路速率在所有的端口并行转发信息,提供了比传统桥接器高得多的操作性能。

校园网主交换机选择华为 S1216,这款千兆交换机有 16 个 10 M/100 M/1 000 M 自适应 RJ-45 接口,全面兼容现在流行的网络接口,支持 VLAN,支持 IEEE 802.3、IEEE 802.3u、IEEE 802.3ab 网络标准。该款产品最大的特点是支持 IEEE 802.3x 全双工流控,而且具有地址自动学习、自动老化的功能。

二级交换机选用华为 S1016T,这款交换机有 24 个 10 M/100 M 自适应 RJ-45 接口,另外还有两个 1 000 M 端口用于连接主交换机,这两个千兆口为下级交换机大量的数据传输解开了瓶颈,几乎可以杜绝数据拥塞,让网络上的每个用户时刻都能体验到飞一般的感觉。支持 IEEE 802.3x、IEEE 802.3、IEEE 802.3u、IEEE 802.3z 网络标准,价格相对合理,二级交换机可作为学生公寓、教师公寓、实验楼、图书馆等楼群子网的主交换机。

三级交换机选用 D-Link DES-1048 和 D-Link DES-1024D 这两款交换机,前者是一款 48 口 100 M 交换机,用于学生公寓,由于学生公寓电脑多,而且相对集中,采用这款交换机才能满足如此多的终端用户的使用;后者是一款 24 口 100 M 交换机,用作其他子网的楼层交换机。这两款交换机没有什么特别的地方,属于工作组交换机,不支持 VLAN 等高级功能。在品牌方面,我们选用了 D-Link,该品牌的产品质量过硬,质保和售后服务都不错,而且 D-Link 网络的技术相当成熟,能提供非常稳定的网络平台。

5. 路由器的选择

路由器是一种连接多个网络或网段的网络设备,它的主要工作就是为经过路由器的每个数据帧寻找一条最佳传输路径,并将该数据有效地传送到目的站点。由此可见,选择最佳路径的策略即路由算法是路由器的关键工作。为了完成这项工作,在路由器中保存着各种传输路径的相关数据——路由表,供路由选择时使用。

路由器有两大典型功能,即数据通道功能和控制功能。数据通道功能包括转发决定、背板转发以及输出链路调度等,一般由特定的硬件来完成;控制功能一般用软件来实现,包括与相邻路由器之间的信息交换、系统配置、系统管理等。

多年来,路由器的发展有起有伏。20 世纪 90 年代中期,传统路由器成为制约因特网发展的瓶颈。ATM 交换机取而代之,成为 IP 骨干网的核心,路由器变成了配角。进入 20 世纪 90 年代末期,Internet 规模进一步扩大,流量每半年翻一番,ATM 网又成为瓶颈,路由器东山再起,Gbps 路由交换机在 1997 年面世后,人们又开始以 Gbps 路由交换机取代 ATM 交换机,架构以路由器为核心的骨干网。

路由器方面,思科路由器具有相当高的认知度,所以我们选择了思科 2811,该款路由器价格适中,功能强大,采用 Motorola MPC860 160 MHz 处理器,最大 256 M flash 内存,最大 760 M DRAM 内存,4 个 HWIC 插槽＋1 个 NM 插槽;网络管理方面,支持 SNMP 管理,Cisco Click Start,内置了防火墙。至此,又涉及防火墙的问题。

防火墙的基本准则:未被允许就是禁止的;未被禁止就是允许的。

防火墙的作用:限制人们从一个严格控制的点进入;防止进攻者接近其他的防御设备;限制人们从一个严格控制的点离开。

防火墙的优点:强化安全策略,在众多的因特网服务中,防火墙可以根据策略仅仅容许认可的和符合规则的服务通过,并可以控制用户及其权力;记录网络活动,作为访问的唯一站点,防火墙能收集记录在被保护网络和外部网络之间传输的关于系统和网络使用或误用的信息;限制用户暴露,防火墙能够用来隔开网络中的一个网段与另一个网段,防止网络安全的问题可能会对全局网络造成的影响;集中安全策略,作为信息进出网络的检查点,防火墙将网络安全防范策略集于一身,为网络安全起了把关作用。

防火墙的缺点:防火墙防范了网络威胁,但它不能解决全部安全问题,主要表现在以下几个方面。不能防范恶意的知情者,防火墙可以禁止系统用户经过网络连接发送专有的信息,但难以防范人为的信息破坏;不能防范不通过它的连接,防火墙能够有效地防止通过它进行传输信息,然而不能防止绕过它而传输的信息;不能防备全部的威胁,防火墙被用来防备已知的威胁,但没有自动防御所有新的威胁;防火墙不能防范病毒,防火墙不能防范网络上的 PC 机的病毒,而只能在防火墙后面消灭病毒。

6. VLAN 划分及子网配置

VLAN 的划分方法包括基于端口划分 VLAN、基于 MAC 地址划分 VLAN 和基于协议划分 VLAN 等。

1) 基于端口划分 VLAN

这种划分 VLAN 的方法是根据以太网交换机的端口来划分的,把一个或多个交换机上的几个端口划分成一个逻辑组,并可以跨越多个交换机。根据端口划分是定义 VLAN 非常广泛的方法,IEEE 802.1Q 规定了依据以太网交换机的端口来划分 VLAN 的国际标准。定义 VLAN 成员时非常简单有效,只需网络管理员对网络设备的交换端口进行重新分配即可,不用考虑端口所连接的设备。但如果 VLAN 的用户离开了原来的端口,到了一个新的交换机的某个端口,那么就必须重新定义。

2) 基于 MAC 地址划分 VLAN

这种方法是根据每个主机的 MAC 地址来划分的。MAC 地址其实就是指网卡的标识符,每一块网卡的 MAC 地址都是唯一且固化在网卡上的。MAC 地址由 12 位十六进制数表示,前 8 位为厂商标识。网络管理员可按 MAC 地址把一些站点划分为一个逻辑子网。当用户物理位置移动时,即从一个交换机换到其他的交换机时,VLAN 不用重新配置,所以可以认为这种根据 MAC 地址的划分方法是基于用户的。但初始化时,所有的用户都必须进行配置。如果有几百个甚至上千个用户的话,配置是非常累的。而且,导致了交换机执行效率的降低。因为在每一个交换机的端口都可能存在很多个 VLAN 组的成员,这样就无法限制广播包了。对于经常更换网卡的用户,例如使用笔记本电脑的用户来说,VLAN 就必须经常重新配置。

3) 根据 IP 组播划分 VLAN

IP 组播实际上也是一种 VLAN 的定义,即认为一个组播组就是一个 VLAN,这种划分的方法将 VLAN 扩大到了广域网,因此这种方法具有更大的灵活性,而且也很容易通过路由器进行扩展,当然这种方法不适合局域网,主要是效率不高。

鉴于当前业界 VLAN 发展的趋势,考虑到各种 VLAN 划分方法的优缺点,为了最大限度地满足用户在具体使用过程中的需求,减轻用户在 VLAN 的具体使用和维护中的工作量,一般采用根据端口来划分 VLAN 的方法。不同的 VLAN 数据包可以打上不同的 VLAN 标记,用于 VLAN 的识别。校园网 VLAN 划分方法也就是按端口来划分的。

4) 基于协议(即网络层)划分 VLAN

路由协议工作在网络层,相应的工作设备有路由器和路由交换机(即三层交换机)。该方式允许一个 VLAN 跨越多个交换机,或一个端口位于多个 VLAN 中。这种划分 VLAN

的方法是根据每个主机的网络层地址或协议类型(如果支持多协议)划分的。虽然这种划分方法根据的是网络地址,比如 IP 地址,但它不是路由,与网络层的路由毫无关系。它虽然查看每个数据包的 IP 地址,但由于不是路由,所以没有 RIP、OSPF 等路由协议,而是根据生成树算法进行桥交换。用户的物理位置改变了,不需要重新配置所属的 VLAN。而且可以根据协议类型来划分 VLAN,这对网络管理者来说很重要。这种方法不需要附加的帧标签来识别 VLAN,这样可以减少网络的通信量。但是整个交换效率低,因为检查每一个数据包的网络层地址是需要消耗处理时间的(相对于前面两种方法)。一般的交换机芯片都可以自动检查网络上数据包的以太网帧头,但想要让芯片能检查 IP 帧头,需要更高的技术,同时也更费时。当然,这与各个厂商的实现方法有关。

校园网总共划分成 18 个 VLAN,每个 VLAN 中信息点的数量不是太多,防止了广播风暴的产生。其中网络中心的所有路由器、交换机和服务器组,以及各栋楼的分布层交换机都划分到了 VLAN 1,即网络管理 VLAN,便于网络设备、服务器的配置和管理,也起到了一定的安全防护作用。其余的楼宇和部分楼层都被划分到了不同的 VLAN,如图书馆的电子阅览室、机房、办公楼、学生公寓等,其中实验楼、学生公寓和教师公寓由于计算机数量更多,必须划分为更细更多的 VLAN。

7. IP 地址分配

根据 TCP/IP 协议,在 Internet 上的机器都有一个 32 位二进制数字的名字,将它们分割为四部分,并转换为十进制数字后,就是我们常说的 IP 地址。

1) IP 地址

IP 地址是用来标识网络中的一个通信实体的,比如一台主机,或者是路由器的某一端口。而在基于 IP 协议网络中传输的数据包,也都必须使用 IP 地址来进行标识。如同我们写一封信,要标明收信人的通信地址和发信人的地址,邮政工作人员通过该地址来决定邮件的去向。在计算机网络里,每个被传输的数据包也要包括一个源 IP 地址和一个目的 IP 地址。IP 地址使用 32 位二进制地址格式,为方便记忆,通常使用以点号划分的十进制来表示,如:192.168.0.205。

2) 子网划分

为了提高 IP 地址的使用效率,一个网络可以划分为多个子网:采用借位的方式,从主机最高位开始借位变为新的子网位,剩余部分仍为主机位。这使得 IP 地址的结构分为三部分:网络位、子网位和主机位,如下所示:

网络位	子网位	主机位

引入子网概念后,网络位加上子网位才能全局唯一地标识一个网络。把所有的网络位用 1 来标识,主机位用 0 来标识,就得到了子网掩码。

校园网络 IP 地址分配表如表 2-1 所示。

表 2-1　校园网络 IP 地址分配表

VLAN 号	VLAN 名称	IP 网段	默认网关	备　注
VLAN1	GL	192.168.0.1/24	192.168.0.254	管理 VLAN
VLAN2	XZ	192.168.1.1/24	192.168.1.254	行政办公 VLAN
VLAN3	JXBG	192.168.2.1/24	192.168.2.254	教学办公 VLAN

VLAN 号	VLAN 名称	IP 网段	默认网关	备注
VLAN4	JX	192.168.3.1/24	192.168.3.254	教学楼 VLAN
VLAN5	SY	192.168.4.1/24	192.168.4.254	实验楼 VLAN
VLAN6	TSG	192.168.5.1/24	192.168.5.254	图书馆 VLAN
VLAN7	XSGY	192.168.6.1/24	192.168.6.254	学生公寓 VLAN
VLAN8	JSGY	192.168.7.1/24	192.168.7.254	教师公寓 VLAN

八、传输及布线设计

本方案的传输介质采用光纤链路(提供链路冗余);核心层交换机通过两条 1 000 Mbps 光纤链路采用链路聚合技术相连,提供网络负载均衡和弹性连接;汇聚层交换机与下行接入层交换机以及到用户桌面都采用五类非屏蔽双绞线,提供 100 Mbps 到桌面;所有服务器都采用两块 1 000 Mbps 以太网卡通过超五类非屏蔽双绞线与核心层交换机相连(提供冗余链路),提高链路可靠性。

1. 传输介质

核心交换机、服务器组和路由器都放置在网络中心机房,核心交换机与所有服务器都通过超五类非屏蔽双绞线相连,通过光纤与路由器相连,其下行到工作区汇聚层交换机的链路全部采用光纤作传输介质,并在工作区设置设备间子系统。在工作区中都采用五类非屏蔽双绞线提供 100 Mbps 到用户桌面。

2. 布线设计

网络布线应该采用结构化布线系统。它不仅可以将语言和数据通信设备、交换设备和其他信息管理系统彼此相连,同时还能够连接楼宇自控、监控系统。企业网实际布线时用到的传输介质有同轴电缆、光纤和双绞线。从传输的速率、可靠性、成本等方面看,双绞线适合在楼层内局域网使用。而光纤具有传输距离长、带宽高、支持的协议全面等优点,适合作主干线路。

综合布线要考虑的实际问题很多,包括要了解施工的建筑物的结构、线槽铺设、线缆牵引等,一定要反复进行实地勘查,根据实际情况与要求来规划与施工。

两点间最短的距离是直线,但对于布线缆来说,它不一定就是最佳的路由(管道)。在选择最容易布线的路由时,要考虑便于施工、便于操作,即使花费更多的线缆也要这样做。

3. 明线与暗线

根据是否能被看到分类,有两种布线方法,一种是明线,一种是暗线。明线就是从表面能够看到的线,比如通过线槽或直接在墙壁表面拉的线;暗线就是表面看不到的线,比如隐藏在天花板上、地板下或墙壁里的线。一般来说,布暗线成本要高得多。在这次规划与设计中,我们对旧建筑使用线槽布线;对新建的图书馆和四栋学生公寓采用暗线方式(在建筑设计中考虑综合布线)。

4. 布线系统的安全性

1)电器防护

综合布线的标准规定:当布线区域内存在的电磁干扰场强大于 3 V/m 时,应采取防护措施。电磁干扰一般来自电磁场,这些干扰源会影响数据的传输。

为了减弱干扰的影响,最佳的解决办法是将电缆远离干扰源,应符合表 2-2 所示的规定。

表 2-2　校园网络综合布线电缆防干扰范围

条件 \ 单位、范围	380 V 电力电缆,最小间距/m		
	<2 kV·A	2~5 kV·A	>5 kV·A
与缆线平行敷设	130	300	600
有一方在接地的金属线槽或钢管中	70	150	300
双方都在接地的金属线槽或钢管中	10	80	150

在校园网综合布线设计中,采用了屏蔽双绞线穿金属线槽、钢管保护的方式,可以有效地降低电磁干扰对数据传输的影响。

2)接地

大楼自装备了金属部件时起,就应当加以保护,防止所有的干扰。为防止干扰可能对系统产生破坏,建议大楼内用网络型结构做成等电位金属接地体,目的是减少布线和金属导体之间产生的回路面积,并保证所有设备共同的参考等电位。针对布线系统,还将采取以下保护手段。

(1)布线系统涉及的金属部件可靠接地。由于采用了非屏蔽布线系统,涉及的金属部件为金属线槽、钢管以及配线间的金属机柜。金属线槽、钢管应保持连续的电气连接,并在两端有良好的接地;配线柜内的设备外壳应与布线机柜绝缘,并用单独的导线引至接地汇流排。

(2)在进入各大楼的导线上进行过压保护。由大楼外部接入的铜缆应加装过压保护装置,铠装光缆外壳应有良好的接地装置。由于该校园网综合布线系统不涉及建筑群系统,故铜缆的过压保护装置应由电信方提供。

九、网络管理系统设计

1. 思科网络管理软件 Cisco Works 2005

Cisco Works 2005 是 Cisco 的连接设备的网络管理软件,主要管理 Cisco 的基于 iOS 操作系统的连接设备。它的突出特点是采用 WEB 管理方式,所以在安装完网管服务器后可以在任何有网络连接的机器上进行网管监控。

Cisco Works 2005 功能强大,可以对 Cisco 的网络设备提供完善的管理,其主要特点包括以下几点。

(1)容易使用的图形化界面;

(2)局域网管理方案;

(3)广域网管理方案;

(4)VPN/安全管理方案;

(5)VOIP 管理、QoS(服务质量)管理等。

2.校园网络测试与常见故障

在网络组建完毕后,通常要对网络进行一些调试,看看局域网的实际使用情况如何。如果发现局域网有任何问题,可以及时进行处理,减少出现大故障的概率,保证以后每天都能正常运转。

十、网络测试

1.网速测试

测试网速的方法有很多,可以通过网站测试,也可以通过网速测试软件来测试,另外通过下载大文件也可以得知网速情况。这里我们选用了"世纪前线"网站推出的网速测试工具 jztest,这款软件测出的数据比较精确,不仅可以测网速,还可以看到网络质量。我们选择在学生公寓的电脑上进行测试,时间为晚上九点,这个时候是上网高峰期,测出的结果比较理想。世纪前线网速测试工具界面如图 2-14 所示。

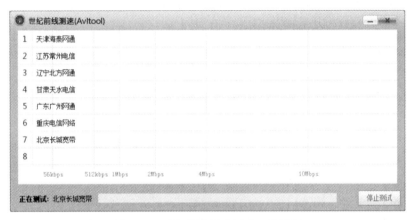

图 2-14　世纪前线网速测试工具界面

2.网线与网络设备的测试

网线与网络设备的测试还是以硬件测试仪为主,Fluke4000、SmartBits 这样的设备由于价格昂贵,中小型网络工程公司一般不会配备,我们只能用手头现有的测线仪进行测试。在完成所有的测试之后发现,2 号交换机下 B12 网线有问题需要更换,主干线路中有一根网线可能由于安装时的疏忽损坏了,测试时速度只有 30 Mb/s 左右。对于问题的判断,使用排除的方法。首先是主干线路,把网线都压制好水晶头,再次测试,速度正常;对跳线进行单独测试,速度正常;最后把交换机端的信息模块换掉,再次测试,速度恢复正常。2 号交换机下 B12 网线的测试显示出现断裂,从 PVC 管中取出后发现表面没有破损,再次测试发现是水晶头压制线序错误。这说明不能全部依靠测试仪器,人工的排查也是很重要的。

3.ping 命令的应用

用 ping 工具检查网络服务器和任意一台客户端上 TCP/IP 协议的工作情况时,只要在网络中其他任何一台计算机上 ping 该计算机的 IP 地址即可。例如要检查网络文件服务器 192.168.1.225 HPQW 上的 TCP/IP 协议工作是否正常,只要在开始菜单下的"运行"子项中键入"Ping 192.168.1.225"就可以了。如果 HPQW 的 TCP/IP 协议工作正常,即会以 DOS 屏幕方式显示如下所示的信息:

Pinging 192.168.1.225 with 32 bytes of data：

Reply from 192.168.1.225：bytes＝32 time＝1ms TTL＝128

Reply from 192.168.1.225：bytes＝32 time＜1ms TTL＝128

Reply from 192.168.1.225：bytes＝32 time＜1ms TTL＝128

Reply from 192.168.1.225：bytes＝32 time＜1ms TTL＝128

Ping statistics for 192.168.1.225：

Packets：Sent＝4，Received ＝4，Lost ＝0(0％ loss)

Approximate round trip times in milli-seconds：

Minimum＝0ms，Maximum＝1ms，Average＝0ms

以上返回了 4 个测试数据包,其中 bytes＝32 表示测试中发送的数据包大小是 32 个字节,time＜1 ms 表示与对方主机往返一次所用的时间小于 1 ms,TTL＝128 表示当前测试使用的 TTL(Time to Live)值为 128(系统默认值)。

如果网络有问题,则返回如下所示的响应失败信息:

Pinging 192.168.1.225 with 32 bytes of data

Request timed out.

Request timed out.

Request timed out.

Request timed out.

Ping statistics for 192.168.1.225：

Packets：Sent＝4，Received ＝0，Lost＝4(100％ loss)

Approximate round trip times in milli-seconds：

Minimum＝0ms，Maximum＝0ms，Average＝0ms

出现此种情况时,就要仔细分析一下网络故障出现的原因和可能有问题的网上节点了。建议从以下几个方面来着手排查:一是看一下被测试计算机是否已安装了 TCP/IP 协议;二是检查一下被测试计算机的网卡安装是否正确且是否已经连通;三是看一下被测试计算机的 TCP/IP 协议是否与网卡进行了有效的绑定(具体方法是通过选择"开始→设置→控制面板→网络"来查看);四是检查一下 Windows NT 服务器的网络服务功能是否已启动(可通过选择"开始→设置→控制面板→服务",在出现的对话框中找到"Server"一项,看"状态"下所显示的是否为"已启动")。如果通过以上四个步骤的检查还没有发现问题的症结,建议大家重新安装并设置一下 TCP/IP 协议,如果是 TCP/IP 协议的问题,这时绝对可以彻底解决该问题。

十一、常见故障与解决方法

(1) 为什么在查看"网上邻居"时,会出现"无法浏览网络。网络不可访问。想得到更多信息,请查看'帮助索引'中的'网络疑难解答'专题。"的错误提示?

解答:① 这是在 Windows 启动后,要求输入 Microsoft 网络用户登录口令时,点了"取消"按钮所造成的。如果是要登录 NT 服务器,必须以合法的用户登录,并且输入正确口令。

② 与其他的硬件起冲突。打开"控制面板→系统→设备管理"。查看硬件的前面是否有黄色的问号、感叹号或者红色的问号。如果有,必须手工更改这些设备的中断和 I/O 地址设置。

（2）为什么在"网上邻居"或"资源管理器"中只能找到本机的机器名？

解答：网络通信错误，一般是由于网线断路或者与网卡接触不良，还有可能是 Hub 有问题。

（3）为什么可以访问服务器，也可以访问 Internet，但却无法访问其他工作站？

解答：① 如果使用了 WINS 解析，可能是 WINS 服务器地址设置不当。

② 检查网关设置，若双方分属不同的子网而网关设置有误，则不能看到其他工作站。

③ 检查子网掩码设置。

（4）为什么网卡安装不上？

解答：① 计算机上安装了过多其他类型的接口卡，造成中断和 I/O 地址冲突。可以先将其他不重要的卡拿下来，再安装网卡，最后再安装其他接口卡。

② 计算机中有一些安装不正确的设备，或有"未知设备"一项，使系统不能检测网卡。这时应该删除"未知设备"中的所有项目，然后重新启动计算机。

③ 计算机不能识别这一种类型的网卡，一般只能更换网卡。

（5）为什么可以 ping 通 IP 地址，但 ping 不通域名？

解答：TCP/IP 协议中的"DNS 设置"不正确，请检查其中的配置。对于对等网，"主机"应该填自己机器本身的名字，"域"不需填写，DNS 服务器应该填自己的 IP。对于服务器/工作站网，"主机"应该填服务器的名字，"域"填局域网服务器设置的域，DNS 服务器应该填服务器的 IP。

（6）为什么能够看到别人的机器，但不能读取别人电脑上的数据？

解答：① 首先必须设置好资源共享。选择"网络→配置→文件及打印共享"，将两个选项全部打钩并确定，安装成功后在"配置"中会出现"Microsoft 网络上的文件与打印机共享"选项。

② 检查所安装的所有协议中，是否绑定了"Microsoft 网络上的文件与打印机共享"。

③ 选择"配置"中的协议，如"TCP/IP 协议"，单击"属性"按钮，确保绑定中"Microsoft 网络上的文件与打印机共享""Microsoft 网络用户"前已经打钩了。

（7）为什么网络上的其他计算机无法与我的计算机连接？

解答：① 确认是否安装了该网络使用的网络协议？ 如果要登录 NT 域，还必须安装 NetBEUI 协议。

② 是否安装并启用了文件和打印共享服务？

③ 如果是要登录 NT 服务器网络，在"网络"属性的"主网络登录"中，应该选择"Microsoft 网络用户"。

④ 如果是要登录 NT 服务器网络，在"网络"属性框的"配置"选项卡中，双击列表中的"Microsoft 网络用户"组件，检查是否已选中"登录到 Windows 域"复选框，以及"Windows 域"下的域名是否正确。

（8）为什么安装网卡后，计算机启动的速度慢了很多？

解答：可能在 TCP/IP 设置中设置了"自动获取 IP 地址"，这样每次启动计算机时，计算机都会主动搜索当前网络中的 DHCP 服务器，所以计算机启动的速度会大大降低。

解决的方法是设置为"指定 IP 地址"。

（9）为什么在网络邻居中看不到任何计算机？

解答：主要原因可能是网卡的驱动程序工作不正常。请检查网卡的驱动程序，必要时重新安装驱动程序。

 技能实训1　Visio软件的基本使用

（1）安装并了解 Visio 软件。

（2）使用 Visio 绘制网络拓扑结构图。

 技能实训2　校园网络拓扑图设计

（一）任务内容

1. 项目背景

以我院东校区为本项目设计对象，假设该校区原有网络规划不合理，网络设备技术落后，随着学院规模的不断扩大和在校学生人数的增加，校园网络带宽出现严重不足，网络安全性和稳定性下降，已无法满足在校师生的使用要求。

为适应现代高校网络建设发展和实际网络应用需求，学院欲投入专项资金对东校区校园网络实施改造工程，建立一个安全、可靠、可扩展、高效的网络环境，使校园内能方便快捷地实现网络资源共享和 Internet 访问。

2. 项目环境

东校区具体环境如图 2-15 和图 2-16 所示，其具体的信息点确认如下。

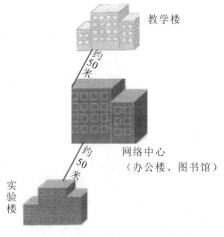

图 2-15　校园局域网楼宇示意图

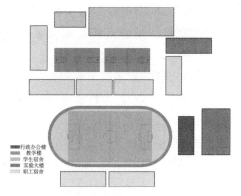

图 2-16　学院东校区平面布局图

（1）教学楼：1 幢，共 6 层，每层 10 间教室（PC 机各 1 台）。

（2）实验楼：1 幢，共 8 个机房，每个机房 50 台 PC 机。

（3）办公楼：1 幢，部门若干，共 10 间办公室（PC 机各 5 台）。

（4）图书馆：1 幢，电子阅览室 2 间，PC 机共 100 台。

（5）学生宿舍：5 幢，每幢 4 层。

（6）职工宿舍：2 幢，每幢 6 层。

3. 项目需求

（1）为适应当前网络使用需求和今后网络规模的扩大，建议采用 3 层网络体系结构设计，主干网络采用 10 000 Mb/s 光纤技术，汇聚层采用 1 000 Mb/s 光纤技术，接入层采用 100 Mb/s 电缆到桌面。

（2）为增强网络安全性，缩小网络广播域范围，可按部门或组织机构划分 VLAN，并合理分配 IP 地址段，通过三层交换技术实现各 VLAN 间的互访。

（3）分析各部门机构网络流量大小，合理选择网络连接设备，如核心交换机、汇聚层交换机、接入层交换机、路由器、防火墙、VPN 等设备。

（4）选择中心机房安放位置，并按国家标准组织施工建设。

（5）网络访问需求具体如下。

① 校园内 PC 机均能访问校内信息资源。

② 校园内 PC 机均能访问 Internet 资源。

③ 校外用户通过 VPN 访问校内资源。

④ 校园内需实现无线网络覆盖。

（6）校园网络信息服务平台需实现以下功能：① WEB 信息服务；② E-mail 服务；③ RA 服务；④ 办公自动化 OA 系统；⑤ 数据库服务；⑥ DNS 服务。

（二）任务要求

项目需求分析，熟悉校园网设计要求。

举例校园网需求如下：

有 3 幢教学楼，两个实验楼均要互联（内网）（其中，每幢教学楼有 5 层楼，每层楼有 12 间教室，每间教室 1 台电脑；每幢实验楼有 5 层楼，每层楼有 5 间机房，每个机房有 64 台电脑和 1 台教师机）；办公楼 1 幢，共 5 层，每层有 10 间办公室（总院行政办公在一楼，另外 4 个院系分别在二至五楼），每间办公室 10 台电脑，要求上外网；服务器需要有 E-mail 服务器、DNS 服务器、WEB 服务器等。

（1）设计并绘制校园网络拓扑结构图。

（2）列出 IP 地址分配表。

（3）列出交换机、路由器、服务器等设备的选型。

（4）将全部网络建设中的软硬件报价进行统计，并提出建设方案报价清单。

（三）任务成果

（1）划分子网 IP，列出 IP 地址分配表（地址分配参考表 2-3）。

表 2-3　××校园网络 IP 地址分配表

单　　位	地址块/网络地址	子网地址段（起始地址）	地址数（主机个数）
教一			
教二			
教三			

续表

单　位	地址块/网络地址	子网地址段(起始地址)	地址数(主机个数)
实验楼一			
实验楼二			
行政楼			

(2)根据项目需求完成网络建设方案。

 思政小课堂——立志篇

　　海因里希·鲁道夫·赫兹(Heinrich Rudolf Hertz),德国物理学家,于1888年首先证实了电磁波的存在。1886年,赫兹经过反复实验,发明了一种电波环,用这种电波环做了一系列的实验,终于在1888年发现了人们既怀疑又期待已久的电磁波。赫兹的实验公布后,轰动了整个科学界。由法拉第开创、麦克斯韦总结的电磁理论,至此取得了决定性的胜利。

　　通过生动的名人轶事,感慨科学探索的艰辛与快乐,让学生们感知什么是真正的科学家,什么样的人才是真正做技术的人。对比现在社会上的一些抄袭,浮躁的现象,强调新时代的科技人员一定要具备安于平淡,兢兢业业的工匠精神!

2.2　互联网协议

◆　知识点　互联网协议及接入方式

一、网络协议

1.网络协议的划分

1) 数据链路层

数据链路层包括 Wi-Fi(IEEE 802.11)、WiMAX(IEEE 802.16)、ARP、RARP 、ATM、DTM、令牌环、以太网 、FDDI、帧中继、GPRS、EVDO 、HSPA、HDLC、PPP、L2TP 、PPTP、ISDN、STP 等。

2) 网络层协议

网络层协议包括 IP(IPv4、IPv6)、ICMP、ICMPv6、IGMP、IS-IS、IPsec 等。

3) 传输层协议

传输层协议包括 TCP、UDP、TLS、DCCP、SCTP、RSVP、OSPF 等。

4) 应用层协议

应用层协议包括 DHCP、DNS、FTP、Gopher、HTTP、IMAP4、IRC、NNTP、XMPP、POP3、SIP、SMTP、SNMP、SSH、Telnet、RPC、RTCP、RTP、RTSP、SDP、SOAP、GTP、STUN、NTP、SSDP、BGP、RIP 等。

2. 常用协议

1) TCP/IP 协议

毫无疑问这是三大协议中最重要的一个,作为互联网的基础协议,没有它就根本不可能上网,任何和互联网有关的操作都离不开 TCP/IP 协议。不过 TCP/IP 协议也是这三大协议中配置起来最麻烦的一个,单机操作还好,而访问互联网的话,就要详细设置 IP 地址、网关、子网掩码、DNS 服务器等参数。

TCP/IP 尽管是非常流行的,但 TCP/IP 协议的通信效率并不高,使用它在浏览“网络邻居”中的计算机时,经常会出现不能正常浏览的现象。此时安装 NetBEUI 协议就能解决这个问题。

2) NetBEUI

它是 NetBios Enhanced User Interface 或 NetBios 的增强版本,曾被许多系统采用,例如 Windows for Workgroup、Windows 9x 系列、Windows NT 等。NetBEUI 协议在许多情形下很有用,是 Windows 98 之前的操作系统的缺省协议。NetBEUI 协议是一种短小精悍、通信效率高的广播型协议,安装后不需要进行设置,特别适合于在“网络邻居”传送数据。所以建议除了 TCP/IP 协议之外,小型的计算机也可以安上 NetBEUI 协议。另外还有一点要注意,如果一台只装了 TCP/IP 协议的 Windows 98 机器要想加入 Windows NT 域,也必须安装 NetBEUI 协议。

3) IPX/SPX 协议

它本来是 Novell 开发的专用于 NetWare 网络中的协议,但是现在也很常用——大部分可以联机的游戏都支持 IPX/SPX 协议,比如星际争霸、反恐精英等。虽然这些游戏通过 TCP/IP 协议也能联机,但显然还是通过 IPX/SPX 协议更省事,因为根本不需要任何设置。除此之外,IPX/SPX 协议的用途似乎并不是很大。如果确定不在局域网中联机玩游戏,那么这个协议则可有可无。

3. 网络设备使用的协议

1) 交换机的协议

二层交换机一般要求支持 802.1q、SNMP、限速、广播风暴控制、ACL、组播这些常见的功能;三层交换机是在二层的基础上支持如静态路由、RIP、OSPF、IS-IS、BGP 等路由协议,有时候会要求支持 MPLS、GRE、L2TP、IPsec 等隧道协议,或者如策略路由、快速重启等管理功能要求。

2) 路由器的协议

各种路由协议各有特点,适合不同类型的网络。下面分别加以阐述。

(1) 静态路由。

在开始选择路由之前就被建立,并且只能由网络管理员更改,所以只适合用于状态比较简单的环境。静态路由具有以下特点。

① 无须进行路由交换,因此节省了 CPU 的利用率和计算机的内存。

② 具有更高的安全性。在使用的网络中,所有要连到网络上的机器都需在连接路由器上设置其相应的路由。因此,在某种程度上提高了网络的安全性。

③ 有的情况下必须使用静态路由,如 DDR、使用 NAT 技术的网络环境。

静态路由存在以下缺点。

① 管理者必须真正理解网络的拓扑并正确配置路由。

② 网络的扩展性能差。如果要在网络上增加一个网络,管理者必须在所有计算机上加一条路由。

③ 配置烦琐,特别是当需要跨越几台计算机进行通信时,其路由配置更为复杂。

(2) 动态路由。

动态路由协议可以分为距离向量(DV)路由协议和链路状态(LS)路由协议,两种协议各有特点,分述如下。

① 距离向量路由协议。

距离向量路由协议使用跳数或向量来确定从一个设备到另一个设备的距离。

不使用正常的邻居关系,用两种方法获知拓扑的改变和路由的超时:当路由器不能直接从连接的路由器收到路由更新时;当路由器从邻居收到一个更新,通知它网络的拓扑发生了变化。

距离向量路由协议在小型网络中(少于 100 个,或需要更少的路由更新和计算环境)运行得相当好。当小型网络扩展到大型网络时,该协议计算新路由的收敛速度极慢,而且在它计算的过程中,网络处于一种过渡状态,极可能发生循环并造成暂时的拥塞。再者,当网络底层链路技术多种多样,各不相同时,协议对此视而不见。距离向量路由协议的这种特性不仅造成了网络收敛的延时,而且消耗了 CPU 的资源。

② 链路状态路由协议。

链路状态路由协议没有跳数的限制,使用图形理论算法或优先算法。

4. OSI 模型

图 2-17　OSI 模型的 7 层协议

OSI 模型详细规定了网络需要实现的功能、实现这些功能的方法以及通信报文包的格式。

OSI 模型把网络功能分成 7 大类,并从顶到底如图 2-17 所示按层次排列起来。这种倒金字塔型的结构正好描述了数据发送前,在发送主机中被加工的过程。待发送的数据首先被应用层的程序加工,然后下放到下面一层继续加工。最后,数据被装配成数据帧,发送到网线上。

OSI 的 7 层协议是自下向上编号的,比如第 4 层是传输层。当我们说"出错重发是传输层的功能"时,我们也可以说"出错重发是第 4 层的功能"。

当需要把一个数据文件发往另外一个主机之前,这个数据要经历这 7 层协议的每一层的加工。例如我们要把一封邮件发往服务器,当我们在 Outlook 软件中编辑完成,按发送键后,Outlook 软件就会把我们的邮件交给第 7 层中根据 POP3 或 SMTP 协议编写的程序。POP3 或 SMTP 程序按自己的协议整理数据格式,然后发给下面层的某个程序。每个层的程序(除了物理层,它是硬件电路和网线,不再加工数据)也都会对数据格式做一些加工,还会用报头的形式增加一些信息。例如我们知道传输层的 TCP 程序会把目标端口地址加到 TCP 报头中;网络层的 IP 程序会把目标 IP 地址加到 IP 报头中;链路层的 IEEE 802.3 程序会把目标 MAC 地址装配到帧报头中。经过加工后的数据以帧的形式交给物理层,物理层的电路再以位流的形式将数据发送到网络中。

接收方主机的接收过程是相反的。物理层接收到数据后，以相反的顺序遍历 OSI 的所有层，使接收方收到这个电子邮件。

我们需要了解数据在发送主机沿第 7 层向下传输的时候，每一层都会给它加上自己的报头。在接收方主机，每一层都会阅读对应的报头，拆除自己层的报头把数据传送给上一层。

下面我们用表的形式概述 OSI 在 7 层协议中规定的网络功能，如表 2-4 所示。

表 2-4　OSI 在 7 层协议中规定的网络功能

层		功能规定
第 7 层	应用层	提供与用户应用程序的接口（port）。为每一种应用的通信在报文上添加必要的信息
第 6 层	表示层	定义数据的表示方法，使数据以可以理解的格式发送和读取
第 5 层	会话层	提供网络会话的顺序控制。解释用户和机器名称也在这层完成
第 4 层	传输层	提供端口地址寻址（TCP）。建立、维护、拆除连接；流量控制；出错重发；数据分段
第 3 层	网络层	提供 IP 地址寻址。支持网间互联的所有功能——路由器，三层交换机
第 2 层	数据链路层	提供链路层地址（如 MAC 地址）寻址；介质访问控制（如以太网的总线争用技术）；差错检测；控制数据的发送与接收——网桥、交换机
第 1 层	物理层	提供建立计算机和网络之间通信所必需的硬件电路和传输介质

ISO 在 OSI 模型中描述各个层的网络功能时，术语相当准确，但是太抽象。读者可以暂不在意表 2-4 的内容。实际上要了解网络通信原理，主要是了解第 7、4、3、2、1 层的功能和实现方法。

5. TCP/IP 协议

TCP/IP 协议是互联网中使用的协议，现在几乎成了 Windows、UNIX、Linux 等操作系统中唯一的网络协议（微软似乎也在放弃它自己的 NetBEUI 协议了）。也就是说，没有一个操作系统按照 OSI 协议的规定编写自己的网络系统软件，而都编写了 TCP/IP 协议要求编写的所有程序。

我们在图 2-18 中列出了 OSI 模型和 TCP/IP 模型各层的英文名字。了解这些层的英文名是很重要的。

TCP/IP 协议是一个协议集，它由十几个协议组成。从名字上我们已经看到了其中的两个协议：TCP 协议和 IP 协议。

图 2-19 所示是 TCP/IP 协议集中各个协议之间的关系。

TCP/IP 协议集给出了实现网络通信第 3 层以上的几乎所有协议，非常完整。今天，微软、HP、IBM、中软等几乎所有操作系统开发商都在自己的网络操作系统部分中实现 TCP/IP，编写 TCP/IP 要求编写的每一个程序。

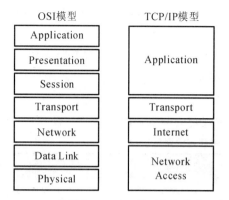

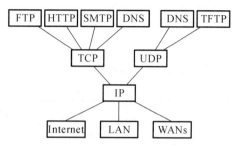

图 2-18　OSI 模型和 TCP/IP 模型各层的英文名字　　图 2-19　TCP/IP 协议集中各个协议的关系

主要的 TCP/IP 协议具体如下。

应用层：FTP、TFTP、HTTP、SMTP、POP3、SNMP、DNS、Telnet。

传输层：TCP、UDP。

网络层：IP、ARP（地址解析协议）、RARP（反向地址解析协议）、DHCP（动态主机配置协议）、ICMP、RIP、IGRP、OSPF（属于路由协议）。

POP3、DHCP、IGRP、OSPF 虽然不是 TCP/IP 协议集的成员，但是都是非常知名的网络协议。我们仍然把它们放到 TCP/IP 协议的层次中来，可以更清晰地了解网络协议的全貌。

TCP/IP 协议是由美国国防部高级研究计划局（DARPA）开发的。美国军方委托的、不同企业开发的网络需要互联，可是各个网络的协议都不相同。为此，需要开发一套标准化的协议，使得这些网络可以互联。同时，要求以后的承包商竞标的时候遵循这一协议。

6. 应用层协议

TCP/IP 的主要应用层程序有：FTP、TFTP、SMTP、POP3、Telnet、DNS、SNMP、NFS。这些协议的功能其实从其名称上就可以看到。

FTP：文件传输协议。用于主机之间的文件交换。FTP 使用 TCP 协议进行数据传输，是一个可靠的、面向连接的文件传输协议。FTP 支持二进制文件和 ASCII 文件。

TFTP：简易文件传送协议。它比 FTP 简易，是一个非面向连接的协议。使用 UDP 进行传输，因此传送速度更快。该协议多用在局域网中，交换机和路由器这样的网络设备用它把自己的配置文件传输到主机上。

SMTP：简单邮件传送协议。

POP3：这也是个邮件传输协议，本不属于 TCP/IP 协议。POP3 比 SMTP 更科学，微软等公司在编写操作系统的网络部分时，也在应用层编写了相应的程序。

Telnet：远程上机协议。可以使一台主机远程登录到其他机器，成为那台远程主机的显示和键盘终端。由于交换机和路由器等网络设备都没有自己的显示器和键盘，为了对它们进行配置，就需要使用 Telnet。

DNS：域名解析协议。根据域名，解析出对应的 IP 地址。

SNMP：简单网络管理协议。网管工作站搜集、了解网络中交换机、路由器等设备的工作状态所使用的协议。

NFS:网络文件系统协议。允许网络上其他主机共享某机器目录的协议。

TCP/IP 协议的应用层协议有可能使用 TCP 协议进行通信,也可能使用更简易的传输层协议 UDP 完成数据通信。

7. 传输层协议

传输层是 TCP/IP 协议集中协议最少的一层,只有两个协议:传输控制协议 TCP 和用户数据报协议 UDP。

TCP 协议要完成 5 个主要功能:端口地址寻址,TCP 连接的建立、维护与拆除,流量控制,出错重发,数据分段。

1)端口地址寻址

网络中的交换机、路由器等设备需要分析数据报中的 MAC 地址、IP 地址,甚至端口地址。也就是说,网络要转发数据,会需要 MAC 地址、IP 地址和端口地址的三重寻址。因此在数据发送之前,需要把这些地址封装到数据报的报头中。

那么,端口地址做什么用呢? 可以想象数据报到达目标主机后的情形。当数据报到达目标主机后,链路层的程序会通过数据报的帧报尾进行 CRC 校验。校验合格的数据帧被去掉帧报头向上交给 IP 程序。

IP 程序去掉 IP 报头后,再向上把数据交给 TCP 程序。待 TCP 程序把 TCP 报头去掉后,它把数据交给谁呢? 这时,TCP 程序就可以通过 TCP 报头中由源主机指出的端口地址,了解到发送主机希望目标主机的什么应用层程序接收这个数据报。

因此我们说,端口地址寻址是对应用层程序寻址。

图 2-20 所示为常用的端口地址。

从图 2-20 中我们注意到 WWW 所用 HTTP 协议的端口地址是 80。另外一个在互联网中频繁使用的应用层协议 DNS 的端口号是 53。TCP 和 UDP 的报头中都需要支持端口地址。

应用层程序的开发者接受 TCP/IP 对端口号的编排。详细的端口号编排可以在 TCP/IP 的注

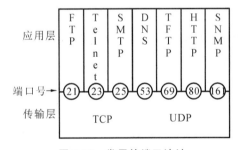

图 2-20　常用的端口地址

释 RFC1700 中查到(RFC 文档资料可以在互联网上查到,对所有阅读者都是开放的)。TCP/IP 规定端口号的编排方法:低于 255 的编号用于 FTP、HTTP 这样的公共应用层协议。255~1023 的编号提供给操作系统开发公司,为市场化的应用层协议编号。大于 1023 的编号提供给普通应用程序。

可以看到,社会公认度很高的应用层协议才能使用 1023 以下的端口地址编号。一般的应用程序通信,需要在 1023 以上进行编号。例如我们自己开发的审计软件中,涉及两个主机审计软件之间的通信,可以自行选择一个 1023 以上的编号。知名的游戏软件 CS 的端口地址设定为 26350。

端口地址的编码范围从 0 到 65535。从 1024 到 49151 的地址范围需要注册使用,49152 到 65535 的地址范围可以自由使用。

端口地址被源主机在数据发送前封装在其 TCP 报头或 UDP 报头中。图 2-21 给出了

TCP 报头的格式。

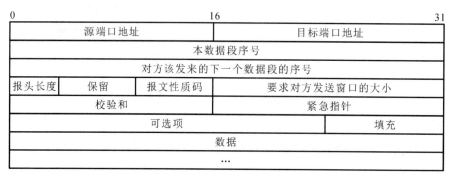

0	16	31
源端口地址	目标端口地址	
本数据段序号		
对方该发来的下一个数据段的序号		
报头长度 保留 报文性质码	要求对方发送窗口的大小	
校验和	紧急指针	
可选项	填充	
数据		
...		

图 2-21   TCP 报头的格式

从 TCP 报头格式我们可以看到,端口地址使用两个字节 16 位二进制数来表示,被放在 TCP 报头的最前面。

计算机网络中约定,当一台主机向另外一台主机发出连接请求时,这台机器被视为客户机,而那台机器被视为这台机器的服务器。通常,客户机在给自己的程序编端口号时,随机使用一个大于 1023 的编号。例如一台主机要访问 WWW 服务器,在其 TCP 报头中的源端口地址封装为 1391,目标端口地址则需要为 80,指明与 HTTP 通信,如图 2-22 所示。

2)TCP 连接的建立、维护与拆除

TCP 协议是一个面向连接的协议。所谓面向连接,是指一台主机需要和另外一台主机通信时,需要先呼叫对方,请求与对方建立连接。只有对方同意,才能开始通信。

这种呼叫与应答的操作非常简单。所谓呼叫,就是连接的发起方发送一个"建立连接请求"的报文包给对方。对方如果同意这个连接,就简单地发回一个"连接响应"的应答包,连接就建立起来了。

图 2-23 描述了 TCP 建立连接的过程。

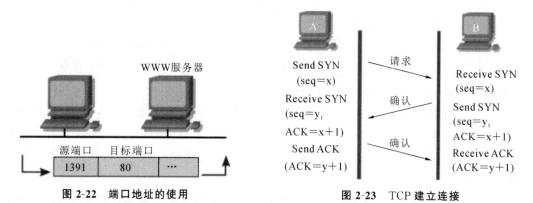

图 2-22   端口地址的使用   图 2-23   TCP 建立连接

主机 A 希望与主机 B 建立连接以交换数据,它的 TCP 程序首先构造一个连接请求报文包给对方。连接请求包的 TCP 报头中的报文性质码标志为 SYN,声明是一个"连接请求包"。主机 B 的 TCP 程序收到主机 A 的连接请求后,如果同意这个连接,就发回一个"确认连接包",应答 A 主机。主机 B 的确认连接包的 TCP 报头中的报文性质码标志为 ACK。

SYN 和 ACK 是 TCP 报头中报文性质码的连接标志位(见图 2-24)。建立连接时,SYN 标志置 1,ACK 标志置 0,表示本报文包是一个同步包。确认连接的包,ACK 置 1,

SYN 置 1,表示本报文包是一个确认包。

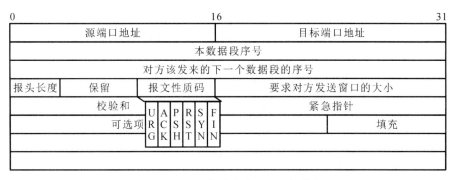

图 2-24 SYN 标志位和 ACK 标志位

从图 2-24 可以看到,建立连接有第三个包,是主机 A 对主机 B 的连接确认。主机 A 为什么要发送第三个包呢?

考虑这样一种情况:主机 A 发送一个连接请求包,但这个请求包在传输过程中丢失。主机 A 发现超时仍未收到主机 B 的连接确认,会怀疑有包丢失。主机 A 再重发一个连接请求包。第二个连接请求包到达主机 B,保证了连接的建立。

但是如果第一个连接请求包没有丢失,只是网络慢而导致主机 A 超时呢? 这就会使主机 B 收到两个连接请求包,使主机 B 误以为第二个连接请求包是主机 A 的又一个请求。第三个确认包就是为防止这样的错误而设计的。

这样的连接建立机制被称为三次握手。

一些教科书给人们以这样的概念:TCP 在数据通信之前先要建立连接,是为了确认对方是 active 的,并同意连接。这样的通信是可靠的。建立连接确实实现了这样的功能。

但是从 TCP 程序设计的深层看,源主机 TCP 程序发送"连接请求包"是为了触发对方主机的 TCP 程序开辟一个对应的 TCP 进程,双方的进程之间传输着数据。这一点你可以这样理解:对方主机中开辟了多个 TCP 进程,分别与多个主机的多个 TCP 进程在通信。你的主机也可以邀请对方开辟多个 TCP 进程,同时进行多路通信。

对方同意与你建立连接,对方就要分出一部分内存和 CPU 时间等资源运行与你通信的 TCP 进程(一种叫作 flood 的黑客攻击就是无休止地邀请对方建立连接,使对方主机开辟无数个 TCP 进程与之连接,最后耗尽对方主机的资源)。

可以理解,当通信结束时,发起连接的主机应该发送拆除连接的报文包,通知对方主机关闭相应的 TCP 进程,释放所占用的资源。拆除连接报文包的 TCP 报头中,报文性质码的 FIN 标志位置 1,表明是一个拆除连接的报文包。

为了防止连接双方的一方出现故障后异常关机,而另外一方的 TCP 进程无休止地驻留,任何一方如果发现对方长时间没有通信流量,就会拆除连接。但有时确实有一段时间没有流量,但还需要保持连接,就需要发送空的报文包,以维持这个连接。维持连接的报文包的英语名称非常直观:keepalive。为了在一段时间内没有数据发送但还需要保持连接而发送 keepalive 包,被称为连接的维护。

TCP 程序为实现通信而对连接进行建立、维护和拆除的操作,称为 TCP 的传输连接管理。

最后,我们再回过头来看看 TCP 是怎么知道需要建立连接的。当应用层的程序需要数据发送的时候,就会把待发送的数据放在一个内存区域,然后调用 TCP 程序。

3) TCP 报头中的报文序号

TCP 是将应用层交给的数据分段后发送的。为了支持数据出错重发和数据段组装,TCP 程序为每个数据段封装的报头设计了两个数据报序号字段,分别称为发送序号和确认序号。出错重发是指一旦发现有丢失的数据段,可以重发丢失的数据,以保证数据传输的完整性。如果数据没有分段,出错后源主机就不得不重发整个数据。为了确认丢失的是哪个数据段,报文就需要安装序号。

另一方面,数据分段可以使报文在网络中的传输非常灵活。一个数据的各个分段,可以选择不同的路径到达目标主机。由于网络中各条路径在传输速度上不一致,有可能前面发出的数据段后到达,而后发出的数据段先到达。为了使目标主机能够按照正确的次序重新装配数据,也需要在数据段的报头中安装序号。

TCP 报头中的第三、四字段是两个基本点序号字段。发送序号是指本数据段是第几号报文包。接收序号是指对方该发来的下一个数据段是第几号段。确认序号实际上是已经接收到的最后一个数据段加 1(如果 TCP 的设计者把这个字段定义为已经接收到的最后一个数据段序号,可以让读者更容易理解)。

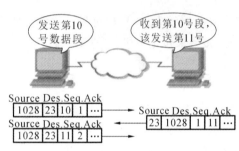

图 2-25　发送序号与确认序号

如图 2-25 所示,左方主机发送 Telnet 数据,目标端口号为 23,源端口号为 1028。发送序号为 10,表明本数据是第 10 段。确认序号为 1,表明左方主机收到右侧主机发来的数据段数为 0,右侧主机应该发送的数据段是 1。

右方主机向左方主机发送的数据报中,发送序号是 1,确认序号是 11。确认序号是 11 表明右方主机已经接收到左方主机第 10 号包以前的所有数据段。

TCP 协议设计在报头中安装第二个序号字段是很成功的。这样,对对方数据的确认随着本主机的数据发送而载波过去,而不是单独发送确认包,大大节省了网络带宽和接收主机的 CPU 时间。

4) PAR 出错重发机制

在网络中有两种情况会丢失数据包。如果网络设备(交换机、路由器)的负荷太大,当其数据包缓冲区满了的时候,就会丢失数据包。另外一种情况是,如果在传输中出现噪声干扰、数据碰撞或设备故障,数据包就会受到损坏。被损坏的数据包在接收主机的链路层接受校验时就会被丢弃。

发送主机应该发现丢失的数据段,并重发出错的数据。

TCP 使用称为 PAR 的出错重发方案(positive acknowledgment and retransmission),这个方案是许多协议都采用的方法。

TCP 程序在发送数据时,先把数据段都放到其发送窗口中,再发送出去。然后,PAR 会为发送窗口中每个已发送的数据段启动定时器。被对方主机确认收到的数据段,将从发送窗口中删除。如果某数据段的定时时间到,仍然没有收到确认,PAR 就会重发这个数据段。

在图 2-26 中,发送主机的 2 号数据段丢失。接收主机只确认了 1 号数据段。发送主机从发送窗口中删除已确认的 1 号包,放入 4 号数据段(windowsize=3,没有地方放更多的待发送数据段),将数据段 2、3、4 号发送出去。其中,数据段 2、3 号是重发的数据段。图 2-26 描述了 PAR 的出错重发机制。尽管数据段 3 已经被接收主机收到,但是仍然被重发。这显然是一种浪费。但是 PAR 机制只能这样处理。读者可能会问,为什么不能通知源主机哪个数据段丢失呢?那样的话,源主机可以一目了然,只需要发送丢失的段。好,我们来看一看:如果连续丢失了十几个段,甚至更多,而 TCP 报头中只有一个确认序号字段,该通知源主机重发哪个丢失的数据段呢?如果单独设计一个数据包,用来通知源主机所有丢失的数据段也不行,因为如果通知源主机该重发哪些段的包也丢失了该怎么办呢?

PAR 出错重发机制"positive acknowledgement and retransmission" 中的"positive"一词,是指发送主机不是消极地等待接收主机的出错信息,而是会主动地发现问题,实施重发的。虽然 PAR 机制有一些缺点,但是比起其他的方案,PAR 仍然是比较科学的。

5)TCP 是如何进行流量控制的

如果接收主机同时与多个 TCP 通信,接收的数据包的重新组装需要在内存中排队。如果接收主机的负荷太大,内存缓冲区满了,就有可能丢失数据。因此,当接收主机无法承受发送主机的发送速度时,就需要通知发送主机放慢数据的发送速度。

事实上,接收主机并不是通知发送主机放慢发送速度,而是直接控制发送主机的发送窗口大小。接收主机如果需要对方放慢数据的发送速度,就减小数据报中 TCP 报头里"发送窗口"字段的数值。对方主机必须服从这个数值,减小发送窗口的大小,从而降低了发送速度。

在图 2-27 中,发送主机开始的发送窗口大小是 3,每次发送 3 个数据段。接收主机要求窗口大小为 1 后,发送主机调整了发送窗口的大小,每次只发送一个数据段,因此降低了发送速度。极端情况下,如果接收主机把窗口大小字段设置为 0,发送主机将暂停发送数据。

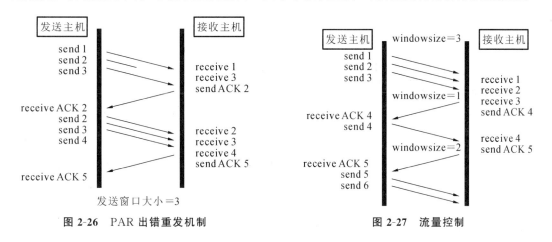

图 2-26　PAR 出错重发机制　　　　图 2-27　流量控制

有趣的是,尽管发送主机接受接收主机的窗口设置降低了发送速度,但是,发送主机自己会渐渐扩大窗口。这样做的目的是尽可能地提高数据发送的速度。

在实际中,TCP 报头中的窗口字段不是用数据段的个数来说明大小,而是以字节数为大小的单位的。

6)UDP 协议

在 TCP/IP 协议集中设计了另外一个传输层协议:无连接数据传输协议。这是一个简化了的传输层协议。UDP 去掉了 TCP 协议中 5 个功能中的 3 个功能：连接建立、流量控制和出错重发，只保留了端口地址寻址和数据分段两个功能。

UDP 通过牺牲可靠性换得通信效率的提高。对于那些数据可靠性要求不高的数据传输，可以使用 UDP 协议来完成。例如 DNS、SNMP、TFTP、DHCP。

UDP 报头的格式非常简单，核心内容只有源端口地址和目标端口地址两个字段，如图 2-28 所示。DHCP 的详细描述见 RFC768。

图 2-28　UDP 报头的格式

UDP 程序需要与 TCP 一样完成端口地址寻址和数据分段两个功能。但是它不知道数据包是否到达目标主机，接收主机也不能抑制发送主机发送数据的速度。由于数据报中不再有报文序号，一旦数据包沿不同路由到达目标主机的次序出现变化，目标主机也无法按正确的次序纠正这样的错误。

TCP 是一个面向连接的、可靠的传输；UDP 是一个非面向连接的、简易的传输。

8. 网络层协议

TCP/IP 协议集中最重要的成员是 IP 和 ARP。除了这两个协议外，网络层还有一些其他的协议，如 RARP、DHCP、ICMP、RIP、IGRP、OSPF 等。这些协议的功能如下：

（1）IP 协议；

（2）ARP 协议；

（3）RARP、BOOTP、DHCP 协议；

（4）ICMP 协议；

（5）RIP、IGRP、OSPF 协议。

9. IEEE 802 标准

TCP/IP 没有对 OSI 模型最下面两层功能的实现。TCP/IP 协议主要是在网络操作系统中实现的。主机中应用层、传输层和网络层的任务由 TCP/IP 程序来完成，而主机 OSI 模型最下面两层数据链路层和物理层的功能则是由网卡制造厂商的程序和硬件电路来完成的。

网络设备厂商在制造网卡、交换机、路由器的时候，其数据链路层和物理层的功能是依照 IEEE 制定的 IEEE 802 标准，也没有按照 OSI 的具体协议开发。

IEEE 制定的 IEEE 802 标准规定了数据链路层和物理层的功能如下。

物理地址寻址：发送方需要对数据包安装帧报头，将物理地址封装在帧报头中。接收方能够根据物理地址识别是否是发给自己的数据。

介质访问控制：如何使用共享传输介质，避免介质使用冲突。知名的局域网介质访问控制技术有以太网技术、令牌网技术、FDDI 技术等。

数据帧校验：数据帧在传输过程中是否受到了损坏，丢弃损坏了的帧。

数据的发送与接收:操作内存中的待发送数据向物理层电路中发送的过程。在接收方完成相反的操作。

IEEE 802 根据不同功能,有相应的协议标准,如标准以太网协议标准 IEEE 802.3、无线局域网 WLAN 协议标准 IEEE 802.11 等,统称为 IEEE 802x 标准。图 2-29 列出的是部分 IEEE 802 标准。

由图 2-29 可见,OSI 模型把数据链路层又划分为两个子层:逻辑链路控制(LLC)子层和介质访问控制(MAC)子层。LLC 子层的任务是提供网络层程序与链路层程序的接口,使得链路层主体 MAC层的程序设计独立于网络层的具体某个协议程序。这样的设计是必要的。例如新的网络层协议出现时,只需要为这个新的网络层协议程序写出对应的LLC 层接口程序,就可以使用已有的链路层程序,而不需要全部推翻过去的链路层程序。

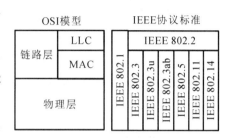

图 2-29　IEEE 协议标准

MAC 层完成所有 OSI 对数据链路层要求完成的功能:物理地址寻址、介质访问控制、数据帧校验、数据发送与接收的控制。

IEEE 遵循 OSI 模型,也把数据链路层分为两层,设计出 IEEE 802.2 协议与 OSI 的LLC 层对应,并完成相同的功能(事实上,OSI 把数据链路层划分出 LLC 是非常科学的,IEEE 没有道理不借鉴 OSI 模型如此的设计)。

可见,IEEE 802.2 协议对应的程序是一个接口程序,提供了流行的网络层协议程序(IP、ARP、IPX、RIP 等)与数据链路层的接口,使网络层的设计成功地独立于数据链路层所涉及的网络拓扑结构、介质访问方式、物理寻址方式。

IEEE 802.1 有许多子协议,其中有些已经过时。但是 IEEE 802.1Q、IEEE 802.1D 协议(1998 年)则是非常流行的 VLAN 技术和 QoS 技术的设计标准。

IEEE 802x 的核心标准是十余个跨越 MAC 子层和物理层的设计标准,目前我们关注的是如下几个知名的标准。

IEEE 802.3:标准以太网标准,提供 10 Mbps 局域网的介质访问控制子层和物理层设计标准。

IEEE 802.3u:快速以太网标准,提供 100 Mbps 局域网的介质访问控制子层和物理层设计标准。

IEEE 802.3ab:千兆以太网标准,提供 1 000 Mbps 局域网的介质访问控制子层和物理层设计标准。

IEEE 802.5:令牌环网标准,提供令牌环介质访问方式下的介质访问控制子层和物理层设计标准。

IEEE 802.11:无线局域网标准,提供 2.4 GHz 微波波段 1～2 Mbps 低速 WLAN 的介质访问控制子层和物理层设计标准。

IEEE 802.11a:无线局域网标准,提供 5 GHz 微波波段 54 Mbps 高速 WLAN 的介质访问控制子层和物理层设计标准。

IEEE 802.11b:无线局域网标准,提供 2.4 GHz 微波波段 11 Mbps WLAN 的介质访问

控制子层和物理层设计标准。

IEEE 802.11g：无线局域网标准，提供 IEEE 802.11a 和 IEEE 802.11b 的兼容标准。

IEEE 802.14：有线电视网标准，提供 Cable Modem 技术所涉及的介质访问控制子层和物理层设计标准。

在上述标准中，我们忽略掉一些不常见的标准。尽管 IEEE 802.5 令牌环网标准描述的是一个停滞了的技术，但它是以太网技术的一个对立面，因此我们仍然将它列出，以强调以太网介质访问控制技术的特点。

另外一个曾经红极一时的数据链路层协议标准 FDDI 不是 IEEE 课题组开发的（从名称上能够看出它不是 IEEE 的成员），而是美国国家标准协会 ANSI 为双闭环光纤令牌网开发的协议标准。

二、内部网关协议

内部网关协议（interior gateway protocol）是一种专用于一个自治网络系统（比如：某个当地社区范围内的一个自治网络系统）中网关间交换数据流转通道信息的协议。网络 IP 协议或者其他的常常通过这些通道信息来决断怎样传送。较常用的两种内部网关协议分别是路由信息协议（RIP）和开放最短路径优先协议（OSPF），目前的 IGP 有 RIP、OSPF、IGRP、EIGRP、IS-IS 等协议，具体参见网关协议示意图 2-30。

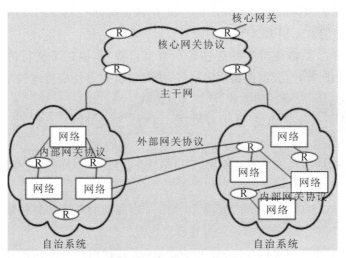

图 2-30　网关协议示意图

1. RIP（国际公有，最古老的路由协议之一，不过有很多缺陷）

RIP 是生产商之间使用的第一个开放标准，是应用非常广泛的路由协议，在所有 IP 路由平台上都可以得到。当使用 RIP 时，一台 Cisco 可以与其他厂商的路由器连接。RIP 有两个版本，RIPv1 和 RIPv2，它们均基于经典的距离向量路由算法，最大跳数为 15 跳。

RIPv1 是族类路由（classful routing）协议，因路由上不包括信息，所以网络上的所有设备必须使用相同的，不支持 VLSM。RIPv2 可发送信息，是非族类路由（classless routing）协议，支持 VLSM。

RIP 使用 UDP 更新路由信息。每隔 30 s 更新一次路由信息，如果在 180 s 内没有收到相邻路由器的回应，则认为去往该路由器的路由不可用，该路由器不可到达。如果在 240 s

后仍未收到该路由器的应答,则把有关该路由器的路由信息从中删除。

RIP 具有以下特点。

(1) 不同厂商的路由器可以通过 RIP 互联。

(2) 配置简单,适用于小型网络(小于 15 跳)。

(3) RIPv1 不支持 VLSM。

(4) 需消耗 CPU。

(5) 需消耗内存资源。

RIP 的算法简单,但在路径较多时收敛速度慢,广播路由信息时占用的资源较多,它适用于相对简单且故障率极低的小型网络。在大型网络中,一般不使用 RIP。

2. IGRP(现在已经退出历史的舞台)

IGRP 是 Cisco 公司在 20 世纪 80 年代开发的,是一种长跨度(最大可支持 255 跳)的路由协议,使用度量(向量)确定到达一个网络的最佳路由,由延时、可靠性和负载等来计算最优路由,它适合复杂的网络。

像 RIP 一样,IGRP 使用 UDP 发送路由表项。每个路由器每隔 90 s 更新一次路由信息,如果 270 s 内没有收到某路由器的回应,则认为该路由器不可到达;如果 630 s 内仍未收到应答,则 IGRP 进程将从中删除该路由。

与 RIP 相比,IGRP 的传输路径更长,但传输路由信息所需内存减少。此外,IGRP 的分组格式中无空白字节,从而提高了 IGRP 的效率。但 IGRP 为 Cisco 公司专有,仅限于 Cisco 产品。

3. EIGRP(思科私有)

随着网络规模的扩大和用户需求的增长,原来的 IGRP 已显得力不从心。于是,Cisco 公司又开发了增强的 IGRP,即 EIGRP。EIGRP 的使用方法与 IGRP 相同,但它加入了散播更新算法(DUAL)。

EIGRP 具有如下特点。

(1) 快速收敛。快速收敛是因为使用了散播更新算法,通过备份路由而实现,也就是到达目的网络的最小开销和次最小开销(也叫适宜后继,feasible successor)路由都被保存在路由表中,当最小开销的路由不可用时,快速切换到次最小开销路由上,从而达到快速收敛的目的。

(2) 减少了内存的消耗。EIGRP 不像 RIP 和 IGRP 那样,每隔一段时间就交换一次路由信息,它仅当某个目的网络的路由状态改变或路由的度量发生变化时,才向邻接的 EIGRP 发送路由更新。因此,其更新路由所需的内存比 RIP 和 EIGRP 小得多。

(3) 减少 CPU 的利用。路由更新仅被发送到需要知道状态改变的邻接,由于使用了散播更新算法,EIGRP 比 IGRP 使用更少的 CPU。

(4) 支持可变长子网掩码。

(5) IGRP 和 EIGRP 可自动移植。IGRP 路由可自动重新分发到 EIGRP 中,EIGRP 也可将路由自动重新分发到 IGRP 中。如果愿意,也可以关掉路由重新分发。

(6) EIGRP 支持三种路由协议(IP、IPX、AppleTalk)。

(7) 支持非等值路径。

(8) 因 EIGIP 是 Cisco 公司开发的专用协议,因此,当 Cisco 设备和其他厂商的设备互联时,不能使用 EIGRP。

4. OSPF（国际公有）

开放最短通路优先(open shortest path first,OSPF)协议由 IETF 开发并推荐使用,由三个子协议组成:Hello 协议、交换协议和扩散协议。其中 Hello 协议负责检查链路是否可用;交换协议完成"主""从"路由器的指定并交换各自的路由数据库信息;扩散协议完成各路由器中路由数据库的同步维护。

OSPF 协议具有以下优点。

(1) OSPF 能够在自己的链路状态数据库内表示整个网络,并且支持大型的互联,提供了一个异构网络间通过同一种协议交换网络信息的途径,并且不容易出现错误的路由信息。OSPF 支持通往相同目的地的多重路径。

(2) OSPF 使用路由标签区分不同的外部路由。

(3) OSPF 支持路由验证,只有互相通过路由验证的网络之间才能交换路由信息;并且可以对不同的区域定义不同的验证方式,从而提高了网络的安全性。

(4) OSPF 支持费用相同的多条链路上的负载均衡。

(5) OSPF 是一个非族类路由协议,路由信息不受跳数的限制,减少了因分级路由带来的分离问题。

(6) OSPF 支持 VLSM 和非族类路由查表,有利于网络地址的有效管理。

(7) OSPF 使用 AREA 对网络进行分层,减少了协议对 CPU 处理时间和内存的需求。

5. BGP

BGP 用于连接 Internet。BGPv4 是一种外部的路由协议,可认为是一种高级的距离向量路由协议。

在 BGP 网络中,可以将一个网络分成多个。自治系统间使用 eBGP 广播路由,自治系统内使用 iBGP 在自己的网络内广播路由。

Internet 由多个互相连接的商业网络组成。每个企业网络或 ISP 必须定义一个号(ASN)。这些号由 IANA(Internet Assigned Numbers Authority)分配。共有 65535 个可用的号,其中 65512～65535 为私用保留。当共享路由信息时,这个号码也允许以层的方式进行维护。

BGP 使用可靠的会话管理,TCP 中的 179 端口用于触发 Update 和 Keepalive 信息到它的邻居,以传播和更新 BGP 路由表。

在 BGP 网络中,自治系统有以下几种。

1) Stub AS

只有一个入口和一个出口的网络。

2) 转接 AS(transit AS)

当数据从一个 AS 到另一个 AS 时,必须经过 transit AS。

如果企业网络有多个 AS,则在企业网络中可设置 transit AS。

IGP 和 BGP 最大的不同之处在于运行协议的设备之间通过的附加信息的总数不同。IGP 使用的路由更新包比 BGP 使用的路由更新包更小(因此 BGP 承载更多的路由属性)。BGP 可在给定的路由上附上很多属性。

当运行 BGP 的两个路由器开始通信以交换信息时,使用 TCP 端口 179,路由器之间的信息交换依赖于面向连接的通信(会话)。

BGP 必须依靠面向连接的 TCP 会话以提供连接状态。因为 BGP 不能使用 Keepalive 信息(但在普通头上存放有 Keepalive 信息,以允许路由器校验会话是否 active)。标准的 Keepalive 是在电路上从一个路由器送往另一个路由器的信息,而不使用 TCP 会话。某些情况下,需要使用 BGP:

(1) 当你需要从一个 AS 发送到另一个 AS 时;

(2) 当流出网络的数据流必须手工维护时;

(3) 当你连接两个或多个 ISP、NAP(网络访问点)和交换点时。

以下三种情况不能使用 BGP:

(1) 如果你的路由器不支持 BGP 所需的大型路由表时;

(2) 当 Internet 只有一个连接时,使用默认路由;

(3) 当你的网络没有足够的带宽来传送所需的数据时(包括 BGP 路由表)。

三、外部网关协议

外部网关协议是一个现已过时的互联网路由协议,最初于 1982 年由 BBN 技术公司的 Eric C. Rosen 及 David L. Mills 提出。其最早在 RFC827 中描述,并于 1984 年在 RFC904 中被正式规范。EGP 是一种简单的(网络)可达性协议,其与现代的距离-矢量协议和路径-矢量协议不同,它仅适用于树状拓扑的网络。

在互联网发展的早期,自治系统之间的互联使用的是一种称为"EGP 版本 3"的外部网关协议。EGP3 不应与一般所说的各种 EGP 协议相混淆。现今,BGP 基本已取代了局限较大的 EGP3 协议。

边界网关协议(BGP)是一种典型的外部网关协议,它运行在两个不同的自治系统之间。如图 2-31 所示。边界网关协议也是一个轮询协议,它利用"Hello"和"I-Heard-You"消息的转换,让每个网关各自控制和接收网络中的信息,允许每个系统控制它自己的开销,同时发出命令请求更新响应。通过图 2-31 所示的边界网关协议(BGP)的示意图可以了解它们之间的结构。

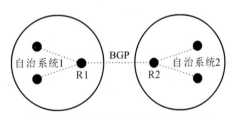

图 2-31　边界网关协议(BGP)示意图

路由表包含一组已知路由器及这些路由器的可达地址以及路径开销,从而可以选择最佳路由。每个路由器每间隔 120 秒或 480 秒会访问其邻居一次,邻居通过发送完整的路由表以示响应。

四、网络连接的基本技术

1. 数据封装——计算机网络通信的基础

从上面的描述我们可以看出,一个数据包在发送前,主机需要为每个数据段封装报头。在报头中,最重要的东西就是地址了。

如图 2-32 所示,数据报在传送之前,需要被分成一个个的数据段,然后为每个数据段封装上三个报头(帧报头、IP 报头、TCP 报头)和一个报尾。

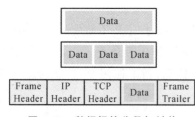

图 2-32　数据报的分段与封装

被封装好了报头和报尾的一个数据段,被称为一个数据帧。

将数据分段的目的有两个:便于数据出错重发和通信线路的争用平衡。

如果在通信过程中数据出错,则需要重发数据。如果一个 2 Mbytes 的数据报没有被分段,一旦出现数据错误,就需要将整个 2 Mbytes 的数据重发。如果将之划分为 1 500 bytes 的数据段,将只需要重发出错的数据段。

当多个主机的通信需要争用同一条通信线路时,如果数据报被分段,争用到通信线路的主机将只能发送一个 1 500 bytes 的数据段,然后就需要重新争用。这样就避免了一台主机独占通信线路,进而实现多台主机对通信线路的平衡使用。

一个数据段需要封装三个不同的报头,帧报头、IP 报头和 TCP 报头。帧报头中封装了目标 MAC 地址和源 MAC 地址;IP 报头中封装了目标 IP 地址和源 IP 地址;TCP 报头中封装了目标 port 地址和源 port 地址。因此,一个局域网的数据帧中封装了 6 个地址:一对 MAC 地址、一对 IP 地址和一对 port 地址。

我们在前面已经看到了 MAC 主机地址的使用。我们知道,用集线器联网的时候,不管是不是给本主机的数据报,它都会发到本主机的网卡上来,由网卡判断这一帧数据是否是发给自己的,是否需要抄收。除了 MAC 地址外,每台主机还需要有一个 IP 地址。为什么一个主机需要两个地址呢? 因为 MAC 地址只是给主机地址编码,当搭建更复杂一点的网络时,我们不仅要知道目标主机的地址,还需要知道目标主机在哪个网络上。因此,我们还需要目标主机所在网络的网络地址。IP 地址中就包含有网络地址和主机地址两个信息。当数据报要发给其他网络的主机时,互联网络的路由器设备需要查询 IP 地址中的网络地址部分的信息,以便选择准确的路由,把数据发往目标主机所在的网络。为此,我们可以理解为:MAC 地址是用于网段内寻址的地址,而 IP 地址则用于网间寻址。

当数据通过 MAC 地址和 IP 地址联合寻址到达目标主机后,目标主机怎么处理这个数据呢? 目标主机需要把这个数据交给某个应用程序去处理。例如邮件服务程序、浏览器程序(如大家熟悉的 IE)。报头中的目标端口地址(port 地址)正是用来为目标主机指明它该用什么程序来处理接收到的数据的。

由此可见,要完成数据的传输,需要三级寻址。

(1) MAC 地址:网段内寻址;

(2) IP 地址:网间寻址;

(3) 端口地址:应用程序寻址。

一个数据帧的尾部,有一个帧报尾。报尾用于检查一个数据帧在从发送主机传送到目标主机的过程中是否完好。报尾中存放的是发送主机放置的称为 CRC 校验的校验结果。接收主机用同样的校验算法计算的结果与发送主机的计算结果比较,如果两者不同,说明本数据帧已经损坏,需要丢弃。

2. MAC 地址

MAC 地址(media access control ID)是一个 6 字节的地址码,每块主机网卡都有一个 MAC 地址,由生产厂家在生产网卡的时候固化在网卡的芯片中。

如图 2-33 所示的 MAC 地址 00-60-2F-3A-07-BC 的前 3 个字节是生产厂家的企业编码 OUI，例如 00-60-2F 是思科公司的企业编码。后 3 个字节 3A-07-BC 是随机数。MAC 地址以一定概率保证一个局域网网段里的各台主机的地址唯一。

有一个特殊的 MAC 地址：ff-ff-ff-ff-ff-ff。这个二进制全为 1 的 MAC 地址是个广播地址，表示这帧数据不是发给某台主机的，而是发给所有主机的。

在 Windows 2000 机器上，可以在"命令提示符"窗口用 ipconfig/all 命令查看到本机的 MAC 地址。由于 MAC 地址固化在网卡上，如果你更换主机里的网卡，这台主机的 MAC 地址也就随之改变了。MAC 地址也称为主机的物理地址或硬件地址。

3. 网络适配器——网卡

网卡（NIC）安装在主机中，是主机向网络发送数据和从网络中接收数据的直接设备。

网卡中固化了 MAC 地址，它被烧在网卡的 ROM 芯片中。主机在发送数据前，需要使用这个地址作为源 MAC 地址封装到帧报头中。当有数据到达时，网卡中有硬件比较器电路，将数据帧中的目标 MAC 地址与自己的 MAC 地址进行比较。只有两者相等的时候，网卡才抄收这帧数据包。

当然，如果数据帧中的目标 MAC 地址是一个广播地址，网卡也要抄收这帧数据包。

网卡抄收完一帧数据后，将利用数据帧的报尾（4 个字节长）进行数据校验。校验合格的帧将上交给 IP 程序；校验不合格的帧将会被丢弃。

网卡通过插在计算机主板上的总线插槽内与计算机相连。较新的 PC 机一般都提供 PCI 插槽。图 2-34 所示的网卡就是一块 PCI 总线的网卡。

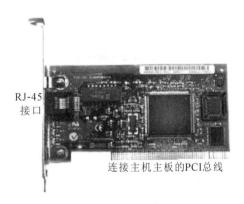

RJ-45
接口

连接主机主板的PCI总线

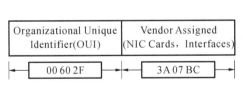

Organizational Unique Identifier(OUI)	Vendor Assigned (NIC Cards，Interfaces)
00 60 2F	3A 07 BC

图 2-33　MAC 地址的结构　　　　　　　　图 2-34　网卡

网卡的一部分功能在网卡上完成，另外一部分功能则在计算机里完成。网卡需要在计算机上完成的功能的程序称为网卡驱动程序。Windows 2000、Windows XP 搜集了常见的网卡驱动程序，当你把网卡插入 PC 的总线插槽后，Windows 的即插即用功能就会自动配置相应的驱动程序，非常简便。你可以用右键单击 Windows 的"网上邻居"，选择属性，在窗口中看见"本地连接"图标。如果在窗口中看不见"本地连接"图标，说明 Windows 找不到这种型号的网卡驱动程序。这时需要自己安装驱动程序（网卡驱动程序应在随网卡一起购买的 CD 或软盘中）。

1）以太网

用一个集线器连接起来的网络，当一对主机正在通信的时候，其他计算机的通信就必须等待。也就是说,当一台主机需要发送数据之前,它需要侦听通信线路,如果有其他主机的载波信号,就必须等待。只有在它争用到通信线路的时候,它才能够使用通信介质发送数据。这种通信线路争用的技术方案,我们称为总线争用介质访问。以太网是使用总线争用技术的网络,如图 2-35 所示。

在以太网中,如果有多台主机需要同时通信,那么这些主机谁率先争得传输介质(通信线路),谁就将获得发送数据的权利。

另外一种传输介质访问技术称为令牌网技术。使用令牌网技术的令牌网,需要另外一种集线器,叫令牌网集线器。令牌网集线器能够生成令牌数据帧,它将轮流为各个主机发送令牌帧。只有得到令牌的主机才有权利发送数据。其他主机需要等待令牌到达时才被允许使用传输介质。

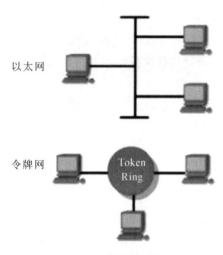

图 2-35   介质访问控制技术

令牌网的最大缺点是,即使网络不拥挤,需要发送数据的主机也需要等待令牌轮转到自己,降低了通信效率。这一点是以太网相对令牌网的优势所在。但是,当网络拥挤的情况下,以太网的主机有可能出现一些主机争得介质的次数多,而另外一些主机争得介质的次数少的情况,也就是介质访问次数上的不均衡。

IEEE 将以太网的标准编制为 IEEE 802.3 协议,而令牌网的标准编制为 IEEE 802.5 协议。如果说一个网络采用 IEEE 802.3 协议,那么这个网络就是一个以太网络。IEEE 802.3 协议和 IEEE 802.5 协议区分了两种不同的介质访问控制技术。

在 20 世纪 90 年代中期,以太网和令牌网互有优势。但是,由于以太网交换机技术的普及、结构和协议上的便捷、价格便宜,更重要的是以太网传输速度上的提高(100 Mbps、1 000 Mbps、甚至更高),令牌网逐渐退出了与以太网的竞争。目前新建设的网络,几乎没有再见到令牌网的踪影了。

2)IEEE 802.3 数据帧的帧结构

在不同的网上,数据帧是完全不一样的。在以太网中,IEEE 802.3 数据帧的格式如图 2-36 所示。

IEEE 802.3						
7	1	6	6	2	46 to 1500	4
Preamble	Start of Frame Delimeter	Destination Address	Source Address	Length/ Type	Data	Frame Check Sequence

图 2-36   IEEE 802.3 的帧格式

一个数据帧的报头由 7 个字节的同步字段、1 个字节的起始标记、6 个字节的目标 MAC 地址、6 个字节的源 MAC 地址、2 个字节的帧长度/类型、46 到 1 500 字节的数据和 4 字节的帧报尾组成。如果不算 7 个字节的同步字段和 1 个字节的起始标记字段,IEEE 802.

3 帧报头的长度是 14 个字节。一个 IEEE 802.3 帧的长度最小是 64 字节,最长是 1 518 字节。

同步字段(preamble):这是由 7 个连续的 01010101 字节组成的同步脉冲字段。这个字段在早期的 10 M 以太网中用来进行时钟同步,在现在的快速以太网中已经不用了。但是该字段还是保留着,以便让快速以太网与早期的以太网兼容。

起始标记字段(start frame delimiter):这个字段是一个固定的标志字 10101011。用来表示同步字段结束,一帧数据开始。

目标 MAC 地址字段(destination address):目标主机的 MAC 地址。如果是广播,则放广播 MAC 地址 11111111。

源 MAC 地址字段(source address):发送数据的主机的 MAC 地址。

帧长度/类型字段(length/type):当这个字段的数字小于或等于十六进制数 0x0600 时,表示长度;大于 0x0600,表示类型。"长度"是指从本字段以后的本数据帧的字节数。"类型"则表示接收主机上层协议是谁。例如上层协议是 ARP 协议,这个字段应该填写 0x0806;上层协议是 IP 协议,这个字段应该填写 0x0800。

数据字段(data):这是一帧数据的数据区。数据区最小 46 个字节,最大 1 500 个字节。规定一帧数据的最小字节数是为了定时的需要,如果不够这个字节数的数据,则需要填充。

帧校验字段(FCS):FCS 字段包含一个 4 字节的 CRC 校验值。这个值由发送主机计算并放入 CRC 字段,然后由接收主机重新计算。接收主机将重新计算的结果与 FCS 中发送主机存放的 CRC 结果相比较,如果不相等,则表明此帧数据已经在传输过程中损坏。

在 IEEE 802.3 之前,另外有一个以太网的标准叫 Ethernet,老的网络工程师都熟悉 Ethernet。Ethernet 帧格式与 IEEE 802.3 帧格式的主要区别就在于长度/类型字段。 Ethernet 帧格式里用这个字段表示上层协议的类型,而 IEEE 802.3 则用它来表示长度。后来 IEEE 802.3 逐渐成为以太网的主流标准,IEEE 为了兼容 Ethernet,便同时用这个字段表示长度和类型。区分是长度还是类型,用 0x0600 这个值来判定。

必须注意的是数据字段中的内容并不全是数据,还包含 IEEE 802.2 报头、IP 报头和 TCP 报头。一帧中实际传送的数据如此小,ATM 技术一帧(改称为一个信元)只有 53 个字节,除去 5 个字节的报头,一个信元中只含有 48 个字节的数据。

3) 以太网交换机

交换机用以替代集线器将 PC、服务器和外设连接成一个网络。图 2-37 所示为以太网交换机实物。

因为集线器是一个总线共享型的网络设备,在集线器连接组成的网段中,当两台计算机通信时,其他计算机的通信就必须等待,这样的通信效率是很低的。而交换机区别于集线器的是能够同时提供点对点的多个链路,从而大大提高了网络的带宽。

交换机的核心是交换表。交换表是一个交换机端口与 MAC 地址的映射表。

一帧数据到达交换机后,交换机从其帧报头中取出目标 MAC 地址,通过查表,得知应该向哪个端口转发,进而将数据帧从正确的端口转发出去。如图 2-38 所示,当左上方的计算机希望与右下方的计算机通信时,左上方主机将数据帧发给交换机。交换机从 e0 端口收到数据帧后,从其帧报头中取出目标 MAC 地址 0260.8c01.4444。通过查交换表,得知应该向 e3 端口转发,进而将数据帧从 e3 端口转发出去。

图 2-37　以太网交换机实物

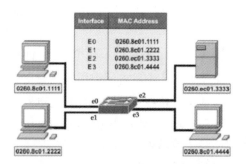

图 2-38　以太网交换机中的交换表

我们可以看到,在 e0、e3 端口进行通信的同时,交换机的其他端口仍然可以通信。例如 e1、e2 之间仍然可以同时通信。

如果交换机在自己的交换表中查不到该向哪个端口转发,则向所有端口转发。当然,广播数据报(目标 MAC 地址为 ff-ff-ff-ff-ff-ff 的数据帧)到达交换机后,交换机将广播报文向所有端口转发。因此,交换机有两种数据帧将会向所有端口转发:广播帧和用交换表无法确认转发端口的数据帧。

交换机的核心是交换表。那么交换表是如何得到的呢?

交换表是通过自学习得到的。我们来看看交换机是如何学习生成交换表的。

交换表放置在交换机的内存中。交换机刚上电的时候,交换表是空的。当 0260.8c01.1111 主机向 0260.ec01.2222 主机发送报文的时候,交换机无法通过交换表得知应该向哪个端口转发报文。于是,交换机将向所有端口转发。

虽然交换机不知道目标主机 0260.ec01.2222 在自己的哪个端口,但是它知道报文是来自 e0 端口。因此,转发报文后,交换机便把帧报头中的源 MAC 地址 0260.8c01.1111 加入其交换表 e0 端口行中。交换机对其他端口的主机也是这样辨识其 MAC 地址的。经过一段时间后,交换机通过自学习,得到完整的交换表。

可以看到,交换机的各个端口是没有自己的 MAC 地址的。交换机各个端口的 MAC 地址是它所连接的 PC 机的 MAC 地址。

如图 2-39 所示,当交换机级联的时候,连接到其他交换机的主机的 MAC 地址都会捆绑到本交换机的级联端口。这时,交换机的一个端口会捆绑多个 MAC 地址。

为了避免交换表中的垃圾地址,交换机对交换表有遗忘功能。即交换机每隔一段时间,就会清除自己的交换表,重新学习、建立新的交换表。这样做付出的代价是重新学习花费的

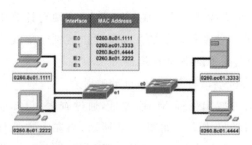

图 2-39　交换机的一个端口可以捆绑多个 MAC 地址

时间和对带宽的浪费。但这是迫不得已而必须做的。智能化交换机,可以选择遗忘那些长时间没有通信流量的 MAC 地址,进而改进交换机的性能。

如果用以太网交换机连接一个简单的网络,一台新的交换机不需要任何配置,将各个主机连接到交换机上就可以工作了。这时,使用交换机与使用集线器联网同样简单。

4）以太网交换机的类型

以太网交换机主要采用以下两种交换方式：直通式（cut through）和存储转发式（store and forward）。

直通式：交换控制器收到以太端口的报文包时，读出帧报头中的目标 MAC 地址，查询交换表，将报文包转发到相应端口。

存储转发式：接收到的报文包首先接受 CRC 校验。然后根据帧报头中的目标 MAC 地址和交换表，确定转发的输出端口。然后把该报文包放到那个输出端口的高速缓冲存储器中排队、转发。

直通式交换机收到报文包后几乎只要接收到报头中的目标 MAC 地址就可以立即转发，不需要等待收到整个数据帧。而存储转发式需要收到整个报文包并完成 CRC 校验后才转发，所以存储转发式与直通式相比，缺点是延迟相对大一些。

但是，存储转发式不再转发损坏了的报文包，节省了网络带宽和其他网络设备的 CPU 时间。存储转发式的每个端口提供高速缓冲存储器，可靠性高，且适用于速度不同链路之间的报文包转发。另外，服务质量优先 QoS 技术也只能在存储转发式交换机中实现。

五、互联网接入方式

要接入 Internet，必须要向提供接入服务的 ISP 提出申请，也就是说要找一个信息高速公路的入口。一旦与 ISP 连通，要浏览什么网站、使用什么服务都由用户自己决定。

国内常见的有以下几种接入方式可选择。

① 电话拨号连接；② ADSL；③ Cable Modem；④ 宽带接入；⑤ 光纤接入；⑥ 无线接入。

具体的比较参见表 2-5，表中列出了常用的互联网接入方式、连接速度及相关服务费用高低的比较。网络用户可以自行根据上网需求选择上网方式。

表 2-5　互联网接入方式对比

上网接入方式	连接速度	接入服务价格
调制解调器	最高 56 Kb/s（最慢）	中
ISDN	64 Kb/s～128 Kb/s（较慢）	中
ADSL	数十万比特每秒至数兆比特每秒（快）	低
Cable Modem	数十万比特每秒至数兆比特每秒（快）	低
宽带接入	数兆比特每秒至上百兆比特每秒（快）	低
光纤接入	数十万比特每秒至上百兆比特每秒（快）	高

1. 普通 Modem 拨号上网

早期接入因特网，需要借助公共电话线路，上网时并不是直接拨号到因特网主机，而是先拨通 ISP 指定的电话，再由 ISP 处理这个拨号请求，并发往需访问的目的地。

Cable Modem，电缆调制解调器，又名线缆调制解调器，俗称有线猫，它是随着网络应用的扩大而发展起来的，主要用于进行数据传输。

接入方式：有线电视公司一般从 42 MHz～750 MHz 之间电视频道中分离出一

条 6 MHz 的信道用于下行传送数据。通常下行数据采用 64QAM（正交调幅）调制方式，最高速率可达 27 Mbps，如果采用 256QAM，最高速率可达 36 Mbps。上行数据一般通过 5～42 MHz 之间的一段频谱进行传送，为了有效抑制上行噪声积累，一般选用 QPSK 调制，比 64QAM 更适合噪声环境，但速率较低。上行速率最高可达 10 Mbps。

　　发展情况：Cable Modem 接入技术在全球尤其是北美的发展势头很猛，每年用户数以超过 100％的速度增长，在中国，已有广东、深圳、南京等省市开通了 Cable Modem 接入。在中国，广电部门在有线电视（CATV）网上开发的宽带接入技术已经成熟并进入市场。CATV 网的覆盖范围广，入网户数多（据统计，1999 年 1 月全国范围的用户已超过一亿）；网络频谱范围宽，起点高，大多数新建的 CATV 网都采用混合光纤同轴电缆网络（HFC 网），使用 550 MHz 以上频宽的邻频传输系统，极适合提供宽带功能业务。电缆调制解调器（Cable Modem）技术就是基于 CATV 网的网络接入技术。

　　Cable Modem 彻底解决了由于声音图像的传输而引起的阻塞，其速率已达 10 Mbps 以上，下行速率则更高。而传统的 Modem 虽然已经开发出了速率 56 Kbps 的产品，但其理论传输极限为 64 Kbps，再想提高已不大可能。

　　Cable Modem 也是组建城域网的关键设备，HFC 网主干线用光纤，光节点小区内用树枝形总线同轴电缆网连接用户，其传输频率可高达 550/750 MHz。在 HFC 网中传输数据就需要使用 Cable Modem。

　　我们常说的 Modem，其实是 Modulator（调制器）与 Demodulator（解调器）的简称，中文称为调制解调器。也有人根据 Modem 的谐音，亲昵地称之为"猫"。我们知道，计算机内的信息是由"0"和"1"组成数字信号，而在电话线上传递的却只能是模拟信号。于是，当两台计算机要通过电话线进行数据传输时，就需要一个设备负责数模的转换。这个数模转换器就是我们这里要讨论的 Modem。计算机在发送数据时，先由 Modem 把数字信号转换为相应的模拟信号，这个过程称为"调制"。经过调制的信号通过电话载波传送到另一台计算机之前，也要经由接收方的 Modem 负责把模拟信号还原为计算机能识别的数字信号，这个过程我们称为"解调"。正是通过这样一个"调制"与"解调"的数模转换过程，从而实现了两台计算机之间的远程通信。

　　Modem 的工作原理如下。

　　调制解调器由发送、接收、控制、接口、操纵面板及电源等部分组成。数据终端设备以二进制串行信号形式提供发送的数据，经接口转换为内部逻辑电平送入发送部分，经调制电路调制成线路要求的信号向线路发送。接收部分接收来自线路的信号，经滤波、反调制、电平转换后还原成数字信号送入数字终端设备。

　　电话线可以使通信的双方在相距几千千米的地方相互通话，是由于每隔一定距离都设有中继放大设备，保证话音清晰。在这些设备上若再配置 Modem，则能通电话的地方就可传输数据。一般电话线路的话音带宽在 300～3 400 Hz 范围，用它传送数字信号，其信号频率也必须在该范围。Modem 通常有三种工作方式：挂机方式、通话方式、联机方式。电话线未接通是挂机方式；双方通过电话进行通话是通话方式；Modem 已连，进行数据传输是联机方式。

　　数模转换的调制方法也有三种。（1）频移键控（FSK）。用特殊的音频范围来区别发送数据和接收数据。如调频 ModemBell-103 型发送和接收数据的二进制逻辑被指定的专用频率是：发送，信号逻辑 0、频率 1 070 Hz，信号逻辑 1、频率 1 270 Hz；接收，信号逻辑 0、频率 2 025 Hz，信号逻辑 1、频率 2 225 Hz。（2）相移键控（PSK），高速的 Modem 常用四相制，八相制，而四相制是用四个不同的相位表示 00、01、10、11 四个二进制数，如调相 ModemBell-212A 型。该技术可以使 300 bps 的 Modem 传送 600 bps 的信息，因此在不提高线路调制速率仅提高信号传输速率时很有意义，但控制复杂，成本较高，八相制更复杂。（3）相位幅度调制（PAM），为了尽量提高传输速率，不提高调制速率，采用相位调制和幅度调制结合的方法。它可用 16 个不同的相位和幅度电平，使 1 200 bps 的 Modem 传送 19 200 bps 的数据信号。该种 Modem 一般用于高速同步通信中。

调制解调器通电后，通常先进入挂机方式，通过电话拨号拨通线路后进入通话方式，最后通过 Modem 的"握手"过程进入联机方式。正常使用时，由使用者通过控制电话机或 Modem 前面板的按键、内部开关实现三种方式间的转换。

调制解调器与计算机连接是数据电路设备 DCE 与数据终端设备 DTE 之间的接口问题。DCE 与 DTE 之间的接口是计算机网络使用上的一个重要问题。任何一个通信站总要包括 DCE 与 DTE，因此确定一个统一的标准接口，特别是对公用数据网有重要的意义。数据终端设备 DTE 是产生数字信号的数据源或接收数字信号的数据库，或者是两者的结合，像计算机终端、打印机、传真机等就是 DTE。将数据终端设备 DTE 与模拟信道连接起来的设备就叫数据电路设备 DCE，像 Modem 就是 DCE。DTE 与 DCE 之间的连接标准有 CCITTV.10/X.26，与 EIARS-423-A 兼容，是一种半平衡电气特性接口。普通的 Modem 通常都是通过 RS-232C 串行口信号线与计算机连接。典型的 Modem 上网的网络结构如图 2-40 所示。

优点：接入简单，便宜。

缺点：数据传输速率较低，接入稳定性较差。

2. ADSL 拨号接入上网

ADSL 即非对称数字信号传送，它能够在现有的铜双绞线，即普通电话线上提供高达 8 Mbit/s 的高速下行速率，由于 ADSL 对距离和通信介质的质量十分敏感，随着距离的增加和通信线路质量的恶化，其传输速率会受到这些影响的程度远高于 ISDN 的传输速率；而上行速率有 1 Mbit/s，传输距离达 3～5 km。其典型的 ADSL 拨号上网的网络图如图 2-41 所示。

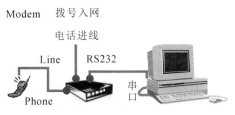

图 2-40 拨号上网示意图

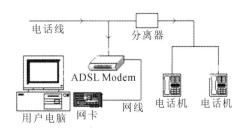

图 2-41 ADSL 拨号上网示意图

ADSL 技术的主要特点是可以充分利用现有的铜缆网络（电话线网络），在线路两端加装 ADSL 设备即可为用户提供高宽带服务。ADSL 的另外一个优点在于它可以与普通电话共存于一条电话线上，在一条普通电话线上接听、拨打电话的同时进行 ADSL 传输而又互不影响。用户通过 ADSL 接入宽带多媒体信息网与因特网,同时可以收看影视节目,举行视频会议,还可以以很高的速率下载数据文件。安装 ADSL 也极其方便快捷。在现有的电话线上安装 ADSL,除了在用户端安装 ADSL 通信终端外,不用对现有线路做任何改动。使用 ADSL 技术,通过一条电话线,以比普通 Modem 快一百倍的速度浏览因特网,通过网络学习、娱乐、购物,享受到先进的数据服务如视频会议、视频点播、网上音乐、网上电视、网上 MTV 的乐趣,已经成为现实。

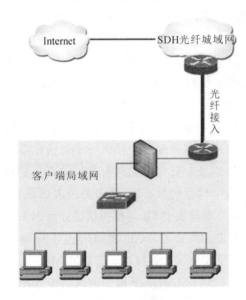

图 2-42　光纤上网示意图

3. 光纤接入

光纤接入指利用数字宽带技术,将光纤直接接入小区,用户再通过小区内的交换机,采用普通的双绞线实现连接的一种高速接入方式。其典型光纤上网示意图如图 2-42 所示。

优点:上网速度快。

缺点:共享宽带,会随上网人数增加速度下降。

光纤接入是指局域网中各端口与用户之间完全以光纤作为传输媒体。光纤接入可以分为有源光接入和无源光接入。光纤用户网的主要技术是光波传输技术。光纤传输的复用技术发展相当快,多数已处于实用化。复用技术用得较多的有时分复用(TDM)、波分复用(WDM)、频分复用(FDM)、码分复用(CDM)等。光纤通信不同于有线电通信,后者是利用金属媒体传输信号,光纤通信则是利用透明的光纤传输光波。虽然光和电都是电磁波,但范围相差很大。一般通信电缆最高使用频率为 9~24 MHz,光纤工作在 $10^{14} \sim 10^{15}$ Hz 之间。

光纤接入网是指以光纤为传输介质的网络环境。从技术上可分为两大类:有源光网络(AON,active optical network)和无源光网络(PON,passive optical network)。有源光网络又可分为基于 SDH 的 AON 和基于 PDH 的 AON;无源光网络可分为窄带 PON 和宽带 PON。

由于光纤接入网使用的传输媒介是光纤,因此根据深入用户群的程度,可将其分为 FTTC(光纤到路边)、FTTZ(光纤到小区)、FTTB(光纤到大楼)、FTTO(光纤到办公室)和 FTTH(光纤到户),它们统称为 FTTx。FTTx 不是具体的接入技术,而是光纤在接入网中的推进程度或使用策略。

接入环路的三种系统结构分别为 FTTN、FTTC 和 FTTH。

在网络发展过程中,每种结构都有其应用和优势,而且在它们演进的过程中,每种结构都是关键的一环。FTTN 给人们带来的好处是它将光纤进一步推向用户。它建立起一个连接互联网的平台,能提供话音、高速数据和视频业务给众多的家庭而不需要完全重建接入环路和分配网络。根据需求,可以在光纤节点处增加一个插件,即可提供所需业务。在因业务驱动或网络重建使光纤节点移到路边(FTTC)或家庭(FTTH)之前,FTTN 将叠加于并利用现有的铜线分配网络。

这种网络结构的基本要求是为了提供宽带或视频业务,节点与住宅的距离应当在 1 200 米到 1 500 米的范围内。而当今的一般的服务距离可达 3 600 米以上。因此,每个服务区需要安装 3 到 5 个 FTTN。

FTTC 或 FATH(光纤几乎到家)比 FTTN 多几个优点。当采用 FTTC 重建现有网络时,可消除由电缆传输可能带来的误差。它使光纤更深入到用户中,这可减少潜在的问题的发生和由于现场操作引起的性能恶化。FTTC 是健壮和可部署的网络,是可演进到 FTTH 的网络。它同样是新建区和重建区比较经济的建设方案。

这种结构的一个缺点是需要提供铜线设备的供电系统。一个位于局端的远程供电系统能给 50 到 100 个路边光网络单元供电,每个路边采用单独的供电单元代价非常高,而且在较长时间停电时不能满足长期业务要求。

作为提供光纤到家的最终形式,FTTH 去掉了整个铜线设施:馈线、配线和引入线。对所有的宽带应用而言,这种结构是健壮和长久的未来解决方案。它还去掉了铜线所需要的所有维护工作并大大延长了网络寿命。

网络的连接末端是用户住宅设备。在用户家里,需要一个网络终端设备将带宽和数据流转换成可接收的视频信号数据业务及语音业务。

住宅网关(RG)设备是家庭内所有业务的接入平台。RG 设备是所有结构(包括 FTTN、FTTC 和 FTTH)的接口,因此它能适应各种配置的平滑过渡。

1)接入步骤

客户端的网卡或普通的路由器,与客户端光电转换器相连;

Modem 通过光纤直接与离客户端最近的城域网节点的 Modem 相连;

最后通过 ISP 公司的骨干网出口接入到 Internet。

2)适用范围

不同的光纤接入技术有不同的适用场合。

有源光接入技术适用带宽需求大、对通信保密性要求高的企事业单位的接入。它也可以用在接入网的馈线段和配线段,并与基于无线或铜线传输的其他接入技术混合使用。

ATM-PON 既可以用来解决企事业用户的接入,也可以解决住宅用户的接入。有的运营商利用“ATM-PON＋xDSL”混合接入方案,解决住宅用户或企事业用户的宽带接入。

窄带 PON 主要面向住宅用户,也可用来解决中小型企事业用户的接入。

另外,PON 的服务范围不超过 20 千米,但通过“有源光网络＋无源光网络”的混合组网方案,可弥补该不足。

3)接入方式

光纤接入能够确保向用户提供 10 Mbps、100 Mbps、1 000 Mbps 的高速带宽,可直接汇接到 ChinaNet 骨干节点。主要适用于商业集团用户和智能化小区局域网的高速接入与 Internet 高速互联。目前可向用户提供六种具体接入方式。图 2-43 所示为光纤以太网入网示意图。

(1)光纤＋以太网接入。

适用对象:已做好或便于综合布线及系统集成的小区住宅与商务楼宇等。

所需的主要网络产品:交换机、集线器、超五类线等。

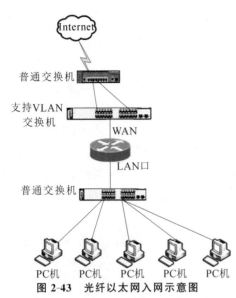

图 2-43　光纤以太网入网示意图

（2）光纤＋HomePNA。

适用对象：未做好或不便于综合布线及系统集成的小区住宅与酒店楼宇等。

所需的主要产品：HomePNA 专用交换机（Hub）、HomePNA 专用终端产品（Modem）等。

（3）光纤 ＋VDSL。

适用对象：未做好或不便于综合布线及系统集成的小区住宅与酒店楼宇等。

所需的主要产品：VDSL 专用产品。

（4）光纤＋五类网线接入（FTTx＋ LAN）。

以"千兆到小区、百兆到大楼、十兆到用户"为实现基础的"光纤＋五类网线"接入方式尤其适合我国国情。它主要适用于用户相对集中的住宅小区、企事业单位和大专院校。FTTx 是光纤传输到路边、小区、大楼，LAN 为局域网。主要对住宅小区、高级写字楼及大专院校教师和学生宿舍等有上网需求的用户进行综合布线，个人用户或企业单位就可通过连接到用户计算机内以太网卡的五类网线实现高速上网和高速互联。

（5）光纤直接接入。

光纤直接接入是为有独享光纤高速上网需求的大型企事业单位或集团用户提供的，传输带宽 2 M 起，根据用户需求可以达到 100 M 或更大的带宽。

业务特点：可根据用户群体对不同速率的需求，实现高速上网或企业局域网间的高速互联。同时由于光纤接入方式的上传和下载都有很高的带宽，尤其适合开展远程教学、远程医疗、视频会议等对外信息发布量较大的网上应用。

适合的用户群体：居住在已经或便于进行综合布线的住宅、小区和写字楼的较集中的用户；有独享光纤需求的大型企事业单位或集团用户。

（6）以太网接入。

服务提供商曾极力推销高密度光纤骨干网，企业用户也在期待这类高速服务的提交。当时尽管保证提供海量可用的高密度网已经建成，但对网络服务的需求却被封闭在基于时分复用（TDM）的本地环路接入技术的框架之内。对带宽需求不断变化的企业用户由于为增加一条线路需要等待数周或因升级线路而等上几个月而感到不满。

一种网络解决方案是部署含光纤的宽带网络，能够利用软件来取代过于僵化的基础设施的硬连线网络，从而配置多种服务，并且每种服务可以具有不同的服务水平以及软件命令远程调节来保证其上网的速度。这类以满足对多种服务额外带宽需要为目标的可调服务，只需几天而不是数周的时间，并且不需高昂的工程费用或现场升级就可以完成配置，在需要时可以立即精确地提供所需带宽容量。

以太网可以实现这一目标。以太网非常适于从光纤网络提交软件可调节的带宽，它具有普遍的可用性并且价格低廉，可以很容易达到 1 Gbps 的速度，并且不久可以达到 10 Gbps 的速度。如果目前连接到家门口的光纤支持以太网技术的话，一条连接线路可以达到从每秒 64 K 到数千兆位的任何速度，并可以用于访问所有的服务。这些服务都基于光纤的配套设备,其中光纤的接头和光纤成品线如图 2-44 和图 2-45 所示。

如此灵活的服务代表着 DSL 和基于有线电缆宽带服务之后的下一个高速技术,它们将使企业用户最终可以利用以光纤为核心的传输基础设施来部署网络。

提交基于以太网的服务所需的条件是智能的光纤接入平台,这种平台使服务提供商可以从传统的基于 TDM 的服务迁移到优化的数据包服务,并使用户可以在提供带宽保证的多服务光纤连接上传送如 IP 语音这类多服务、广域传输流。

图 2-44　光纤接头

图 2-45　光纤成品线

为实现高速的以太网的运行,我们必须选用基于光纤为主要传输介质的网络。因此,在实际的网络传输过程中光纤跳线是使用频率非常高的一种连接线。下面,就这种高速以太网的几项主要内容进行说明。

(1)光纤跳线。

光纤的接入是解决以太网接入的一个关键技术,通常使用光纤跳线来实现。光纤跳线是用来做从设备到光纤布线链路的跳接线。它有较厚的保护层,一般用在光端机和终端盒之间的连接。实际就是一段光纤的连接线。

① 容量大:光纤工作频率比电缆使用的工作频率高出 8～9 个数量级,故所开发的容量大。

② 衰减小:光纤每千米衰减比容量最大的同轴电缆每千米衰减要低一个数量级以上。

③ 体积小、重量轻,同时有利于施工和运输。

④ 防干扰性能好:光纤不受强电干扰、电气信号干扰和雷电干扰,抗电磁脉冲能力也很强,保密性好。

⑤ 节约:一般通信电缆要耗用大量的铜、铅或铝等。光纤本身是非金属,光纤通信的发展将为国家节约大量有色金属。

⑥ 扩容便捷:一条带宽为 2 Mb/s 的标准光纤专线很容易就可以升级到 4 Mb/s、10 Mb/s、20 Mb/s、100 Mb/s 的带宽,而且不需更换任何设备。

(2)有源光网络。

有源光网络具有以下技术特点。

① 传输容量大,目前用在接入网的 SDH 传输设备一般提供 155 Mb/s 或 622 Mb/s 的接口,有的甚至提供 2.5 Gb/s 的接口。将来只要有足够的业务量需求,传输带宽还可以增加,光纤的传输潜力相对接入网的需求而言几乎是无限的。

② 传输距离远,在不加中继设备的情况下,传输距离可达 70～80 km。

③ 用户信息隔离度好。有源光网络的拓扑结构无论是星形还是环形,从逻辑上看,用户信息的传输方式都是点到点方式。

④ 技术成熟,无论是 SDH 设备还是 PDH 设备,均已在以太网中大量使用。

由于 SDH/PDH 技术在骨干传输网中大量使用,有源光接入设备的成本已大大下降,但在接入网中与其他接入方式相比,成本还是比较高。

（3）接入方式。

随着 IP 业务的爆炸式增长和我国运营市场的日益开放,无论是传统运营商还是新兴运营商,为了在新的竞争环境中立于不败之地,都把建设面向 IP 业务的基础网作为他们的网络建设重点。

接入层技术方案以宽带接入网为主,便于为用户提供高质量的综合业务。但宽带接入网是一个对业务、技术、成本十分敏感的领域,而且投资比重大、建设周期长,需结合当地现有电信网络和国民经济发展的具体情况,总体布局网络结构、规模容量,充分考虑建设成本和网络的灵活性,制定出一套合理的宽带接入网规划方案尤为重要。

（4）分类与业务。

根据业务需求对象即用户类型的不同,将宽带用户类型大致分为以下七类:政府机关用户、金融证券用户、智能大厦用户、住宅小区用户、宾馆酒店用户、学校医院用户和企业科研用户。

① 政府机关用户。

政府机关是一个重要的市场领域,由于其地位特殊,对社会的影响力较大,他们对宽带接入的需求主要是来源于"政府上网工程"和办公的信息化、公开化。随着各行各业信息化进程的加快,城市范围内计算机网络互联业务需求变得更加迫切。

② 金融证券用户。

金融证券用户是电信运营商一大客户,主要开展数据通信、计算机联网等各类交互式多媒体业务,为金融、银行及证券公司等提供专网服务。

③ 智能大厦用户。

智能大厦、高层写字楼是商业客户等集团用户最密集的地方,这些集团用户一般都是电信运营商的大客户,集团用户对资费的敏感度低于家庭用户,用户的需求是要能提供综合、可靠、安全的网络业务。宽带高速互联接入、局域网互联及其他基于宽带接入网的业务如高速数据传输等都有广阔的市场前景,这些用户同样会有 IP 电话的需求。

④ 住宅小区用户。

随着人们对信息渴望程度的日益提高,建设宽带信息化小区已成为各电信运营商竞争的一大焦点。对于各电信运营商而言,这既是增值业务的发展点,也是一个介入电信业务新领域的切入点。图 2-46 所示为住宅小区中使用光纤入网的示意图。其小区的信息社区服务包括社区管理、事务处理等。

⑤ 宾馆酒店用户。

随着酒店管理系统的不断完善,酒店上网业务十分必要。酒店上网业务提高了宾馆酒店的知名度以及服务档次,在为顾客提供优质服务的同时,也增加了其自身的效益。客人可以在酒店进行工作和商务活动,也可以通过查询酒店情况,进行酒店的预定、结账等活动,极大地方便了顾客。

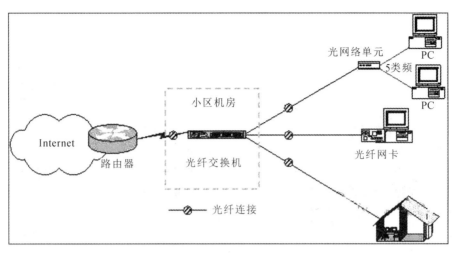

图 2-46　住宅小区光纤入网示意图

⑥ 学校医院用户。

学校医院对宽带接入的需求来源于电子化教学、远程教育、远程医疗和信息化社区等。

⑦ 企业科研用户。

企业上网主要是通过上网了解国内外经济形势,在网上捕捉商机,发掘新的市场空间,同时还可以在网上宣传企业。科研单位通过上网实现远程数据处理、监测控制及异地科研合作等业务。

4. 无线接入方式

采用无线应用协议(WAP),利用无线局域网(WLAN)接入因特网,用户的计算机需要安装无线网卡。

优点:组建容易,设置和维护都比较简单,使用比较灵活。

缺点:稳定性、安全性较差。

1) 技术介绍

无线接入技术(也称空中接口)是无线通信的关键问题之一。它是指通过无线介质将用户终端与网络节点连接起来,以实现用户与网络间的信息传递。典型商务无线网络的应用如图2-47 所示。无线信道传输的信号应遵循一定的协议,这些协议即构成无线接入技术的主要内容。无线接入技术与有线接入技术的一个重要区别在于它可以向用户提供移动接入业务。

无线接入系统可分以下 4 种技术类型。

(1) 模拟调频技术。

(2) 数字直接扩频技术。

(3) 数字无绳电话技术。

(4) 通信技术(利用模拟蜂窝移动通信技术)。

2) 组成部分

(1) 控制器。

控制器通过其提供的与交换机、基站和操作维护中心的接口与这些功能实体相连接。控制器的主要功能是处理用户的呼叫(包括呼叫建立、拆线等),对基站进行管理,通过基站进行控制,基站监测和对固定用户单元及移动终端进行监视和管理。

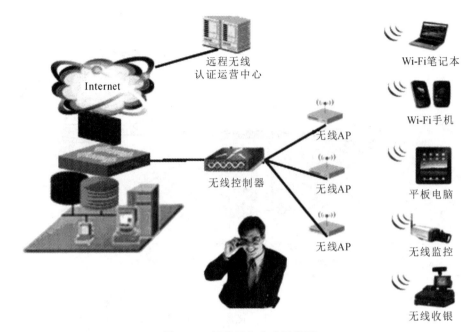

图 2-47　无线接入方式示意图

（2）操作维护中心。

操作维护中心负责整个无线接入系统的操作和维护,其主要功能是对整个系统进行配置管理,对各个网络单元的软件及各种配置数据进行操作;在系统运转过程中对系统的各个部分进行监测和数据采集;对系统运行中出现的故障进行记录并告警。除此之外,还可以对系统的性能进行测试。

（3）基站。

基站通过无线收发信机提供与固定终端设备和移动终端之间的无线信道,并通过无线信道完成话音呼叫和数据的传递。控制器通过基站对无线信道进行管理。基站与固定终端设备和移动终端之间的无线接口可以使用不同技术,并决定整个系统的特点,包括所使用的无线频率及其一定的适用范围。

（4）固定终端设备。

固定终端设备为用户提供电话、传真、数据调制解调器等用户终端的标准接口——Z 接口。它与基站通过无线接口相接,并向终端用户透明地传送交换机所能提供的业务和功能。固定终端设备可以采用定向天线或无方向性天线,采用定向天线直接指向基站方向可以提高无线接口中信号的传输质量、增加基站的覆盖范围。根据所能连接的用户终端数量的多少,固定终端设备可分为单用户单元和多用户单元。单用户单元只能连接一个用户终端,适用于用户密度低、用户之间距离较远的情况;多用户单元则可以支持多个用户终端,一般较常见的有支持 4 个、8 个、16 个和 32 个用户的多用户单元,多用户单元在用户之间距离很近的情况下（比如一个楼上的用户）比较经济。

（5）移动终端。

移动终端从功能上可以看作是将固定终端设备和用户终端合并构成的一个物理实体。由于它具备一定的移动性,因此支持移动终端的无线接入系统除了应具备固定无线接入系统所具有的功能外,还要具备一定的移动性管理等蜂窝移动通信系统所具有的功能。如果在价格上有所突破,移动终端会更受用户及运营商的欢迎。

5. 流行家用网络接入设备

1）TP-LINK

TP-LINK 是网络领域全球领先品牌。具体 TP-LINK 的连接示意图和典型家用无线路由器的实物如图 2-48 和图 2-49 所示。TP-LINK 坚持自主研发、自主制造、自主营销,研发体系、制造体系、营销体系在业界均处于行业领先地位。整合全球优质资源,形成强大的合力,使 TP-LINK 在创新能力、研发技术和对产品的控制能力方面始终处于行业领先地位。开启 Bridge 功能:开启该项功能可使得多个无线路由器之间实现无线连接,从而达到扩大无线网络覆盖面积的目的。互联的两个无线设备(无线路由器或者 AP)之间是通过 MAC 地址进行识别的。换句话说,它们必须知道对方的 MAC 地址,否则无法进行互联。AP1～AP6 的 MAC 地址:输入本设备想要与之互联的目标设备(无线路由器或者 AP)的 MAC 地址。最多可输入 6 个 MAC 地址值,亦即 1 台无线设备同时最多可连接 6 台无线 AP 或者无线路由。

图 2-48　TP-LINK 连接示意图

图 2-49　家用 TP-LINK

TP-LINK 产品线覆盖网卡、调制解调器、集线器、交换机、路由器、XDSL 等全系列网络产品,并已陆续推出防火墙路由器、千兆网络产品、多功能宽带路由器、XDSL 及无线等中高端产品。TP-LINK 有效地利用广泛的产品、领先的技术和专业的服务,最大限度地满足用户需求,并致力于面向大众普及技术应用,培育国内市场网络化。多渠道的应用和开发使企业和客户的能力得到不断扩展和延伸。TP-LINK 为各行各业成功实施信息化网络计划提供所需的产品支持,同时由 TP-LINK 搭建的平台拉动着数据网络进入主流应用,进一步推动着整个网络建设向前发展。

2）小米盒子

小米盒子是一款由小米科技设计销售的高清互联网电视机顶盒。小米盒子的外观和接头示意图如图 2-50 和图 2-51 所示。用户可通过小米盒子在电视上免费观看网络电影、电视剧,同时能将小米手机、iPhone、iPad、电脑内的照片和视频通过 Wi-Fi 投射到电视上。

图 2-50　小米盒子外观示意图

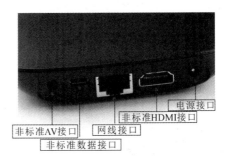

图 2-51　小米盒子接口展示图

2.3　小型网络的组建

◆　知识点 2.3.1　小型局域网的组建

一、交换机

1. 交换机的级联

在建设局域网中,有两种情况需要级联交换机。第一种情况是在一台交换机的端口数量不够时,需要使用更多的交换机来提供更多的交换端口。在这种情况下,为了使两台或更多台交换机能够通信,需要把它们级联起来。第二种情况是计算机节点不在一个工作区域,需要分布两个或更多的交换机来连接它们,然后再将这些交换机级联起来。

也就是说,通过使用更多的交换机,能够:

(1) 提供更多的交换机端口;

(2) 网络能够覆盖更大的区域。

有两种级联交换机的方法:

(1) 使用普通的交换端口;

(2) 使用专用的堆叠端口。

2. 交换机的干线级联技术

图 2-52 所示是使用普通的交换端口实现级联的例子。

在交换机级联中,级联的线路往往承担更大的数据流量,因此常称级联线路为干线 Trunk。通常可以使用更多的交换机端口来实现级联,以使干线具有更高的传输带宽。在图 2-52 中,使用 4 个普通的 100 Mbps 交换端口将两台交换机级联起来,在全双工的条件下,使干线得到 800 Mbps 的传输带宽。

但是,不能使用 4 根导线简单地将两台交换机连接起来就算完成了级联工作,还需要对两个交换机进行配置,指明这 4 个端口组成一个级联干线 Trunk。向交换机声明这 4 个端口构成一条干线,交换机就可以有效地在这 4 个端口上实现流量分配,使 4 个端口联合工作,确保提供最大的数据传输带宽。

图 2-53 所示是以图形方式配置交换机级联干线端口的例子。在例子中可以看出,这台交换机的端口 5、6、7 已经选择作为了同一个干线。

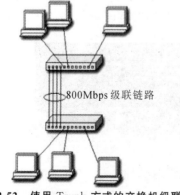

图 2-52　使用 Trunk 方式的交换机级联

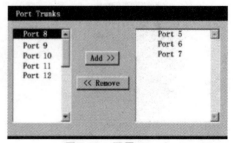

图 2-53　配置 Trunk

交换机的 Trunk 技术提供了一种端口聚合机制,它能将几个低速的连接组合在一起,形成一个高速的连接。

Trunk 技术还提供了级联的可靠性。在 Trunk 模式下,当 Trunk 的某条成员链路断开时,交换机自动将此链路上的数据分配到 Trunk 的其他链路上,当断开的链路重新连接上时将恢复原先的负载分配。

3. 交换机的堆叠技术

"堆叠"(super stack)是另外一种交换机级联的技术。使用堆叠技术,交换机之间可以获得几个 Gbps 的传输带宽。

在图 2-54 所示的例子中,3Com 公司的 SuperStack II Switch 1100 和 Switch 3300 交换机的背面都提供一个标准的堆叠端口,可以利用专用的 SuperStack II Switch Matrix Cable(矩阵电缆)把交换机堆叠成一体。这样,用户可以利用 1 根廉价的电

图 2-54　交换机的堆叠

缆,在交换机之间形成 1 条 1 Gbps 的链路,从而使端口密度加倍。

由于这种交换机只提供一个堆叠端口,可以简单实现两个交换机的级联。为了多台交换机级联,可以选购 SuperStack II Switch Matrix Module(矩阵模块),安装在交换机背面的扩展插槽中,再将多台交换机用 SuperStack II Switch Matrix Cable(矩阵电缆)堆叠成一体。3Com 公司的矩阵模块提供 4 个堆叠端口,因此最多可堆叠 4 个设备。

这样,SuperStack II Switch Matrix Module 在各交换机之间提供 4×1 Gbps 的链路,从而形成高密度的交换机,又不浪费快速以太网或千兆位以太网端口。

4. 两种级联技术的比较

使用堆叠技术,可以提供更高的级联带宽,并节省普通的交换机端口。但是堆叠电缆有长度限制,一般小于 1.5 米。所以,使用堆叠技术级联的交换机只能在一个机架上。堆叠技术只适用于增加交换机的端口数量。

使用干线 Trunk 技术来级联交换机,会占用连接主机的交换端口,但是可以有 100 米的传输距离。使用光纤(如果不是光纤端口,可以加配光电转换器设备),可以获得更远的传输距离。另外,当使用多条线路组成干线 Trunk 时,一条线路的故障不会使干线瘫痪,因此干线 Trunk 技术具有更高的级联可靠性。

5. 构建带冗余链路的交换机网络

在建设局域网的过程中,级联交换机时考虑搭建带冗余链路的交换机网络是一个很重要的技术。冗余链路可以使网络有更高的可靠性。

在图 2-55 所示的 3 个交换机的级联形式下,任意一条级联干线故障,都不会使 3 个网段之间的通信中断。原因是这 3 个交换机的级联使用了带冗余的链路。所谓冗余,意思是指多余、重复。但是,冗余的链路增强了网络的可靠性。因此,对于可靠性要求很高的网络设计,通常都会采用带冗余链路的交换机网络。

要构建一个带冗余链路的交换机网络,就需要解决报文循环问题。假设网段 1 中某台主机发送一个广播报文,交换机会向它的所有端口转发广播报。因此交换机 B 会将广播报

沿干线转发给交换机 C。同理,交换机 C 因为向所有端口转发,会将这个广播报文转发给交换机 A。交换机 A 又将会把报文转发给交换机 B……如此下去,广播报就会无休止地沿这个闭环循环下去。当更多的广播报文进入网段后,所有广播报文都将在交换机的干线上循环。最后广播风暴将淹没整个带宽,阻塞交换机的端口,使网络崩溃。

为了解决这个问题,交换机使用 Spanning-Tree 协议。支持 Spanning-Tree 协议的交换机中都驻留一个 Spanning-Tree 协议程序,该程序会在交换机工作前测试出冗余的干线,并切断冗余链路。当网络中因为某条线路故障、交换机端口故障而出现链路失效时,Spanning-Tree 协议程序会立即启动备份线路,进而保障了交换机之间的级联。

6. Spanning-Tree 协议

Spanning-Tree 协议也称为 IEEE 802.1D 协议。冗余链路使得网络中存在循环回路,导致广播报文和组播报文在网络中无限循环。Spanning-Tree 协议被设计来解决这样的问题。

在图 2-56 所示的例子中,4 个交换机都运行 Spanning-Tree 协议。系统启动后,Spanning-Tree 协议经过下列 3 个步骤,找到冗余端口,并将它们设置为 Block 状态,作为备份端口。

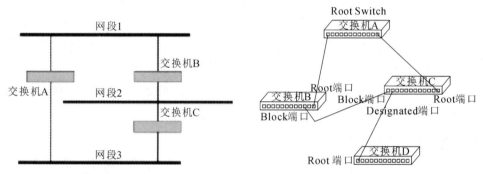

图 2-55　带冗余链路的交换机网络　　图 2-56　Spanning-Tree 协议的工作原理

第一步:4 个交换机要选举出一个根交换机 Root Switch。通过发 BPDU 广播,MAC 地址最大的交换机将被选为根交换机。

第二步:各个交换机为自己找到一个根端口 Root Port。根端口是能与根交换机连接,且距离最近的那个端口。

第三步:将自己的其他端口设置成指定端口 Designated Port 或阻塞端口 Block Port。指定端口是听不到根交换机 BPDU 广播的端口;阻塞端口是仍能听到根交换机 BPDU 广播的端口。完成上述步骤后,冗余线路正是各个交换机阻塞端口所连的线路,因此被阻断。于是,消除了网络中的循环回路。

上述操作依赖于交换机连续发出的 BPDU 广播包。在选举根交换机阶段,各个交换机将自己选举的根交换机代码(MAC 地址)放到 BPDU 广播包中,通知邻居。例如图 2-56 中的交换机 B,第一个 BPDU 包中选举自己为根交换机。同样,交换机 A 和 C 的第一个 BPDU 包都选举它们自己为根交换机。当交换机 B 通过交换机 A 发来的 BPDU 包中得知交换机 A 的 MAC 地址比自己的 MAC 地址大的时候,它就会放弃自己而改选择交换机 A 为根交换机。交换机 C 会发现交换机 A 和 B 都选举交换机 A 为根交换机,如果它的 MAC

地址确实小,它也会选举交换机 A 为根交换机。

在第二个阶段,各个交换机要为自己找到一个根端口。对于交换机 B,它可以从两个端口收听到根交换机的 BPDU,距离根交换机最近的那个端口将被设置为根端口。判断距离根交换机远近的方法,是依据 IEEE 802.1D 的规定:

(1) 10 Mbps 线路:距离=100;

(2) 100 Mbps 线路:距离=19;

(3) 1 Gbps 线路:距离=4;

(4) 10 Gbps 线路:距离=2。

假设图 2-56 所示各个交换机的级联线路都是 100 Mbps,则交换机 B 直接与根交换机的连接距离是 19,通过交换机 C 与根交换机连接的距离是 19+19=38。因此,交换机 B 选择直接与根交换机连接的端口为根端口。

在第三个阶段,各个交换机要把自己剩余的级联端口设置成为指定端口或阻塞端口。那些仍能听到根交换机 BPDU 广播的端口,如果不是根端口,就必须阻塞。因为从这里产生的正是冗余线路。不是阻塞端口的端口,就是正常的级联端口,被设置为指定端口。

在图 2-57 中,交换机 B 从交换机 C 和 D 处都能收听到根交换机的 BPDU,为什么会把与交换机 C 级联的端口设置为阻塞状态,而把与交换机 D 级联的端口设置为指定端口呢?原因是交换机 D 面向自己的端口已经被指定为根端口。约定不能把别人的根端口设置为阻塞状态是合理的。

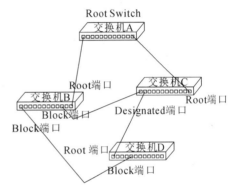

图 2-57 与别人根端口连接的
端口不能被设置为阻塞状态

在前面讨论选举根交换机的时候,我们提到 MAC 地址最大的交换机会被选举为根交换机。那么各个交换机的 MAC 地址是什么呢?原来,生产厂家都为交换机固化了一个 MAC 地址,这个地址与交换表中的那些 MAC 地址不同。交换表中的 MAC 地址是从主机那里学习得到的,表明主机接在某个端口上。而发往交换机固化的 MAC 地址的数据报,是发给交换机的数据(如网络管理员对交换机的远程设置信息等),而不是让交换机转发的报文。选举根交换机,使用的是交换机中固化的 MAC 地址。

一个支持 Spanning-Tree 协议(IEEE 802.1D)的交换机,完成上述选举和设置工作需要50 秒的时间。在交换机开机的前 50 秒里,是不为网络中的主机转发数据报的。在交换机正常工作后,交换机仍然持续发送 BPDU 数据报,以便能发现失效的链路。一旦交换机发现它的指定端口或根端口无法收听到邻居的 BPDU 广播报,就能判定该链路失效,进而迅速打开备份端口,重新选举根交换机和指定各个端口的类型。使用 Spanning-Tree 协议,需要因为 BPDU 广播而消耗一定的线路带宽。在没有冗余链路的网络中,应该关闭 Spanning-Tree 功能。交换机出厂的时候,默认 Spanning-Tree 功能关闭。

7. VLAN 的工作原理

在建设局域网中,要把局域网分割成若干个子网,以隔离广播和实现子网间访问的限制。如果不使用 VLAN 技术,就需要为每个子网单独配置交换机,然后通过路由器来连接子网。如图 2-58 所示,假设每个楼层为一个部门的子网。

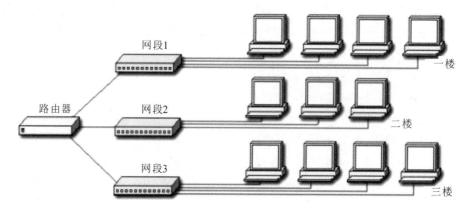

图 2-58   不使用 VLAN 的子网构造

图 2-58 所示的构造有两个缺点:第一,如果三楼的若干节点划归一楼的部门(如办公室划归给一楼的部门),为了把三楼划归到一楼的主机迁移到一楼的子网中去,就需要重新沿三楼管线、竖井为这些主机布线,以便连接到一楼子网的交换机上。这样工作量大,也耗费人力、物力。

表 2-6 所示为使用 MAC 地址来划分 VLAN 的分配方案。

表 2-6   使用 MAC 地址来划分 VLAN 的分配方案

端口号	MAC 地址	VLAN 号
1	00789A 3004D4	1
2	00709A 563490	1
3	B10000 79C534	2
4	00709A C5BF77	2
5	B10000 796723	1

第二,如果一楼的交换机端口数不够,就需要购买新的交换机(即使二楼的交换机有空余的端口也不能使用,因为它们不在一个子网上),这样就浪费了网络的投资。

综上所述,不使用 VLAN 交换机的子网划分,子网的物理位置变化非常困难,尤其在建网初期无法准确确定子网划分的时候,这个问题更加突出。同时,交换机的端口不能充分利用,浪费网络投资。

VLAN 技术通过指定一台交换机上各个端口属于哪个子网的方法来分割网络。例如我们可以把一台 24 口交换机的 1~6 端口指定给部门 1 的子网,把 7~20 端口指定给部门 2 的子网,把 21~24 端口指定给部门 3 的子网。如图 2-59 所示。

要实现上述子网划分的指定,只需要在普通交换机的交换表上增加一列虚网号就可以实现:如图 2-60 所示带 VLAN 号的交换表为了实现子网划分的功能,简单修改普通交换机对广播报文的处理就可以完成。我们知道,普通交换机处理广播报文的方法是向所有端口转发。现在修改成:对收到的广播报文只向同 VLAN 号的端口转发。这样一来,第一,广播报被限定在本子网中;第二,由于 ARP 广播不能被其他 VLAN 中的主机听到,也就无法直

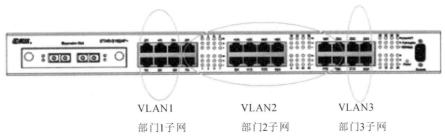

VLAN1　　　　　　VLAN2　　　　　　VLAN3
部门1子网　　　　　部门2子网　　　　　部门3子网

图 2-59　用 VLAN 划分子网

接访问其他子网的主机(尽管在同一台交换机上)。因此,这样的改进完全实现了子网划分所要求的功能。

　　由此可见,在交换机上通过简单设置,就能分割出子网。通过 VLAN 设置分割出的子网,与分别使用几个交换机来物理分割出的子网,同样能实现:子网之间的广播隔离,子网之间主机相互通信需要路由器来转发 IEEE 802.1q 协议一个数据报进入交换机后,交换机根据它是从哪个端口进入的,查交换表就可以得知它属于哪个 VLAN。

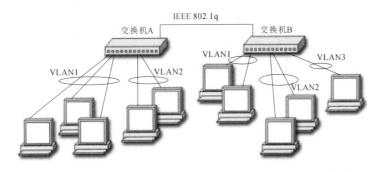

图 2-60　交换机级联时通过 IEEE 802.1q 判断数据报属于哪个虚网

　　使用 VLAN 划分子网后的交换机级联时,级联导线上既传送 VLAN1,也传送 VLAN2 和 VLAN3 中的数据报。两个交换机的级联端口需要配置成属于所有 VLAN。问题是,图 2-60 所示的交换机 A 如果从级联端口收到一个交换机 B 的数据报后,它怎么知道这个数据报属于哪个 VLAN 呢?

　　IEEE 802.1q 协议规定:当交换机需要将一个数据报发往另外一个交换机时,需要在这个数据报上做一个帧标记,把 VLAN 号同时发往对方交换机。对方交换机收到这个数据报时,根据帧标记中的 VLAN 号,确定该数据报属于第几号虚拟子网。IEEE 802.1q 协议规定帧标记插入到以太网帧报头中源 MAC 地址和上层协议两个字段之间,如图 2-61 所示。

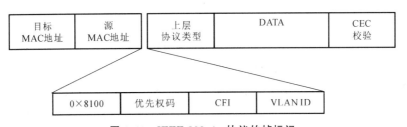

图 2-61　IEEE 802.1q 协议的帧标记

　　IEEE 802.1q 的帧标记用于把报文送往其他交换机时,通知对方交换机,发送该报文主机所属的 VLAN。对方交换机据此,将新的 MAC 地址连同其 VLAN 号一起收录到自己交换表的级联端口中。

　　帧标记由源交换机从级联端口发送出去前嵌入帧报头中,再由接收方交换机从报头中卸下(卸掉帧标记是非常重要的。如果没有这个操作,带有帧标记的数据报送到接收主机或路由器中时,接收主机或路由器就不能按照 IEEE 802.3 协议正确解析帧报头中的各个字段)。

　　交换机的一个端口,如果对发出的数据报都插入帧标记,则称该端口工作在"Tag 方式"。交换机在刚出厂的时候,所有端口都默认为是"Untag 方式"。如果一个端口用于级联其他支持 VLAN 的交换机,则需要设置其为"Tag 方式"。否则,交换机就不能完成 IEEE 802.1q 的帧标记操作。

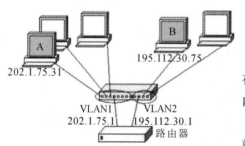

图 2-62 　VLAN 之间的通信需要使用路由器

8. 子网互联

1) 使用路由器连接 VLAN

　　将路由器接入交换机的主机之间,尽管它们在同一台交换机上,但是如果不在同一个 VLAN 内,仍然是无法通信的。

　　不同 VLAN 之间的主机之间需要通信的话,就要借助路由器来在 VLAN 之间转发数据报。如图 2-62 所示的连接中,为了使 VLAN1 的主机与 VLAN2 的主机之间实现通信,需要接入路由器。路由器的两个以太端口分别接入 VLAN1 和 VLAN2,在两个子网之间形成一个转发通路。

　　参照图 2-62,使用路由器连接一个交换机中两个不同虚网的工作过程如下。当 VLAN1 中的主机 A 需要与 VLAN2 中的主机 B 通信时,因为交换机隔离了虚网之间的广播,主机 A 查询主机 B MAC 地址的 ARP 广播,主机 B 是无法收听到的。

　　路由器从 200.1.75.1 端口收听到这个 ARP 广播,就会用自己的 MAC 地址应答主机 A。

　　主机 A 把发给主机 B 的报文发给路由器。

　　路由器收到这个数据报,从 IP 报头得知目标主机是 195.112.30.75,所在网络是 195.112.30.0。

　　路由器在 VLAN2 上发 ARP 广播,寻找 195.112.30.75 主机,以获得它的 MAC 地址。

　　获得了主机 B 的 MAC 地址后,路由器就可以从其 195.112.30.1 端口把报文发给主机 B 了。更复杂的连接如图 2-63 所示。在 3 个级联的交换机上,路由器需要为每个 VLAN 提供 1 个端口,以确保为 3 个 VLAN 之间的通信提供数据转发服务。

　　另外,我们需要明确,交换机的级联端口需要配置为同时属于 VLAN1、VLAN2 和 VLAN3,才能同时为三个子网提供数据链路。级联端口配置了 IEEE 802.1q 协议,可以在向其他交换机转发数据报时,把该数据报所属的虚网号报告给下一个交换机。读者可以自己分析一个虚网中的主机向另外一个虚网的主机发送数据报的过程。

　　图 2-63 中的路由器为了互联 3 个 VLAN,需要使用 3 个以太网端口。同时,还需要占

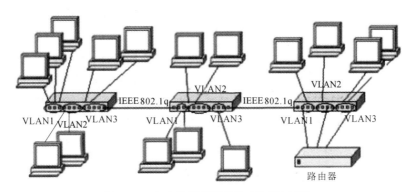

图 2-63　多交换机级联后的 VLAN 互联

用 3 个交换机的端口。图 2-64 中的路由器只需要使用 1 个端口,也能完成相同的任务。这时,交换机与路由器连接的端口,也应该属于所有子网,并配置 IEEE 802.1q 协议。

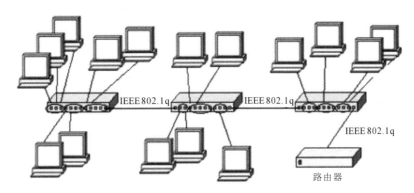

图 2-64　路由器只需要使用一个端口来连接多个虚网

2)三层路由交换机

因为路由器的工作原理复杂,所以其速度相对较低。

交换机只要查询数据帧中帧报头里的目标 MAC 地址,进行帧校验,就可以将数据从某端口转发出去了。而路由器则需要完成帧校验、拆卸帧报头、分析网络层报头中的目标 IP 地址、安装新帧报头等任务。

这样复杂的工作使路由器转发数据报所耗的延迟远高于交换机。

路由器是网络之间互联的必要设备,同时也是网络中最主要的、代价最高的瓶颈。

三层路由交换机是一种能同时完成交换和路由的设备。通过称为“一次路由,次次交换”的技术,三层路由交换机能够使网间的数据转发也用交换技术来实现,进而消除路由转发技术带来的延迟。

图 2-65 介绍了三层路由交换机的工作原理。

当主机 A 需要与主机 B 通信的时候,主机 A 首先要判断目标主机 B 的 IP 地址。如果目标主机 B 与自己在同一个网段内,则发 ARP 请求,获得目标主机的 MAC 地址。一旦发现目标主机 B 与自己不在一个网段上,则向“默认网关”(路由器)发送 ARP 请求,索取默认网关的 MAC 地址。

在图 2-65 中,主机 A 的默认网关是三层路由交换机。三层路由交换机如果发现主机 B 所在的网段也与自己相连,就不会像普通路由器那样,将自己的 MAC 地址发还给主机 A,

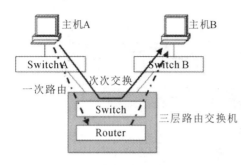

图 2-65　三层路由交换机的工作原理

而是向网络 B 发 ARP 请求广播,查询主机 B 的 MAC 地址,并拿主机 B 的 MAC 地址应答主机 A(而不是拿自己的 MAC 地址应答)。主机 A 拿主机 B 的 MAC 地址封装好数据帧后,再将报文发向三层路由交换机时,三层路由交换机在其交换表中就能找到目标主机 B 的输出端口,并将数据报转发给主机 B。其后,主机 A 与主机 B 之间的通信就直接使用三层路由交换机的第二层交换功能,不再需要第三层的路由功能了。

可见,三层路由交换机在网段间转发数据报时,只有第一次的时候需要使用第三层的路由功能。其后,第三层交换是一个模型,它将第二层交换机和第三层路由器两者的优势结合成一个灵活的解决方案,可在各个层次提供线速性能。该解决方案的核心是"一次路由,次次交换"的技术。

二、配置交换机

1. Packet Tracer

Packet Tracer 是由 Cisco 公司发布的一个辅助学习工具,为学习思科网络课程的初学者去设计、配置、排除网络故障提供了网络模拟环境。用户可以在软件的图形用户界面上直接使用拖曳方法建立网络拓扑,并可根据提供的数据包在网络中行进的详细处理过程,观察网络实时运行情况。Packet Tracer 5.7 的主界面如图 2-66 所示。用户可以学习 IOS 的配置,锻炼故障排查能力。软件还附带 4 个学期的多个已经建立好的演示环境、任务挑战,支持 VPN、AAA 认证等高级配置。

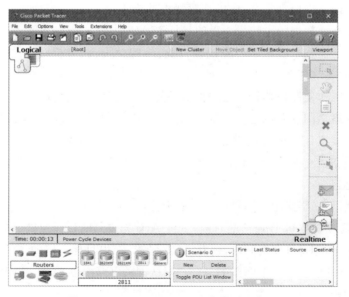

图 2-66　Packet Tracer 5.7 主界面示意图

2.交换机配置实践

 技能实训3 交换机基本配置

1.任务目的

(1)掌握交换机基本配置的步骤和方法。

(2)掌握查看和测试交换机基本配置的步骤和方法。

2.任务要点

配置交换机的基本参数,检查交换机的基本参数配置。

3.任务设备

交换机 Cisco Catalyst 2950-24 一台,带有网卡的工作站 PC 一台,控制台电缆一条,双绞线一条。

4.任务拓扑

本次实验的任务拓扑图如图 2-67 所示。

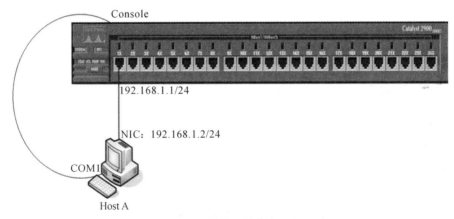

图 2-67 交换机的基本配置

5.任务步骤

(1)按图 2-67 所示连接交换机和工作站 PC。

(2)配置交换机主机名(Switch A)、加密使能密码(S1)、虚拟终端口令(S2)及超时时间(5 分钟)、禁止名称解析服务。

```
Switch> enable                     // Switch> 为用户模式
Switch # conf t                    // Switch # 为特权模式,conf t 是
                                       configure terminal
Switch(config)# hostnameSwitchA    //Switch(config)# 为全局配置模式、Switch
                                       (config-if)# 为接口配置模式
SwitchA(config)# enablepasswords1  //设置加密使能密码(S1)
SwitchA(config)# line vty 0 4
```

```
SwitchA(config-line)# passwords2//虚拟终端口令(S2)
SwitchA(config-line)# login
SwitchA(config-line)# linecon0
SwitchA(config-line)# exec-time 5 0//超时时间(5分钟)
SwitchA(config-line)# no ip domain-lookup //禁止名称解析服务
```

(3) 配置交换机管理 IP 地址(192.168.1.1)、子网掩码(255.255.255.0)、默认网关(192.168.1.254)。

```
SwitchA(config)# int vlan1//定义 VLAN1
SwitchA(config-if)# ip add 192.168.1.1 255.255.255.0
//IP 地址(192.168.1.1)、子网掩码(255.255.255.0)
SwitchA(config-if)# no shutdown //继续
SwitchA(config-if)# exit
SwitchA(config)# ip default-gateway 192.168.1.254//默认网关(192.168.1.254)
```

(4) 通过 Telnet 方式登录到交换机。

在 Host A 上的命令提示符下输入"C:\>telnet 192.168.1.1"。

(5) 检查交换机运行配置文件内容。

```
SwitchA# show running-config
```

(6) 检查交换机启动配置文件内容。

```
SwitchA# show startup-config
```

(7) 检查 VLAN1 的参数及配置。

```
SwitchA# show vlan
```

(8) 检查端口 fastEthernet f0/1 的状态及参数。

查看端口 f0/1 的状态:

```
SwitchA# Show interface fastethernet f0/1 status
```

> **注意:**
> interface fastEthernet f0/1 表示快速以太网接口,速度是 100 Mbps。
> interface Ethernet 表示以太网接口,速度则是 10 Mbps。

6. 思考

(1) 交换机基本配置与路由器基本配置有什么异同? 哪些命令相同,哪些命令不同?

(2) 一般来说,对于同网段的交换机管理时,对交换机配置一个管理性 IP 地址就可以了,当要从一个交换机跨网段管理另一个交换机时,需要给交换机配置默认网管。

 技能实训4 交换机VLAN配置

1. 任务目的

掌握交换机上创建 VLAN、分配静态 VLAN 成员的方法。

2. 任务要点

(1) 配置两个 VLAN:VLAN 2 和 VLAN 3,并为其分配静态成员。

（2）测试 VLAN 分配结果。

3. 任务设备

Cisco 交换机 Catalyst 2950 一台，工作站 PC 三台（至少两台），控制台电缆一条。

4. 任务拓扑

本次实验的任务拓扑图如图 2-68 所示。

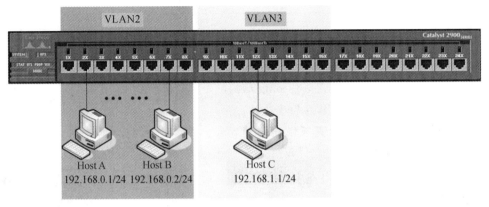

图 2-68　交换机 VLAN 配置拓扑图

5. 任务步骤

（1）按图 2-68 所示连接工作站和交换机，并查看交换机上的 VLAN 信息。

```
Switch# show vlan
```

（2）在交换机上创建两个 VLAN：VLAN 2 和 VLAN 3。

```
定义 VLAN：
Switch# conf t
Switch(config)# vlan2
Switch(config)# vlan3
定义端口：
Switch# conf t                                   //进入全局配置模式
Switch(config)# interface f0/1                   //定义 f0/1 端口
Switch(config-if)# switchport access vlan 2      //将 f0/1 放到 vlan2 中
Switch(config-if)# exit
Switch(config)# exit
```

（3）将交换机上的端口 1～8 分配成 VLAN 2 的成员，将交换机上的端口 9～16 分配成 VLAN 3 的成员。

```
端口段的定义：
Switch(config)# int range f0/1-8
Switch(config-if-range)# switchport access vlan2
Switch(config)# int range f0/9-16
Switch(config-if-range)# switchport access vlan3
```

（4）将工作站 Host A、Host B 接入交换机上的端口 1～8 中的某两个端口，将工作站 Host C 接入交换机上的端口 9～16 中的某个端口。

（5）检查交换机上的 VLAN 相关信息，看其是否与设想的一致。

```
Switch# show vlan
```

（6）按表 2-7 所示配置各工作站 IP 地址、子网掩码信息。

表 2-7　各工作站网络信息表

	Host A	Host B	Host C
所属 VLAN	VLAN 2	VLAN 3	VLAN 3
IP 地址	192.168.0.1	192.168.0.2	192.168.1.1
子网掩码	255.255.255.0	255.255.255.0	255.255.255.0

（7）测试同一 VLAN 内工作站的连通性。

在 Host B 上 ping Host C 是否能 ping 通？

（8）测试不同 VLAN 间工作站的连通性。

在 Host A 上 ping Host B 是否能 ping 通？

（9）将 Host B 的 IP 地址设为 192.168.1.3/24，即同一 VLAN 内的主机具有不同的网络号，测试其连通性。在 Host B 和 Host C 之间是否能 ping 通？

6. 思考

（1）一般情况下同一 VLAN 内的主机应设为相同的网络号，则同一 VLAN 内的主机能够通信，不同 VLAN 内的主机不能通信。

（2）VLAN1 不需要创建，默认情况下，交换机的所有端口都处于 VLAN1 中。

 技能实训5　VLAN主干道配置

1. 任务目的

掌握交换机上创建 Trunk 的方法，利用 Trunk 实现跨交换机 VLAN 内的通信。

2. 任务要点

（1）在两个交换机上分别创建两个 VLAN：VLAN 2 和 VLAN 3，并为其分配静态成员。

（2）创建两个交换机间的主干道，测试主干道的工作情况。

3. 任务设备

Cisco 交换机 Catalyst 2950 两台，工作站 PC 四台（至少两台），控制台电缆一条。

4. 任务拓扑

本次实验的任务拓扑图如图 2-69 所示。

5. 任务步骤

（1）按图 2-69 所示连接工作站和交换机。

（2）在交换机 Switch A 和 Switch B 上各自创建两个 VLAN：VLAN 2 和 VLAN 3。

（3）将各交换机上的端口 1～8 分配成 VLAN 2 的成员，将交换机上的端口 9～16 分配成 VLAN 3 的成员。

（4）将工作站 Host A 接入交换机 Switch A 上的端口 1～8 中的某个端口。

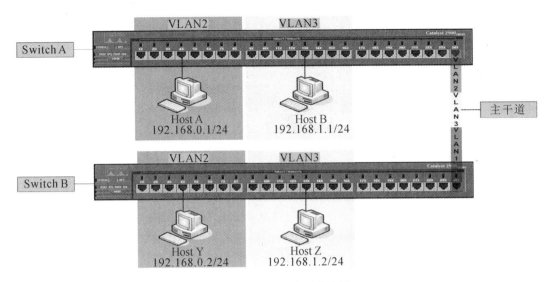

图 2-69　VLAN 主干道配置

（5）将工作站 Host Y 接入交换机 Switch B 上的端口 1～8 中的某个端口。

（6）将工作站 Host B 接入交换机 Switch A 上的端口 9～16 中的某个端口。

（7）将工作站 Host Z 接入交换机 Switch B 上的端口 9～16 中的某个端口。

（8）按图 2-69 所示配置各工作站 IP 地址、子网掩码信息。

（9）将交换机 Switch A 和 Switch B 的第 24 号端口设置成为主干道接口。

（10）测试同一 VLAN 内工作站的连通性。

（11）测试不同 VLAN 间工作站的连通性。

（12）检查交换机上的 VLAN 相关信息。

（13）若将 Host B 和 Host Z 改为 192.168.0.4 和 192.168.0.5 后，是否可以和 VLAN 2 中的主机 ping 通？

6. 思考

利用 Trunk 可以实现跨交换机同一 VLAN 内的通信吗？

三、组建小型局域网

本小节手把手教你如何组建小型局域网，让你熟练掌握组建小型局域网从头到尾的流程。随着公司或企业发展，一些单位的领导开始意识到内部构建局域网的现实必要性。但因为经费短缺等关键因素的制约，许多领导都要求本单位的电脑管理人员承担起构建局域网的工作任务。为此，本小节专门介绍自行构建局域网的详细方法和操作技巧，希望起到抛砖引玉的作用。

从构建网络的规模入手，我们可以把局域网分为以下不同的类型。

1. 办公网

小型办公局域网的主要作用是实施网络通信和共享网络资源，组成小型局域网以后，我们可以共享文件，共享打印机、扫描仪等办公设备，还可以用同一台 Modem 上网，共享 Internet 资源。

2. 小型局域网

小型局域网指占地空间小、规模小、建网经费少的计算机网络,常用于办公室、学校多媒体教室、游戏厅、网吧,甚至家庭中的两台电脑也可以组成小型局域网。

1)多媒体教室

众所周知,中、小学校的经费有限,又需要几十个学生同时上机,如果每台机器都节省下硬盘、光驱,就可以节约不少开支。使用无盘工作站是较好的方法,这种网络节约经费,便于管理和维护。

另外,还可以建 Intranet 类型的局域网,只通过一根电话线上网。平时,用离线浏览器将一些热门站点"克隆"下来,存放在服务器上,制作一个主页将这些站点链接起来。学生访问服务器上的主页和通过主页访问各个热门站点就变成了局域网内部的信息传送。由于局域网传输速度很高,所以学生上网就不会有共用一根电话线时那种"老牛拉破车"的痛苦感觉了。同时,由于大量的信息传送都是在局域网内部进行的,所以通过 Modem 传输的数据较少,偶尔访问 Internet 网站的学生也不会觉得速度慢。

组建局域网的前期工作中除了了解网络的规模以外,还要针对现有局域网的具体情况要求进行规划,如网络规划、网络设备的选型等。

2)网络规划

网络规划主要指操作系统的选择和网络结构的确定,应用较为广泛的小型局域网主要有对等网和客户机/服务器网这两种网络规划。

3)合理设置交换机

交换机是局域网中的一个重要的数据交换设备,正确合理地使用交换机也能很好地改善网络中的数据传输性能。笔者曾经将交换机端口配置为 100 M 全双工模式,而服务器上安装了一块型号为 Intel100M EISA 的网卡,安装以后一切正常,但在大流量负荷数据传输时,速度变得极慢,最后发现这款网卡不支持全双工模式。将交换机端口改为半双工模式以后,故障消除了。这说明交换机的端口与网卡的速率和双工方式必须一致。有许多自适应的网卡和交换机,按照原理,应能正确适应速率和双工方式,但实际上,由于品牌的不一致,往往不能正确实现全双工方式。明明服务器网卡设为了全双工模式,但交换机的双工灯就是不亮,只有手工强制设定才能解决这个问题。因此,我们在设置网络设备参数时,一定要参考服务器或者其他工作站上的网络设备参数,尽量能使各设备匹配工作。

另外,局域网中的网络模式的选择也是至关重要的,关系到网络的工作需求的实现。常见的网络模式有客户机/服务器网、对等网。

(1)客户机/服务器网。

客户机/服务器网中至少有一台专用服务器来管理、控制网络的运行。所有工作站均可共享文件服务器中的软、硬件资源。客户机/服务器网运行稳定、信息管理安全、网络用户扩展方便、易于升级,与对等网相比有着突出的优点。

客户机/服务器网的缺点是需专用文件服务器和相应的外部连接设备(如 Hub),建网成本高,管理上也较复杂。客户机/服务器网适用于微机数量较多,位置相对分散,信息传输量较大的单位。

（2）对等网。

对等网不使用专用服务器,各站点既是网络服务提供者——服务器,又是网络服务申请者——工作站,所以又称点对点网络。对等网建网容易,成本较低,易于维护,适用于微机数量较少、布置较集中的单位。

在对等网中,每台微机不但有单机的所有自主权限,而且可共享网络中各计算机的处理能力和存储容量,并能进行信息交换。在硬盘容量较小、计算机的处理速度较慢的情况下,对等网具有独特的优势。不过,对等网的缺点在于网络中的文件存放非常分散,不利于数据的保密,同时网络的数据带宽受到很大的限制,不易于升级。

最后是局域网服务器中软件的选择——网络操作系统,也是局域网能正常工作的关键。常见的局域网操作系统主要有 NetWare、Windows NT Server 和 UNIX 这三种。

NetWare 操作系统对网络硬件的要求较低(工作站只要是 286 机就可以了),同时兼容DOS 命令,其应用环境与 DOS 相似,且应用软件较丰富,技术完善、可靠,尤其是无盘工作站的安装较方便,因而较低配置或整体档次不高的微机在组网时应选用 NetWare。NetWare 服务器对无盘站和游戏的支持较好,常用于教学网和游戏厅。

Windows NT Server 是一个功能十分强大的网络操作系统,能安全、简便地运行几乎所有较新版的大众化软件。Windows NT 还支持多处理器操作,为网络提供了更高的可扩展性,为耗费内存较多的应用程序提供更多的内存。组建办公、工商企业网,建议选用Windows NT Server 操作系统。

对普通的网络用户来说,UNIX 不容易掌握,小型局域网基本不使用 UNIX。

 技能实训6 交换机基本配置综合练习

（1）绘制如图 2-70 所示拓扑结构图(使用直通线或交叉线按照图中的端口号连接)。

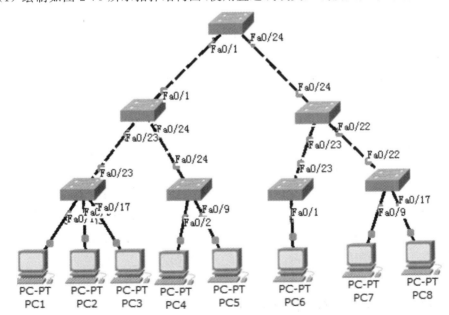

图 2-70 交换机基本配置综合练习拓扑图

（2）配置 PC1～PC8 的名称为 PC1～PC8，IP 地址为 192.168.0.3～192.168.0.10；更改交换机名称，分别为 sw1～sw7。

（3）定义端口段：sw1、sw2、sw3 的 VLAN 分别有 VLAN2、VLAN3；（f0/1～f0/12 为 VLAN2；f0/13～f0/24 为 VLAN3）。

（4）定义端口段：sw4、sw5、sw6、sw7 的 VLAN 分别有 VLAN2、VLAN3、VLAN4（f0/1～f0/8 为 VLAN2；f0/9～f0/16 为 VLAN3；f0/17～f0/24 为 VLAN4）。

（5）sw4 接入 PC 机：将 PC1 连接到接入层交换机 sw4 的 VLAN2 中，将 PC2 连接到接入层交换机 sw4 的 VLAN3 中，将 PC3 连接到接入层交换机 sw4 的 VLAN4 中。

（6）sw5 接入 PC 机：将 PC4 连接到接入层交换机 sw5 的 VLAN2 中，将 PC5 连接到接入层交换机 sw5 的 VLAN3 中。

（7）sw6 接入 PC 机：将 PC6 连接到接入层交换机 sw6 的 VLAN2 中。

（8）sw7 接入 PC 机：将 PC7 连接到接入层交换机 sw7 的 VLAN3 中，将 PC8 连接到接入层交换机 sw7 的 VLAN4 中。

（9）配通所有的 Trunk 口，使交换机之间可以相互通信，并使用 ping 命令来测试连通性；如：同一 VLAN 中的 PC 机之间的连通性，PC1 和 PC6、PC2 和 PC5、PC3 和 PC8；不同 VLAN 中的 PC 机之间的连通性，PC1 和 PC5、PC2 和 PC8、PC3 和 PC6 等。

> **思考：**
> 如果局域网中的 PC 机的 IP 地址全在同一网段，但不在同一 VLAN 中，即便距离再近也是不能通信的。

> **课后作业：**
> 配置好的 spt 文件，命名为"交换机基本配置练习"。

◆ 知识点 2.3.2　小型企业网的组建

一、路由器

路由技术是网络中非常精彩的技术，路由器是非常重要的网络设备。路由技术被用来互联网络。网络互联有两个范畴。一个是局域网内部的各个子网之间的互联，另外一个就是通过公共网络（如电话网、DDN 专线、帧中继网、互联网）把不在一个地域的局域网远程连接起来，形成一个广域网。

一个局域网也被分解为多个子网，然后用路由器连接起来，这是最普遍的网络建设方案。路由器在这里扮演隔离广播和实现网络安全策略的角色。

路由器在局域网中用来互联各个子网，同时隔离广播和介质访问冲突。

正如前面所介绍的，路由器将一个大网络分成若干个子网，以保证子网内通信流量的局域性，屏蔽其他子网无关的流量，进而更有效地利用带宽。对于那些需要前往其他子网和离开整个网络前往其他网络的流量，路由器提供必要的数据转发。

1. 路由器的工作原理

我们通过图 2-71 来解释路由器的工作原理。

图 2-71 中有三个子网，由两个路由器连接起来。三个 C 类地址子网分别是 200.4.1.0、

200.4.2.0、200.4.3.0。

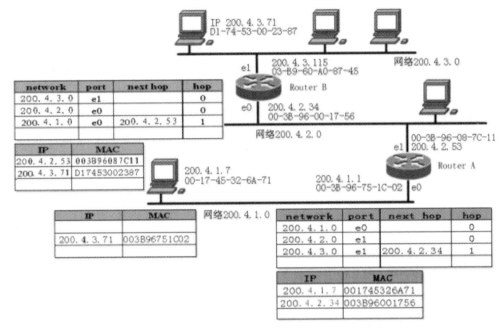

图 2-71　路由器工作原理

从图 2-71 中可以看见,路由器的各个端口也需要有 IP 地址和主机地址。路由器的端口连接在哪个子网上,其 IP 地址就应属于该子网。例如路由器 A 两个端口的 IP 地址 200.4.1.1、200.4.2.53 分别属于子网 200.4.1.0 和子网 200.4.2.0。路由器 B 的两个端口的 IP 地址 200.4.2.34、200.4.3.115 分别属于子网 200.4.2.0 和子网 200.4.3.0。

每个路由器中有一个路由表,主要由网络地址、转发端口、下一跳路由器的 IP 地址和跳数组成。

网络地址:本路由器能够前往的网络地址。转发端口:前往某网络该从哪个端口转发。下一跳:前往某网络,下一跳的中继路由器的 IP 地址。跳数:前往某网络需要穿越几个路由器。下面我们来看一个需要穿越路由器的数据报是如何被传输的。

如果主机 200.4.1.7 要将报文发送到本网段上的其他主机的话,源主机通过 ARP 程序可获得目标主机的 MAC 地址,由链路层程序为报文封装帧报头,然后发送出去。

当 200.4.1.7 主机要把报文发向 200.4.3.0 子网上的 200.4.3.71 主机时,源主机在自己机器的 ARP 表中查不到对方的 MAC 地址,则发 ARP 广播请求 200.4.3.71 主机应答,以获得它的 MAC 地址。但是,这个查询 200.4.3.71 主机 MAC 地址的广播被路由器 A 隔离了,因为路由器不转发广播报文。所以,200.4.1.7 主机是无法与其他子网上的主机直接通信的。

路由器 A 会分析这条 ARP 请求广播中的目标 IP 地址。经过掩码运算,得到目标网络的网络地址是 200.4.3.0。路由器查路由表,得知自己能提供到达目的网络的路由,便向源主机发 ARP 应答。

请注意 200.4.1.7 主机的 ARP 表中,200.4.3.71 是与路由器 A 的 MAC 地址 00-3B-96-75-1C-02 捆绑在一起的,而不是真正的目标主机 200.4.3.71 的 MAC 地址。事实上,200.4.1.7 主机并不需要关心是否是真实的目标主机的 MAC 地址,现在它只需要将报文发向路由器。

　　路由器 A 收到这个数据报后,将拆除帧报头,从里面的 IP 报头中取出目标 IP 地址。然后,路由器 A 将目标 IP 地址 200.4.3.71 同子网掩码 255.255.255.0 做“与”运算,得到目标网络地址是 200.4.3.0。下面,路由器将查路由表(见图 2-72 中路由器 A 的路由表),得知该数据报需要从自己的 e1 端口转发出去,且下一跳路由器的 IP 地址是 200.4.2.34。

　　路由器 A 需要重新封装下一个子网的新数据帧。通过 ARP 表,取得下一跳路由器 200.4.2.34 的 MAC 地址。封装好新的数据帧后,路由器 A 将数据通过 e1 端口发给路由器 B。

　　现在,路由器 B 收到了路由器 A 转发过来的数据帧。在路由器 B 中发生的操作与在路由器 A 中的完全一样。只是,路由器 B 通过路由表得知目标主机与自己是直接相连接的,而不需要下一跳路由了。在这里,数据报的帧报头将最终封装上目标主机 200.4.3.71 的 MAC 地址发往目标主机。

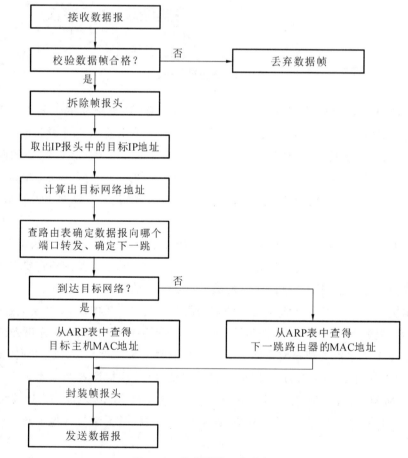

图 2-72　路由器的工作流程

　　通过上面的例子,我们了解了路由器是如何转发数据报,将报文转发到目标网络的。路由器使用路由表将报文转发给目标主机,或交给下一级路由器转发。总之,发往其他网络的报文将通过路由器,传送给目标主机。

2. 穿越路由器的数据帧

数据报穿越路由器前往目标网络的过程中的报头变化是非常有趣的：它的帧报头每穿越一次路由器，就会被更新一次。这是因为 MAC 地址只在网段内有效，它是在网段内完成寻址功能的。为了在新的网段内完成物理地址寻址，路由器就必须重新为数据报封装新的帧报头。

在图 2-73 中，200.4.1.7 主机发出数据帧，目标 MAC 地址指向 200.4.1.1 路由器，数据帧发往路由器。

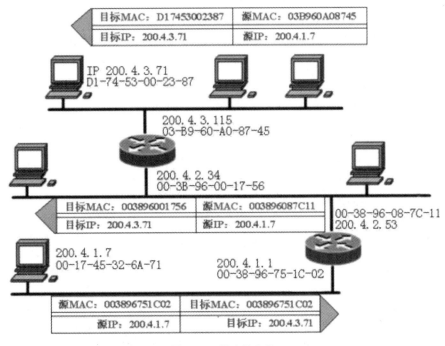

图 2-73 报头的变化

路由器收到这个数据帧后，会拆除这个帧的帧报头，更换成下一个网段的帧报头。新的帧报头中，目标 MAC 地址是下一跳路由器的，源 MAC 地址则换上了 200.4.1.1 路由器 200.4.2.53 端口的 MAC 地址 00-38-96-08-7c-11。当数据到达目标网络时，最后一个路由器发出的帧，目标 MAC 地址是最终的目标主机的物理地址，数据被转发到了目标主机。

数据包在传送过程中，帧报头不断被更换，目标 MAC 地址和源 MAC 地址穿越路由器后都要改变。但是，IP 报头中的 IP 地址始终不变，目标 IP 地址永远指向目标主机，源 IP 地址永远是源主机（事实上，IP 报头中的 IP 地址不能变化，否则，路由器们将失去数据报转发的方向）。

可见，数据报在穿越路由器前往目标网络的过程中，帧报头不断改变，IP 报头保持不变。

3. 路由器工作在网络层

路由器在接收数据报、处理数据报和转发数据报的一系列工作中，完成了 OSI 模型中物理层、链路层和网络层的所有工作。

在物理层中，路由器提供物理上的线路接口，将线路上比特数据位流移入自己接口中的接收移位寄存器，供链路层程序读取到内存中。对于转发的数据，路由器的物理层完成相反的任务，将发送移位寄存器中的数据帧以比特数据位流的形式串行发送到线路上。

　　路由器在链路层中完成数据的校验，为转发的数据报封装帧报头，控制内存与接收移位寄存器和发送移位寄存器之间的数据传输。在链路层中，路由器会拒绝转发广播数据报和损坏了的数据帧。

　　路由器的网间互联能力集中于它在网络层完成的工作。在这一层中，路由器要分析 IP 报头中的目标 IP 地址，维护自己的路由表，选择前往目标网络的最佳路径。正是由于路由器的网间互联能力集中在它的网络层表现，所以人们习惯于称它是一个网络层设备，工作在网络层。

　　在图 2-74 中我们可以看见，数据报到达路由器后，数据报会经过网络层、链路层、物理层的一系列数据处理过程，体现了数据在路由器中的非线性。（非线性这个术语在厂商介绍自己的网络产品中经常见到。网络设备厂商经常声明自己的交换机、三层路由交换机能够实现线性传输，以宣传其设备在转发数据报中有最小的延迟。所谓线性状态，是指数据报在传输过程中，在网络设备上经历的凸起折线小到近似直线。Hub 只需要在物理层再生数据信号，因此它的凸起折线最小，线性化程度最高。交换机需要分析目标 MAC 地址，并完成链路层的校验等其他功能，它的凸起折线略大。但是与路由器比较起来，仍然称它是工作在线性状态的。）

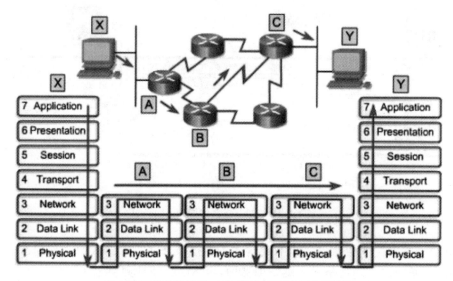

图 2-74　路由器涉及 OSI 模型最下面三层的操作

　　路由器工作在网络层，因此它对数据传输产生了明显的延迟。

4.路由表的生成

　　我们看到，就像交换机的工作全依靠其内部的交换表一样，路由器的工作也完全仰仗其内存中的路由表。

　　图 2-75 所示为路由表的构造。

　　路由表主要由六个字段组成，表明能够前往的网络和如何前往那些网络。路由表的每一行，表示路由器了解的某个网络的信息。网络地址字段列出本路由器了解的网络的网络地址。端口字段标明前往某网络的数据报该从哪个端口转发。下一跳字段是指本路由器无法直接到达的网络，下一跳的中继路由器的 IP 地址。距离字段表明到达某网络有多远，在 RIP 路由协议中需要穿越的路由器数量。协议字段表示本行路由记录是如何得到的。本例中，C 表示是手工配置，RIP 表示本行信息是通过 RIP 协议从其他路由器学习得到的。定时字段表示动态学习的路由项在路由表中已经多久没有刷新了。如果一个路由项长时间没有

目标网络	端口	下一跳	距离	协议	定时
160.4.1.0	e0		0	C	
160.4.1.32	e1		0	C	
160.4.1.64	e1	160.4.1.34	1	RIP	00:00:12
200.12.105.0	e1	160.4.1.34	3	RIP	00:00:12
178.33.0.0	e1	160.4.1.34	12	RIP	00:00:12

图 2-75 路由表的构造

被刷新,该路由项就被认为是失效的,需要从路由表中删除。

前往 160.4.1.64、200.12.105.0、178.33.0.0 网络,下一跳都指向 160.4.1.34 路由器。其中 178.33.0.0 网络最远,需要 12 跳。路由表不关心下一跳路由器将沿什么路径把数据报转发到目标网络,它只要把数据报转发给下一跳路由器就完成任务了。

路由表是路由器工作的基础。路由表中的表项有两种方法获得:静态配置和动态配置。

路由表中的表项可以用手工静态配置生成。将电脑与路由器的 console 端口连接,使用电脑上的超级终端软件或路由器提供的配置软件就可以对路由器进行配置。

手工配置路由表需要大量的工作。动态学习路由表是最为行之有效的方法。一般情况下,我们都是手工配置路由表中直接连接的网段的表项,而间接连接的网络的表项使用路由器的动态学习功能来获得。

动态学习路由表的方法非常简单。每个路由器定时把自己的路由表广播给邻居,邻居之间互相交换路由表。路由器通过其他路由器的路由广播可以了解更多、更远的网络,这些网络都将被收到自己的路由表中,只要把路由表的下一跳地址指向邻居路由器就可以了。

静态配置路由表的优点是:可以人为地干预网络路径选择。静态配置路由表的端口没有路由广播,节省带宽和邻居路由器 CPU 维护路由表的时间。为了对邻居屏蔽自己的网络情况,就得使用静态配置。静态配置的最大缺点是不能动态发现新的和失效的路由。如果一条路由失效不能及时发现,数据传输就失去了可靠性。同时,无法到达目标主机的数据报不停地发送到网络中,浪费了网络的带宽。对于一个大型网络来说,人工配置的工作量大也是静态配置的一个问题。

动态学习路由表的优点是:可以动态了解网络的变化。新增、失效的路由都能动态地导致路由表做相应变化。这种自适应特性是使用动态路由的重要原因。对于大型的网络,无一不采用动态学习的方式维护路由表。动态学习的缺点是路由广播会耗费网络带宽。另外,路由器的 CPU 也需要停下数据转发工作来处理路由广播,维护路由表,降低了路由器的吞吐量。

路由器中大部分路由信息是通过动态学习得到的。但是,路由器即使使用动态学习的方法,也需要静态配置直接相连的网段。不然,所有路由器都对外发布空的路由表,互相之间是无法学习的。

支持路由器动态学习生成路由表的协议有:路由信息协议 RIP、内部网关路由协议 IGRP、开放最短通路优先协议 OSPF。

5. 静态配置路由表

路由器中的路由表可以手工配置。手工配置路由表时,将电脑与路由器的 console 端口连接,使用电脑上的超级终端软件或路由器提供的配置软件,用命令的方式把路由项逐一写入路由表。

对图 2-76 中左侧的路由器,配置路由表的命令是:

```
RouterA(config)# ip route 200.24.94.0 255.255.255.0 e0
```

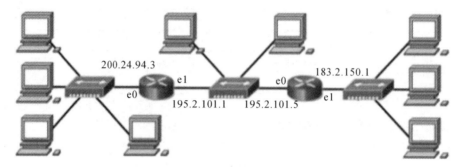

图 2-76   静态路由配置图

"ip route"是思科公司路由器的静态配置路由表命令,"200.24.94.0"和"255.255.255. 0"分别是可到达的网络和其掩码。"e0"是该网络所接的端口。

一般情况下,直接与路由器相连的网段,在配置命令中就指出所连的端口,如命令中的"e0"。对于遥远的网段,则需要指出其下一跳的 IP 地址。

6. 路由协议

1) 路由协议的功能

路由协议用于路由器之间互相动态学习路由表。路由器中安装的路由协议程序被用来在路由器之间通信,以共享网络路由信息。当网络中所有路由器的路由协议程序一起工作的时候,一个路由器了解的网络信息,也必然被其他全体路由器所知道。通过这样的信息交换,路由器互相学习、维护路由表,使之反映整个网络的状态。如图 2-77 所示。

路由协议程序要定时构造路由广播报文并发送出去。收听到的其他路由器的路由广播也由路由协议程序分析,进而调整自己的路由表。路由协议程序的任务就是要通过路由协议规定的机制,选择出最佳路径,快速、准确地维护路由表,以使路由器有一个可靠的数据转发决策依据。

路由协议程序不仅要分析出前往目标网络的路径,当有多条路径可以到达目标网络时,应该选择出最佳的一条,放入路由表中。

路由协议程序有判断失效路由的能力。及时判断出失效的路由,可以避免把已经无法到达目的地的报文继续发向网络,浪费网络带宽。同时,还能通过 ICMP 协议通知那些期望与无法到达的网络通信的主机。

现代路由器通常支持 3 个路由协议:路由信息协议 RIP、内部网关路由协议 IGRP 和开放最短通路优先协议 OSPF。也就是说,这些路由器中配置了三种常用的路由协议程序,至少支持 RIP 路由协议。我们可以根据需要,选择在我们的网络中使用哪种路由协议。OSPF 协议只有在互联网那样复杂的网络中使用。

路由信息协议 RIP、内部网关路由协议 IGRP、开放最短通路优先协议 OSPF,它们的发布顺序也就是我们现在的排列顺序,RIP 协议的历史最悠久,OSPF 是较新一代的路由协议。显然,新开发的路由协议一定是要克服旧协议中的一些不足。一般来看,越新开发的协议,越具有先进性。这种先进性表现在以下几个方面:

(1) 能够更准确地选择出前往具体网络的最佳路线；

(2) 当网络出现拓扑变化时能更快速地收敛；

(3) 更节省网络带宽；

(4) 支持变长子网掩码，以节省网络的 IP 地址；

(5) 耗费更少的路由器资源(节省路由协议程序工作所需要的 CPU 时间)。

这三种协议开发情况是，更新的路由协议，前四项指标更先进。但是，最后一项指标却是下降的。这也是为什么三种路由协议会并存的原因。

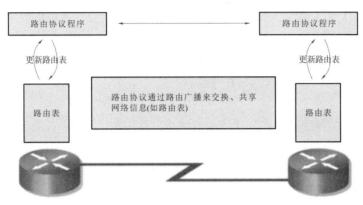

图 2-77　路由协议的功能

2）RIP 协议

路由信息协议 RIP 是历史悠久的路由协议，最早由施乐公司开发，是 UNIX 一直支持的路由协议版本。由于它的实现方法简单，与其他的协议比较，耗费更少的路由器硬件资源(节省路由协议程序工作所需要的 CPU 时间和内存的大小)，所以仍然被广泛支持。

RIP 协议的典型特征是用跳数来表示路由器与目标网络之间的距离。跳数是指从自己出发，还需要穿越多少个路由器。

RIP 协议程序在工作时，每隔 30 秒就把自己的路由表作为路由广播发给邻居路由器。同时，RIP 协议程序要接收邻居发来的路由广播，拿收到的邻居的路由表与自己的路由表进行比较：如果发现邻居路由表中有自己没有的路由项，就补充到自己的路由表中。同时把邻居的 IP 地址作为前往那个网络的下一跳地址。

如果发现邻居路由表中有自己的路由项，但是前往同一网络的距离更短，就用新的路由替代原有的路由(将下一跳指向新的路由器)。其中第一条的操作能够不断增加自己路由表中的表项，以便将网络中的所有网络地址收入路由表中。第二条功能就是常说的最佳路径选择功能。由于 RIP 协议程序总是挑选跳数最少的路由器作为前往目标网络的下一跳路由器，所以保证了最佳的路由。路由器的最佳路由选择功能具体就表现在路由表中的下一跳选择上。

RIP 协议程序不仅要发现新的路由项(前往新的网络的路由)，也要有能力发现失效的路由项(前往目标网络的路径已经损坏)，并从路由表中删除。为此，RIP 协议制定了如此的方法：如果一个路由器持续一段时间不能收到某个邻居的路由广播，就能确定该路由器已经不再工作，通过那个路由器前往的网络都已经不可到达，路由表中所有下一跳指向该路由器的路由项都将被删除。

RIP 协议的广播间隔是 30 秒。因为有可能是路由广播报文包丢失，所以不能根据只有一个时间间隔没有收到邻居的路由广播就确定该邻居出现故障。RIP 协议规定的失效判断时间是 180 秒。

路由表"协议"列中的"R",表明最后三行路由是通过 RIP 协议学习得到的。

当一个路由器连接的链路发生变化,这个变化就通过路由广播通报给邻居。邻居再在它的路由广播中向更远的邻居通报。这样的信息传输像波一样会传递到网络的最远端。经过一段时间后,网络中的所有路由器都将获得这个链路变化的信息,并对自己的路由表做了相应的修改。这时,我们称所有路由器都收敛了。

为了防止循环报文包在网络中无休止地循环,RIP 协议规定数据报最多只能穿越 15 个路由器。数据报的 IP 报头中有一个 hop 计数字段,每穿越一个路由器,那个路由器就会为这个数据报的 hop 字段增 1。如果路由器发现数据报中的 hop 字段中的计数值超过 15,就会视该数据报是个非正常的循环包,并将之丢弃。

3)IGRP 协议

内部网关路由协议 IGRP 是一个由思科公司开发的路由协议。

IGRP 与 RIP 协议最大的差异就是对距离度量值的改进。RIP 协议使用跳数来表现到达某个网络的距离。跳数越小,表明前往该网络的距离越近。但是,有时候这样的判断确定出来的路由并不是最佳的。如图 2-78 所示。

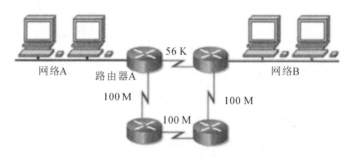

图 2-78   跳数判断往往不能确定出最佳路由

图 2-78 中的路由器 A 选择前往网络 B 的路由时,如果使用 RIP 协议,会选择 56 K 的线路,因为此线路的距离是 1 跳,而走另外的路由则需要 3 跳。但事实上最佳的路由是 100 M 的路由。所以,仅凭跳数来选择路由,有时选择不到最佳的路由。

为了改进 RIP 协议的这个缺陷,IGRP 使用更科学的距离度量值。IGRP 使用链路带宽(bandwidth)、负荷(load)、延迟(delay)和可靠性(reliability)四个度量值来综合计算距离:

距离 =[k1/bandwidth+(k2/bandwidth)/(256−load)+k3×delay]×k5/(reliability+k4)

根据这个算法,距离与带宽和可靠性成反比。链路的带宽越高,可靠性越强,距离越短;链路负荷越大,延迟越大,距离越远。这个结果正是我们希望得到的。

如果图 2-78 中路由器 A 选用 IGRP 协议,会选择 100 M 的链路前往网络 B,而 RIP 协议则选择的是 56 K 的链路。

IGRP 协议相比于 RIP 协议,能够更准确地选择到最佳的路由。

IGRP 协议衡量距离的大小要依据带宽、负荷、延迟和可靠性等 4 个参数,所以人们往往称 IGRP 的距离度量值为距离矢量。

k1、k2、k3、k4 和 k5 是 IGRP 计算距离时的权值,网络管理员可以通过设置上述算法的权值来体现自己对各个度量值在表现距离时的权重考虑。IGRP 协议默认 k1=10000000, k2＝0,k3＝1/10,k4＝0,k5＝0。

　　IGRP 的路由广播内容与 RIP 协议相同,也是播放自己的路由表。只是 IGRP 每 90 秒播送一次。IGRP 确认失效路由的时间间隔是 3 个播送周期,即 270 秒如果听不到某个邻居的路由广播,就确定那个邻居已经不能正常工作了。此时,IGRP 将调整路由表,将通过那个邻居前往的网络设置为不可到达。RIP 协议与 IGRP 协议如图 2-79 所示。

	metric	max number of routers	origins
RIP	hop count	15	Xerox
IGRP	bandwidth load delay reliablity	255, successfully run in largest internetworks in world	Cisco

◆ Bandwidth
◆ Load
◆ Delay
◆ Reliability

图 2-79　RIP 协议与 IGRP 协议

　　4）路由协议的分类

　　路由协议可分为内部路由协议 IRP 和外部路由协议 ERP。互联网被分为一个个"自治系统",在自治系统内使用的路由协议被称为内部路由协议 IRP。自治系统之间互相连接依靠各个自治系统的边界路由器,边界路由器之间互相交换路由表的协议称为外部路由协议 ERP。图 2-80 所示为自治系统与路由协议的分类示意图。

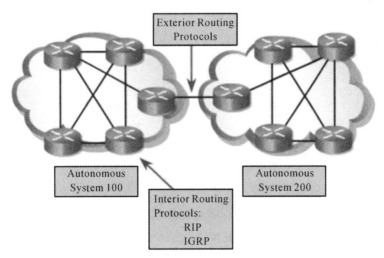

图 2-80　自治系统与路由协议的分类示意图

　　5）默认网关

　　以太网中的主机如果要访问不是自己网络的其他主机时,就需要把数据报发给路由器。由路由器负责把数据转发到目标网络。主机把数据发送给路由器有两种方法。一种方法是主机用 ARP 查询目标主机的 ARP 请求被路由器应答,数据报被发给路由器。另外一种方法就是主机自己指定一个路由器作为自己的默认网关。主机一旦设置了自己的默认网关，它在调用链路层程序之前就会主动比较自己的 IP 地址和目标 IP 地址。一旦发现目标主机与自己不在一个网络中，它就会通知链路层程序把数据发送给默认网关。一个与互联网相连的路由器不可能了解所有的网络地址（互联网中有数百万个网络，如果路由器中的路由表装有所有网络的表项，这个路由器也工作不起来了）。因此，路由器也需要设置自己的上级默认网关，以便将自己未知网络的数据报发往上级默认网关。

默认网关不是一种新的网络设备，它是某一个路由器。主机和路由器指定某个路由器为自己的默认网关，可以将发往未知网络的数据报发给默认网关。默认网关总能通过自己的上级默认网关找到目标网络。

一台主机总是把离自己最近的路由器设置成自己的默认网关。一个局域网中所有路由器总是把本局域网到互联网的出口路由器设置成默认网关。

二、配置路由器

 技能实训7 路由器基本配置

1. 任务目的

掌握手工对路由器进行初始配置的步骤和方法。

2. 任务要点

通过控制台电缆，利用超级终端软件对路由器进行手工初始配置。

3. 任务设备

路由器 Cisco 2621 一台，工作站 PC 一台，控制台电缆一条。

4. 任务拓扑

本次实验的任务拓扑图如图 2-81 所示。

图 2-81　路由器基本配置拓扑图

5. 任务步骤

（1）使用控制台电缆，按图 2-81 所示连接路由器 Router 和 PC 工作站。

（2）启动超级终端程序，并设置相关参数。

（3）打开路由器电源，待路由器启动完毕出现"Press RETURN to get started！"提示后，按回车键直到出现用户 EXEC 模式提示符 Router＞（若为新路由器或空配置的路由器，则在路由器启动结束出现配置向导时键入"N"退回到路由器 CLI 提示符 Router＞）。

（4）练习常用路由器基本配置命令，如下：

路由器显示命令：

设置口令：

```
router> enable                    //进入特权模式
router# config terminal           //进入全局配置模式
router(config)# hostname routerA  //设置路由器的主机名
routerA(config)# interface f0/0
routerA(config-if)# ip address 10.0.0.1 255.255.255.0//配置路由器的 IP 和子网掩码
routerA(config-if)# no shutdown
routerA(config-if)# exit
routerA(config)# interface f0/1
routerA(config-if)# ip address 192.168.0.1 255.255.255.0
routerA(config-if)# no shutdown
routerA(config-if)# end
routerA# conf t
router(config)# enable password aaa//设置特权非加密口令为 aaa
router(config)# enable secret bbb  //设置特权加密口令为 bbb
router(config)# line console 0     //控制台初始化
router(config-line)# password ccc  //设置控制线密码为 ccc
router(config-line)# line vty 0 4  //进入虚拟终端 virtual vty
router(config-line)# login         //允许登录
router(config)# exit               //返回特权模式
router# exit                       //返回命令
```

退出后重新登录,可看见输入密码的过程。

6. 思考

总结路由器的有关基本配置命令。

 技能实训8　路由器的静态路由、默认路由

1. 任务目的

掌握路由器静态路由、默认路由的配置方法。

2. 任务要点

通过对路由器 A 和路由器 B 在路由表里添加静态路由、默认路由,使路由器 A 可 ping 通路由器 B 所连的各个网络,反之亦然。

3. 任务设备

路由器 Cisco 2621 两台,交换机 Cisco 2950 两台,带有网卡的工作站 PC 至少两台,控制台电缆两条。

4. 任务拓扑

本次实验的任务拓扑图如图 2-82 所示。

5. 任务步骤

(1) 按图 2-82 所示连接路由器和各工作站。

(2) 按图 2-82 所示配置路由器和各工作站 IP 地址等参数(分三步配置)。

第一步:定义路由器与 PC 机的接口。

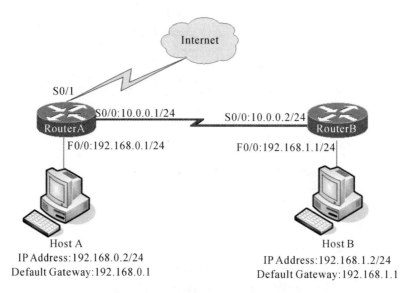

Host A
IP Address:192.168.0.2/24
Default Gateway:192.168.0.1

Host B
IP Address:192.168.1.2/24
Default Gateway:192.168.1.1

图 2-82   路由器的静态路由、默认路由实验

① 定义路由器 A 端通往 PC 的 f0/0 口的 IP 地址和子网掩码：

```
Router>enable
Router# conf t
Enter configuration commands,one per line.End with CNTL/Z.
Router(config)# interface f0/0
Router(config-if)# no shutdown
Router(config-if)# ip address 192.168.0.1 255.255.255.0
Router(config-if)# no shutdown
Router(config-if)# exit
```

② 定义路由器 B 端通往 PC 的 f0/0 口的 IP 地址和子网掩码：

```
Router>enable
Router# conf t
Enter configuration commands,one per line.End with CNTL/Z.
Router(config)# interface f0/0
Router(config-if)# no shutdown
Router(config-if)# ip address 192.168.1.1 255.255.255.0
Router(config-if)# no shutdown
Router(config-if)# exit
```

第二步：定义路由器之间的接口。

① 定义路由器 A 端通往路由器 B 端的 f0/1 口的 IP 地址和子网掩码：

```
Router(config)# interface f0/1
Router(config-if)# ip address 10.0.0.1 255.255.255.0
Router(config-if)# no shutdown
% LINK-5-CHANGED:Interface FastEthernet0/1,changed state to up
Router(config-if)# exit
Router(config)# exit
```

② 定义路由器 B 端通往路由器 A 端的 f0/1 口的 IP 地址和子网掩码：

```
Router(config)# interface f0/1.
Router(config-if)# ip address 10.0.0.2 255.255.255.0
Router(config-if)# no shutdown
% LINK-5-CHANGED:Interface FastEthernet0/1,changed state to up
Router(config-if)# exit
Router(config)# exit
```

第三步：定义路由器的通信路径。

① 配置路由器 A 的下一跳：

```
Router>enable
Router# conf t
Enter configuration commands,one per line.End with CNTL/Z.
Router(config)# ip route 192.168.1.0 255.255.255.0 10.0.0.2//静态路由的设置
Router(config)# exit
Router#
```

②配置路由器 B 的下一跳：

```
Router>enable
Router# conf t
Enter configuration commands,one per line.End with CNTL/Z.
Router(config)# ip route 192.168.0.0 255.255.255.0 10.0.0.1//静态路由的设置
Router(config)# exit
```

（3）结果测试。

测试 Host A 和 Host B 的连通性。

（4）配置路由器 Router A 上的默认路由，使其指向 Internet。

```
routerA(config)# ip route 0.0.0.0 0.0.0.0 serial 0/1//设置 Router A 上的默认路由,使
其指向 Internet(0.0.0.0 0.0.0.0 表示未知主机,通过 serial 0/1 接入 Internet,serial 0/1
也可换为 Internet 入口路由器的 IP)
routerA(config)# exit
routerA# show ip route?
```

（5）检查路由器 Router A 和 Router B 的路由表。

```
routerA# Show ip route
routerB# Show ip route
```

（6）检查路由器 Router A 和 Router B 的运行配置文件内容。

```
routerA# show running-config
routerB# show running-config
```

6. 思考

记录任务步骤，并熟练操作。

技能实训9 路由器的单臂路由

1.任务目的

掌握路由器单臂路由的配置方法。

2.任务要点

对路由器 A 分配出两个子逻辑端口,在路由表里添加单臂路由的直通路径。

3.任务设备

路由器 Cisco 2621 两台,交换机 Cisco 2950 两台,带有网卡的工作站 PC 至少两台,控制台电缆两条。

4.任务拓扑

本次实验的任务拓扑图参见图 2-83 所示。

5.配置要求

(1)按照图 2-83 所示连接网络拓扑图,并设置 PC1 和 PC2 相应的 IP 为 192.168.1.2 和 192.168.2.2;子网掩码均为 255.255.255.0。

(2)设置交换机的主机名和显示名均为 Switch1,并设置该交换机的 VLAN 为 VLAN2(f0/1~f0/8)、VLAN3(f0/9~f0/24)。

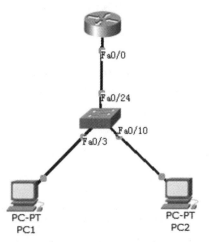

图 2-83　路由器的单臂路由连接拓扑图

(3)将 PC1 机连接到 Switch1 的 VLAN2 中,PC2 连接到 Switch1 的 VLAN3 中。

(4)配置路由器为静态路由、单臂路由。

(5)测试 PC1 和 PC2 的连通性。

6.具体配置步骤

第一步:配置路由器的 fastEthernet 0/0 端口(接交换机的下行端口)。

```
Router>enable
Router# conf t
Enter configuration commands,one per line.End with CNTL/Z.
Router(config)# interface fastEthernet 0/0
Router(config-if)# no shutdown
% LINK-5-CHANGED:Interface FastEthernet0/0,changed state to up
% LINEPROTO-5-UPDOWN:Line protocol on Interface FastEthernet0/0,changed state
to up
Router(config-if)# exit
```

第二步:定义 fastEthernet 0/0.1 端口(fastEthernet 0/0 的第一个逻辑子端口)并实现封装。

```
Router(config)# interface fastEthernet 0/0.1
% LINK-5-CHANGED:interface fastEthernet0/0.1,changed state to up
% LINEPROTO-5-UPDOWN:Line protocol on interface fastEthernet0/0.1,changed state
to up
```

```
Router(config-subif)# encapsulation dot1Q 2
Router(config-subif)# ip address 192.168.1.1 255.255.255.0
Router(config-subif)# exit
```

第三步:定义 fastEthernet 0/0.2 端口(fastEthernet 0/0 的第二个逻辑子端口)并实现封装。

```
Router(config)# interface fastEthernet 0/0.2
Router(config-subif)# encapsulation dot1Q 3
Router(config-subif)# ip address 192.168.2.1 255.255.255.0
Router(config-subif)# end
Router#
% SYS-5-CONFIG_I:Configured from console by console
```

第四步:查看路由器表中 fastEthernet 0/0.1 端口和 fastEthernet 0/0.2 端口直连的情况。

```
Router# show ip route
Codes:C-connected,S-static,I-IGRP,R-RIP,M-mobile,B-BGP
D-EIGRP,EX-EIGRP external,O-OSPF,IA-OSPF inter area
N1-OSPF NSSA external type 1,N2-OSPF NSSA external type 2
E1-OSPF external type 1,E2-OSPF external type 2,E-EGP
i-IS-IS,L1-IS-IS level-1,L2-IS-IS level-2,ia-IS-IS inter area
* -candidate default,U-per-user static route,o-ODR
P-periodic downloaded static route
Gateway of last resort is not set
C192.168.1.0/24 is directly connected,fastEthernet0/0.1
C192.168.2.0/24 is directly connected,fastEthernet0/0.2
```

> **思考:**
> 路由器利用分配逻辑子端口的方法将分配了 VLAN 的交换机实现跨网段的通信,主要是借助了路由器的封装协议。若有多个交换机的大型网络中,此协议该如何使用呢?

三、组建小型企业网

 技能实训10 路由器基本配置综合练习 (1)

配置要求:

(1) 按照图 2-84 所示连接各设备,注意交叉线和直通线的用法和路由器的连接端口。

(2) 配置 PC7~PC9 的 IP 址分别为 192.168.0.3、192.168.0.4、192.168.1.3;子网掩码为 255.255.255.0,网关为 192.168.0.1 和 192.168.1.1。

(3) 配置 Router1、Router2。

(4) 连通性测试:将 PC7、PC8 都去 ping PC9,查看结果,并记录。

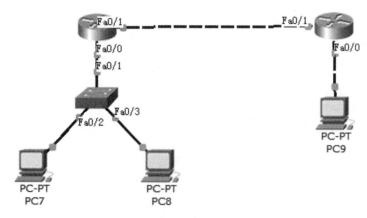

图 2-84   路由器基本配置综合练习拓扑图（1）

> 思考：
> 路由器下的交换机可以叠加吗？

 技能实训11 路由器基本配置综合练习（2）

配置要求：

（1）按照图 2-85 所示连接各设备，注意交叉线和直通线的用法和路由器的连接端口。

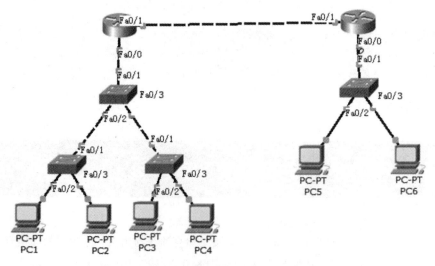

图 2-85   路由器基本配置综合练习拓扑图（2）

（2）配置 PC1～PC6 的 IP 地址分别为 192.168.0.3、192.168.0.4、192.168.0.5、192.168.0.6、192.168.1.3 和 192.168.1.4；子网掩码为 255.255.255.0，网关为 192.168.0.1 和 192.168.1.1。

（3）配置 Router1、Router2。

（4）连通性测试：将 PC1～PC4 都去 pingPC5、PC6，查看结果，并记录。

思考：

路由器下的交换机可以划分 VLAN 吗？（学习单臂路由的设置。）

为什么此题中的交换机不需要配置 Trunk 口？

技能实训12　路由器基本配置综合练习（3）

配置要求：

（1）绘制如图 2-86 所示拓扑结构图（使用直通线或是交叉线按照图中的端口号连接）。

（2）按图中所示修改 PC 机的名称为 PC1～PC4，IP 地址分别为 192.168.0.3、192.168.1.3、192.168.2.3、192.168.3.3；并设定好各自的子网掩码和网关。

（3）更改交换机名称为 sw1（包括显示名称和主机名称）；路由器名称为 Router A（包括显示名称和主机名称）。

（4）定义 sw1 的端口段：sw1 的 VLAN 分别有 VLAN2、VLAN3、VLAN4、VLAN5（f0/1

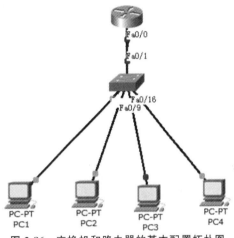
图 2-86　交换机和路由器的基本配置拓扑图

～f0/6 为 VLAN2；f0/7～f0/12 为 VLAN3；f0/13～f0/18 为 VLAN4；f0/19～f0/24 为 VLAN5）。

（5）PC 机接入 sw1：将 PC1 连接到交换机 sw1 的 VLAN2 中，将 PC2 连接到交换机 sw1 的 VLAN3 中，将 PC3 连接到交换机 sw1 的 VLAN4 中，将 PC4 连接到交换机 sw1 的 VLAN5 中。

（6）配置 sw1 的 Trunk 口，使交换机与路由器可以相互通信。

（7）配置 Router A 的 fastEthernet0/0 端口，使用逻辑子端口的技术来划分 VLAN 的网段。

（8）使用 ping 命令来测试连通性，将 PC1 与 PC2、PC3、PC4 和 PC5 分别 ping 通。

 思政小课堂——明德篇

《大学》（《礼记》）：

大学之道，在明明德，在亲民，在止于至善。知止而后有定，定而后能静，静而后能安，安而后能虑，虑而后能得。物有本末，事有终始。知所先后，则近道矣。

古之欲明明德于天下者，先治其国；欲治其国者，先齐其家；欲齐其家者，先修其身；欲修其身者，先正其心；欲正其心者，先诚其意；欲诚其意者，先致其知。致知在格物。物格而后知至，知至而后意诚，意诚而后心正，心正而后身修，身修而后家齐，家齐而后国治，国治而后天下平。自天子以至于庶人，壹是皆以修身为本。其本乱，而末治者否矣。其所厚者薄，而其所薄者厚,未之有也。

　　《大学》教人的道理,在于彰显自身所具有的光明德性(明明德),再推己及人,使人人都能去除污染而自新(亲民,新民也),而且精益求精,做到最完善的地步并且保持不变!

2.4　广域网连接技术

◆ 知识点 2.4.1　广域网技术

一、公共服务网络

　　大多数广域网互联采用租用公共数据网络的方案。公共数据网络是指电话公司建设的服务网络,如 ChinaDDN 网、ChinaFrame 网等。电话公司建设这些网络后,通过出租线路服务,为我们提供网络远程互联的方法(如图 2-87 所示)。

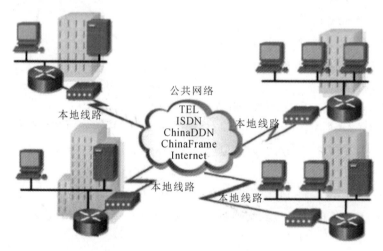

图 2-87　公共网示意图

　　这样,我们不需要铺设局域网之间的连接线路。通过与连接服务商签订线路租用合同,就得到了远程连接的线路。我们需要做的工作仅仅是配置好与公共网络连接的路由器,互联的工作就可以了。

　　公共网络与局域网的连接线路称为本地线路(国外称为最后几英里(last miles)),签订线路租用合同后,由电话公司负责铺设。

　　电话网络已经有一个多世纪的历史了,是世界上覆盖非常广泛的通信网络。使用电话网络的优点是不用电话公司铺设本地线路,因为电话网的本地线路本身就已经铺设到局域网附近了。电话网络的传输速度较低(56 Kbps)是很多局域网互联放弃这个方案的重要原因。

　　ISDN 网是利用原电话网的本地线路为用户服务的数字通信网络,因此它与电话网一样具有不用专门铺设本地线路的优点。ISDN 网提供的传输速度可以达到 128 Kbps,通过改造本地线路的宽带 ISDN 可以提供更高的传输速度(1.544 Mbps)。

　　电话网和 ISDN 网的共同缺点是在局域网需要长时间在线连接的情况下,租用价格非常高。这对局域网互联的运行成本构成了压力。

我国在 20 世纪 90 年代中期由政府组织投资建设的 ChinaPAC 网、ChinaDDN 网和 ChinaFrame 网为局域网互联提供了更为可行的解决方案。ChinaDDN 网和 ChinaFrame 网能够提供更高的带宽和更便宜的运行成本，是银行、大型企业首选的公共服务网络。

二、调制解调器

调制解调器（Modem）用于把数字信号调制成模拟信号发送，或将接收的模拟信号解调回数字信号，如图 2-88 所示。

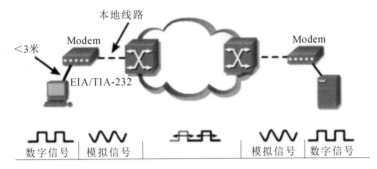

图 2-88　调制解调器的功能

调制解调器在下列两种情况下需要使用：在有限频宽的电缆中传输数字信号；频分多路复用。

非常典型的有限频宽的电缆是电话线电缆。电话线电缆的频带宽度是 2 MHz 左右，而一般数字信号的频宽从 8 MHz 到 80 MHz，均大于电话线电缆能够传输的频率。因此，直接将数字信号放到电话线电缆上是无法传输的。

为了在电话线电缆上传输数字信号，就需要使用调制解调器把电压表示的 0、1 数字信号，转换为用其他方式表示 0、1 的模拟信号。调制解调器可以用正弦波的频率、幅值和相位三种不同的方法来表示 0、1 信号。

调制解调器用正弦波的频率表示 0、1 信号时，发送端的调制解调器可以用一个频率（如 1.5 kHz）表示 0，用另外一个频率（如 2.5 kHz）表示 1。接收端的调制解调器根据信号的频率就能识别目前接收的是 0 还

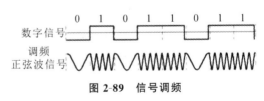

图 2-89　信号调频

是 1。而 1.5 kHz 的正弦波信号和 2.5 kHz 的都落在电话线电缆的频率响应范围内，数字信号就可以利用这种调频的正弦波从而使用电话线电缆进行传输了。

上述这样利用正弦波的频率变化来表示数字信号而幅值不变的方法，称为调频，如图 2-89 所示。

利用正弦波信号的幅值也可以表示 0、1 数字信号，如图 2-90 所示。与调频不同，调幅时的调制解调器不改变正弦波信号的频率，而是改变自己的幅值，用较高和较低的幅值来表示 0、1 数字信号。

调相也是一种常用的信号调制方法。正弦波信号的相位同样也可以表示 0、1 数字信号。从图 2-91 可见，当正弦波信号自采样点开始首先由零向正方向变化称为正相位，表示

数字 0;那么正弦波信号自采样点开始首先由零向负方向变化则称为负相位,这样就可以区别表示数字 0 和 1。

从图 2-91 可以有趣地发现,连续的 1 或连续的 0 在采样点的相位是保持不变的。因此有的教科书上解释调相调制解调器是用相位的突然改变来表示 0 到 1 的变化或 1 到 0 的变化。

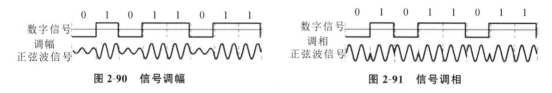

图 2-90　信号调幅　　　　　　图 2-91　信号调相

使用正弦波,利用其频率、幅值和相位的变化来表示数字 0、1 信号,我们称这样用途的正弦波信号为载波信号。

只要载波信号的频率落在电话线电缆的频带内,我们就可以利用载波信号来传输数字信号。

通信术语中,二进制数字信号转换成模拟正弦波信号的过程称为调制,在接收端将模拟正弦波信号还原成二进制数字信号则称为解调。调制解调器是由调制和解调两个词复合而成的。

在电视电缆中传输数字信号也使用调制解调器,如现在流行的 Cable Modem 技术。我们已经知道,数字信号的频宽在几十兆赫兹,而电视电缆的频宽都在 550 MHz 以上,为什么还需要调制解调器呢?这是因为电视电缆除了传输数据以外,还需要传输多路电视节目信号。电视电缆采用频分多路复用技术来实现在一根电缆中传输多路节目信号,数字信号如果占用太大的带宽,就会影响电视电缆正常传输电视节目。由于数字信号只能使用电视电缆中的部分频带宽度(8 MHz),因此依然要使用调制解调器。

电视电缆的数字传输中使用调制解调器,不仅为了降低数字信号所占用的频率宽度,而且也为了把数字信号调制到设定的频段上去。

租用公共数据网络构造广域网,通常需要使用调制解调器。这是因为从公共数据网络到用户端的这段距离,是采用电缆连接的。这样的远距离传输的电缆,其频率宽度都是有限的,必须使用调制解调器来降低信号的带宽才能传输。

三、DTE 设备与 DCE 设备

在广域网互联中,将各个局域网连接到公共数据网络上,通过公共数据网中的租用线路,就实现了局域网的互联。

局域网与公共数据网络的连接中,局域网的最外端设备通常是路由器,公共数据网络最外端通常是类似 CSU/DSU、调制解调器这样的设备。我们称局域网的最外端设备为 DTE(数据终端设备),称公共数据网络的最外端设备为 DCE(数据通信设备)。

DTE 设备和 DCE 设备都放置在用户端,如图 2-92 所示。

在与电话公司签订了线路租用合同后,电话公司会铺设自电话公司到用户端的本地线路电缆,并调通自 DCE 设备到电话公司网络的连接。事实上,广域网互联非常简单,我们只需要将自己的 DTE 设备与电话公司的 DCE 设备连接上,然后正确配置 DTE(如路由器),

就完成了连接的任务。

图 2-93 中的 CSU/DSU 是用户与公共数据网使用数字信号传输信号的设备。如果这段距离使用模拟信号传输,DCE 设备就需要用调制解调器。

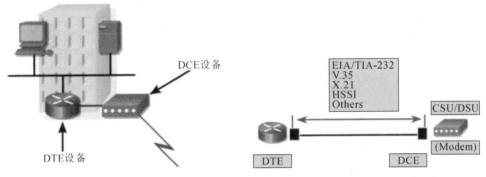

图 2-92　DTE 设备和 DCE 设备　　　　　图 2-93　DTE 与 DCE 的连接

DTE 设备与 DCE 设备使用串行连接。在我国,由路由器作为 DTE 来与 DCE 设备的连接多使用 V.35 标准,而不是使用我们熟悉的 RS-232 标准(RS-232 标准是 EIA/TIA 发布的,CCITT 也有相同的标准,称为 V.24)。

四、PPP 协议

在以太网通信中,广泛使用 TCP(或 UDP)、IP 与 IEEE 802 三个协议联合完成寻址和通信控制任务。

IEEE 802 是一个局域网的链路层工作协议,不能在广域网中使用。在使用诸如电话网、ISDN 网这样的广域网连接中,需要在链路层使用另外的一个称为 PPP 的协议程序。

在点对点连接中,发送主机需要在链路层使用 PPP 协议程序来完成链路层的数据封装。控制数据往物理层发送数据的工作,也由 PPP 协议程序来完成。在接收主机端,链路层的工作也由 PPP 协议程序承担。

图 2-94 是使用电话网或 ISDN 网互联局域网的例子。在这里,发送主机的链路层仍然使用 IEEE 802 协议程序,因为主机直接连接的是以太网络。数据报到达路由器 A 后,路由器 A 将使用 PPP 封装数据报,继续将数据报转发到电话网或 ISDN 网的链路上。在接收方,路由器 B 也将使用 PPP 程序从移位寄存器中接收数据报。然后,路由器 B 将用 IEEE 802 程序重新封装数据帧,发送到自己的以太网中,交目标主机接收。

1. PPP 协议的功能

PPP 协议是一个链路层协议,工作在电话网、ISDN 网这样的点对点通信的连接上。PPP 是 point-to-point protocol 的缩写,称为点对点协议。

PPP 协议因为工作在点对点的连接中,因此具有如下两个特点。

首先,点对点的连接不需要物理寻址。这是因为发送端发送出的数据报,经点对点连接链路,只会有一个接收端接收。在数据传输开始前,数据转发线路已经由电话线令信号沿电话网或 ISDN 网中的交换机建立起来了。开始传送数据后,电话网或 ISDN 网中的交换机不再需要根据报头中的链路层地址判断如何转发。在接收端,也不需要接收主机像以太网技术那样根据链路层地址辨别是否是发给自己的数据报。因此,PPP 协议封装数据报时,不

图 2-94   使用电话网或 ISDN 网互联局域网

需要再在报头中封装链路层地址。

如图 2-95 所示的 PPP 报文中,虽然有地址字段,但是已经是个作废的字段,固定填写 11111111(这个字段是 PPP 协议继承其前身 HDLC 协议得到的,PPP 协议虽然没有使用这个字段,但是还是在自己的报头中保留了下来)。

图 2-95   PPP 报文格式

PPP 协议的第二个特点是,点对点连接的线路两端只有两个终端节点,显然不再需要介质访问控制来避免介质使用冲突。

基于上述两个特点可见,虽然 PPP 协议是个链路层协议,但是它不再需要完成介质访问控制的工作,也不用像以太网需要 MAC 地址一样为数据报封装链路层地址。

这样,PPP 协议程序的基本功能是在点对点通信线路上取代 IEEE 802 协议程序,完成控制数据从内存向物理层硬件(移位寄存器)的发送,以及从物理层硬件接收数据的工作。

PPP 协议除了控制数据的发送与接收的基本功能外,又扩展了许多功能,使之非常适合在点对点连接的线路上通信。这些增强的功能是:连接的建立、线路质量测试、连接身份认证、上层协议磋商、数据压缩与加密等 5 个功能。

综上所述,PPP 协议的功能归纳为以下几点。

(1) 连接的建立:通过来、回一对呼叫报文包,建立通信连接。

(2) 线路质量测试:通过来、回一对或多对测试包,测试线路质量(延迟、丢包等)。

(3) 连接身份认证:通过来、回一对或多对认证包,让被呼叫方确认合法身份。

(4) 上层协议磋商:通过来、回一对或多对磋商包,磋商上层协议的类型。

(5) 控制数据的发送与接收:可选择数据压缩与加密。

(6) 连接的拆除:通过来、回一对呼叫报文包,拆除通信连接。

2. PPP 协议的报文格式

在图 2-95 所示的 PPP 报文格式中:

标记 Flag 字段(长度:1 字节):一个字节 01111110 的二进制序列,标明一帧数据的开始。

地址 Address 字段(长度:1 字节):PPP 没有使用这个字段,放置一个固定的广播地址 11111111。

控制字 Control 字段(长度:1 字节):PPP 也没有使用这个字段,放置一个固定数值 00000011。这个也是一个继承 PPP 前身 HDLC 协议的字段。在 HDLC 协议中使用这个字段来放置帧序号完成出错重发任务,而 PPP 协议放弃了出错重发任务,把这个工作留给 TCP 协议去完成。HDLC 协议中还使用这个字段来放置流量控制等控制码信息。

上层协议 Protocol 字段(长度:2 字节):这个字段用来指明网络层使用的是哪个协议。如 0x8021 代表上层协议是 IP 协议,0x802b 代表上层协议是 IPX 协议,0xC023 代表上层协议是身份认证 PAP 协议。

数据区(简称 DATA,最大长度 1 500 字节):存放数据。

FCS 校验区(长度:2 字节):放置帧校验结果。

3. PPP 协议的子协议

我们知道,以太网的链路层协议 IEEE 802 是由两个子协议组成:IEEE 802.2 和 IEEE 802.3。其中 IEEE 802.3 完成链路层的主体工作,IEEE 802.2 则承担 IEEE 802.3 与上层协议程序的接口任务。PPP 协议也是这样,也由两个子协议组成:NCP 和 LCP。LCP 子协议完成 PPP 的链路层主体工作,而 NCP 子协议则承担 LCP 协议与上层协议的接口任务。

4. PPP 协议的基本操作

PPP 协议的基本操作分别在 6 个不同的周期内进行,具体如下。

(周期 1)链路建立周期:LCP 协议发送"链路连接建立请求"包,向点对点连接的另一方请求建立连接。对方如果同意建立此连接,则返回一个"链路连接建立响应"包。在请求包应答包中,还携带了一些磋商参数,如最大报文长度、是否对数据压缩、是否对数据加密、是否进行连接质量检测、是否进行身份认证及使用哪种身份验证协议等。

(周期 2)链路质量测试周期:LCP 协议通过发送测试包给对方,待对方回送该测试包,以测试线路质量,如延迟时间、是否丢包等(这是一个可选周期,在链路建立周期中由双方磋商是否需要这个周期)。

(周期 3)身份验证周期:这也是一个可选的周期。如果在链路建立周期中双方磋商需要这个周期,则 PPP 协议调用身份验证协议 PAP 或 CHAP,通过交换报文进行身份验证。如果身份验证失败,PPP 的连接将失败。

(周期 4)上层协议磋商周期:在这个周期,由 NCP 协议构造上层协议磋商报文包,发送给对方。这个 NCP 磋商报文包中放置上层协议编码(如 0x8021 表示上层协议是 IP 协议),如果对方同意使用邀请的上层协议,将在磋商应答报文包中使用相同的上层协议编码。

(周期 5)数据发送周期:完成了上述连接建立的工作后,就可以在这个周期内进行数据传输了。这个周期可以持续几分钟,直至几个小时。在这一期间,LCP 协议可以发送"link-maintenance"报文来调整双方的配置,或维持连接。如果在第一个周期中双方磋商对数据进行压缩,以减少数据传送量,则 LCP 协议会对待发送的数据进行压缩后再发送。通常的压缩协议是 Stacker 和 Predictor。

（周期 6）连接拆除周期：通信结束后，任何一方的 LCP 协议都可以使用"连接拆除"报文来终止双方的连接。如果在数据发送周期里线路上长时间没有流量，LCP 协议就会认为对方异常终止，便会自行关闭连接，并通知网络层，以便使其做出相应反应。由此可见，如果是正常情况下在数据发送周期暂时没有数据发送，就必须发送"Keep Alive"报文包，以避免对方自行拆除连接。"Keep Alive"报文包是由 LCP 协议生成并发送的。

在上述各个周期里，点对点连接的双方很容易从 PPP 报头的协议字段分清数据报的类型，如 0xC021 指明数据报是链路控制协议（LCP）报文。0xC023 指明数据报是密码认证协议（PAP）报文。0xC025 指明数据报是链路品质报告报文。0xC223 指明数据报是挑战握手身份认证协议（CHAP）报文。而 0x8021 则指指明数据报是真正传送的数据（IP 报）。

五、综合业务数字网 ISDN

20 世纪 90 年代末，综合业务数字网 ISDN 在我国引起了广泛的注意。在电话公司的局间电话网络实现了数字通信后，ISDN 技术旨在将电话局与用户端之间的信息交换也实现传输数字化，而不需要更换原电话线缆。ISDN 不仅使语音通话实现了数字化，而且使电话线传输数字信号的 Modem 方式的 56 Kbps 数据传输速率得到大大的提高。BRI ISDN 可以提供 144 Kbps 的传输速率，PRI ISDN 的传输速率可达到 1.544 Mbps 或 2.048 Mbps。

1. ISDN 的信道

如图 2-96 所示，ISDN 技术使用时分复用（TDM）技术将原电话线划分为多条信道。BRI ISDN（basic rate interface ISDN）将原有电话线时分复用为 3 个信道：2 个 64 Kbps 的 B 信道和 1 个 16 Kbps 的 D 信道，总带宽为 144 Kbps。

我国和欧洲的 PRI ISDN（primary rate interface ISDN）将线路时分复用为 30 个信道：29 个 64 Kbps 的 B 信道和 1 个 64 Kbps 的 D 信道，总带宽为 2.048 Mbps。北美和日本的 PRI ISDN 将线路时分复用为 23 个信道：22 个 64 Kbps 的 B 信道和 1 个 64 Kbps 的 D 信道，总带宽为 1.544 Mbps。

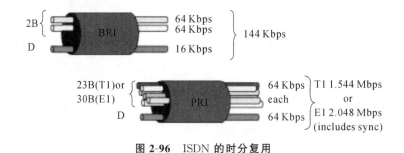

图 2-96　ISDN 的时分复用

B 信道是术语"bearer channel"的简称，D 信道则是术语"delta channel"的简称。

对于小型办公室的广域网连接，BRI ISDN 能够提供理想的解决方案。这是因为 BRI ISDN 不用更换原来的电话线路，连接方便。尤其是对于办公地点可能变动的局域网，使用 BRI ISDN 不用电话公司安装和拆除专门的线路。

我国的 BRI 的 D 信道为电话公司传输信令使用，用户使用两个 B 信道。

当流量小的时候，可以使用其中一个 B 信道，得到 64K bps 的传输带宽。此时，语音通信可以使用另外一个 B 信道同时进行。当流量较大时,可以同时使用两个 B 信道,得到 128 Kbps 的传输带宽。这个速度高于模拟 Modem 56 Kbps 传输速度一倍以上。

使用 PRI ISDN,多条 B 信道同时为两点传输数据,可用于视频信号传输和其他需要宽带传输的连接。

2. ISDN 的用户端设备

在电话公司内部以及电话公司的局间的通话已经实现数字化后,ISDN 是对"最后几英里"数字化的努力。

如图 2-97 所示,在 ISDN 网络中,数字化的工作是在用户端完成的,而不是在电话局端。用户在申请将自己的原电话连接改为 ISDN 后,需要在自己一端安装一个 32 开书大小的盒,称为 NT1 Plus。

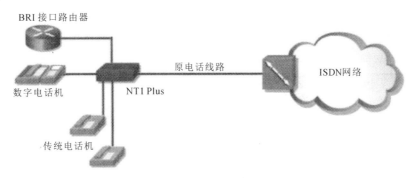

图 2-97 ISDN 的用户端设备

如图 2-98 所示,ISDN 在原电话线路上时分复用为 2B+D 三个信道,NT1 Plus 挂接 4 个设备,用户可以使用两个 B 信道同时传输两路信号,或将两个 B 信道作为一路信号传输数据。

NT1 Plus 的内部由以下三个部件组成。

NT1:网络终端设备 1,用于连接电话入线,将 4 线 BRI 信号转换为 2 线 ISDN 数字信号。

NT2:网络终端设备 2,完成集线功能,起交换机的作用,将多个设备连接在一条 ISDN 线路上,必要时实现多路复用。

TA:终端适配器,用于将传统电话机、传真机和 Modem 的模拟信号转换为 ISDN 的数字信号,使 ISDN 线路仍然可以兼容传统的电话设备。

3. 数据传输中 ISDN 的协议、标准

使用 ISDN 互联局域网,应使用 ISDN 线路中的 B 信道。B 信道通信中的传输层协议和网络层协议仍然使用 TCP/UDP 和 IP,链路层协议则使用 PPP 协议(或 HDLC 协议)。也就是说,使用 ISDN 的数据传输是由 TCP/UDP 程序、IP 程序和 PPP 程序联合控制完成的,如图 2-99 所示。

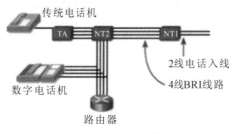

图 2-98　NT1、NT2 和 TA

OSI模型	D通道	B通道
网络层	Q.931	IP
链路层	Q.921	PPP或HDLC
链路层	BRI:I.430 PRI:I.431	

图 2-99　ISDN 的协议与标准

在 ISDN 的链路层使用 PPP 协议,可以类比为以太网的链路层使用 IEEE 802 协议一样。PPP 协议要完成数据的封装、差错校验,并控制数据发给物理层电路和从物理层电路上接收数据。为了进行通信,在使用 B 信道通信前还需要建立 ISDN 从发送端到远端接收端的线路呼叫连接。线路的呼叫连接是依靠 D 信道的信令完成的。D 信道的信令构造、解读、发送与接收使用另外一套协议——Q 协议。Q 协议是 ITU-T 为 ISDN 的线路呼叫制订的 D 信道协议。ISDN D 信道的网络层协议使用 ITU-T Q.931,链路层使用 ITU-T Q.921。在一个局域网的边界路由器试图向另外一个局域网的路由器发送数据时,就需要建立一条 ISDN 的线路。这时 D 信道就被用来在路由器和 ISDN 网的边界交换机之间交换呼叫信息包。边界交换机中的一种称为 7 号信令的指令系统(SS7) 使用被呼叫的电话号码沿 ISDN 网中的各个交换机建立起呼叫方和被呼方的连接线路。

ISDN 两个信道在物理层使用 I 协议。I 协议规定了 ISDN 在物理层上的电气特性的标准和物理连接方式的标准。

4. ISDN 交换机的类型

ISDN 技术的研究早在 20 世纪 60 年代末期就已经开始了,而统一的 ISDN 技术标准(Q 协议、I 协议)到了 1984 年 10 月才被来自 157 个国家的 CCITT 代表通过并发布。这时,在欧洲和北美各国的 ISDN 网络已经建成,这些网络的设备并不完全符合 CCITT 的 Q 协议。不同国家电话公司的 ISDN 网络使用不同的交换机类型,它们在总的工作方式上符合 CCITT 公布的 Q 协议,物理接口也符合 I 协议,但是存在诸如电话呼叫等方面的微小差别。

常见的交换机类型有美国和加拿大使用的 AT&T 公司的 5ESS 和 4ESS,北方电讯公司的 DMS-100。在法国使用的是 VN2、VN3 型交换机。日本的交换机类型是 NTT,英国的是 Net3。

在使用 ISDN 网络作为自己局域网互联的公共服务网的时候,需要了解提供连接线路服务的电话公司使用哪种 ISDN 交换机,以对局域网最外端设备路由器做相应配置。经过正确配置的路由器才能与 ISDN 网的最外端交换机正确通信。

从 20 世纪 60 年代末开始研究 ISDN,到 70 年代就有电话公司投入使用。但是其网络规模和业务量是从 1993 年迅速发展起来的。

六、帧中继网

帧中继网络是局域网互联综合性能(可靠性、价格、传输速度、网络延时、响应时间、吞吐量、覆盖面等)非常好的公共网络,可提供高达 45 Mbps 的高速数据传输。帧中继网络正在逐渐替代 DDN 网络,成为局域网互联的主要公共服务网络。

帧中继公共网络最早是在 1992 年在美国投入的公共服务。我国从 1996 年底由中国电信(现在的电信和网通)开始建设 ChinaFRN,其一期主干网络于 1997 年 6 月建设完成,覆盖北京、上海、广州、沈阳、武汉、南京等 21 个城市,并在北京、上海和广州建立了国际出口,与其他国家和地区的帧中继网络相连。

1. 帧中继网络的构造

帧中继网络是由帧中继交换机组成的一个跨地域的大型网络,如图 2-100 所示。帧中继网络的核心是帧中继交换机,是一个工作在链路层的网络设备。帧中继交换机之间使用光纤连接,采用时分复用的方式提供多条虚电路。

帧中继网络是一个分组交换网,在帧中继交换机之间传输的数据报是与局域网一样带有帧报头的数据帧。帧中继数据帧的报头格式如图 2-101 所示。

1字节	2字节	最大1500字节	2字节
起始标记	DLCI地址标志位	DATA	FCS校验

图 2-100 帧中继网络——由帧中继交换机组成的一个大型网络

图 2-101 帧中继的报头格式

帧中继报头的头一个字节是 01111110 的二进制序列,标明一帧数据的开始。第二个字段是 16 位的地址字段,其中的 DLCI 地址占 10 位。另外还有 3 个标志位,分别是向前拥挤标志位 FECN、向后拥挤标志位 BECN 和丢弃标志位 DE。

DLCI 地址是交换机识别虚电路使用的虚电路号。帧中继交换机使用 DLCI 地址进行数据报转发的工作原理如图 2-102 所示。

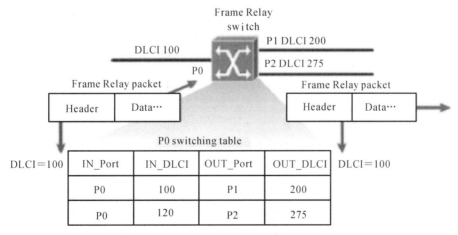

图 2-102 帧中继交换机的工作原理

帧中继交换机与以太网交换机一样,拥有一个交换表。数据报进入端口后,交换机从帧报头的地址字段取出 DLCI 地址,查交换表就可以得知应该向哪个端口转发。

与以太网交换机不同的是,由于 DLCI 地址只在一对交换机之间的链路上有效,所以,帧中继交换机在向另外一个端口转发数据报时,需要重新封装帧报头。

从图 2-103 可以看出,帧中继网络中的一条虚电路需要有一系列 DLCI 地址标识。当用户向电话公司租用了一条由局域网 A 至局域网 B 的虚电路时,电话局要为这条虚电路沿途分配一系列 DLCI 地址。例如图示这条局域网 A 至局域网 B 的虚电路,使用 231、96、755、284、87 五个 DLCI 地址来标识。

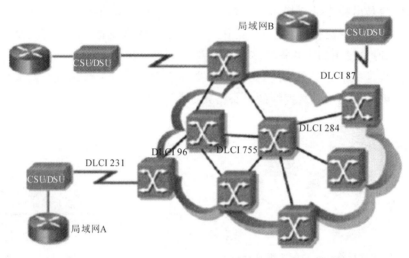

图 2-103   帧中继网络中的一条虚电路

帧中继交换机完成数据包转发的关键是数据报报头中的 DLCI 地址和交换机内的交换表。只是帧中继报头中只有一个 DLCI 地址,用来标识虚电路号。而以太网帧报头中有两个 MAC 地址,用来表示通信的两端。

2. 帧中继网络的虚电路

帧中继网络把它的每对交换机之间的连接线路采用时分复用方式划分为多条虚电路,带宽低的虚电路(如 64 Kbps)分配的时隙少,带宽高的虚电路(如 2 Mbps)分配的时隙则多。

虚电路是一条客观存在的通信线路,但是在物理上又无法独立存在。一条物理线路可以分解为多条虚电路。显然,一条物理线路承载的虚电路越多,每条虚电路的传输速度带宽就越小。

电话公司是通过出租虚电路的方式向用户提供远程连接服务的。

当用户提出向电话公司租用一条 128 Kbps 的虚电路时,电话局称这个带宽为承诺信息速率(committed information rate,CIR)。CIR 是用户向电话公司租用的线路传输速度,电话公司需要保证提供这样的传输速度。电话公司在保证用户的 CIR 带宽的前提下,如果用户的数据发送速度超过 CIR,这时,帧中继网络将占用其他用户的空闲时隙来为用户传送。但超出 CIR 带宽的那部分数据,网络将只按尽力而为的转发策略提供转发。

用户局域网到电话局的本地线路上的数据传输速度称为链路速率。

在图 2-104 所示的例子中,B 网络租用两条虚电路(DLCI=44 和 DLCI=52)分别与 A网络和 C 网络远程连接。也就是说,在电话局至网络 B 的本地连接线路上承载着两条虚电路。显然,本地连接线路上的链路速度需要等于或高于所租用的两条虚电路的 CIR 之和。一般情况下,人们总是要求链路速度高于所租用的两条虚电路的 CIR 之和的 2~3 倍。

3. DLCI 地址

当用户向电话公司租用了一条由局域网 A 至局域网 B 的虚电路时,电话局要为这条虚电路沿途分配一系列 DLCI 地址。一条虚电路是由一系列 DLCI 地址来标识出来的。

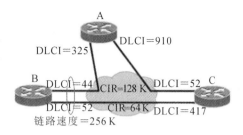

图 2-104　帧中继网络的虚电路示意图

DLCI 地址是一个 10 位的编码,由于它是一个"本地地址",只标识一段线路上的某条虚电路,只在这段线路上唯一。所以,10 位的 DLCI 地址能为 1 024 条虚电路编码,在用户至电话局和帧中继交换机之间的"本地线路"上是够用的。

但是,根据国际电信联盟远程通信标准化组织 ITU-T 和美国国家标准协会 ANSI 的规定,只有 16~991 的 DLCI 地址是分配给出租线路的,其他的 DLCI 地址保留给用户至电话局和帧中继交换机之间传输控制信号的虚电路使用。

4. 帧中继报头中的标志位

从图 2-101 所示帧中继的报头格式我们知道,帧中继技术需要使用 3 个标志位:向前拥挤标志位 FECN、向后拥挤标志位 BECN 和丢弃标志位 DE。如图 2-105 所示。

在数据刚被发送的时候,FECN 和 BECN 都被设置为"0",表示没有拥挤。当一个数据帧在帧中继网络中的某个交换机上遇到了阻塞,该交换机就会把 FECN 置为"1",用来告诉目标主机本帧数据经历了拥塞。同时,交换机会把相反方向的数据帧的 BECN 也置为"1",用来告诉源主机,在本帧传送的相反方向上出现了数据阻塞。

FECN 和 BECN 是由发现拥堵的帧中继交换机置位的。

帧中继技术的前身 X.25 网络是需要在链路层也进行流量控制的。帧中继技术实施的一个重要改进就是放弃在链路层进行流量控制和出错重发,以去掉复杂机制换取更高的吞吐量。因此,帧中继技术对于流量拥挤只是简单地标识出拥挤事件,而不做任何处理。

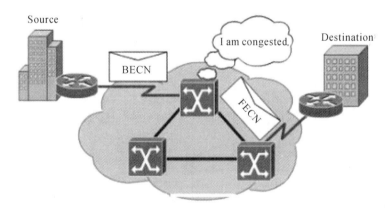

图 2-105　帧中继报头中的 FECN 和 BECN

丢弃标志位 DE 是这样使用的:数据被发送的时候,那些超过承诺信息速率 CIR 的数据帧,其丢弃标志位 DE 被置为"1"。当交换机无法挪用足够的其他用户的空闲带宽传输这些数据时,丢弃标志位 DE 置为"1"的数据将被丢弃。

5. 本地管理接口

帧中继提供了一个在帧中继交换机和帧中继数据终端设备(路由器)之间的简单的信令协议——本地管理接口(LMI)。帧中继交换机和路由器之间交换信息依靠 LMI 报文包传送。

DLCI 地址为 16~991 的包,则是正常的数据包。如果帧中继交换机收到路由器,或路由器收到帧中继交换机一个 DLCI 地址为这个 DLCI 地址范围外(如:1023)的包时,便可辨别出这是一个 LMI 包。它不是待传输的数据,而是通信控制信息,只需要帧中继交换机或用户路由器来解读的。

有以下三个并存的 LMI 协议。

Cisco:这是由 Cisco 公司、Strata Com 公司、Northern Telecom 公司和 DEC 公司联合制订的协议。使用 DLCI 地址 1023 作为控制信息传输的专用虚电路。

Ansi:美国国家标准协会 ANSI 制订的协议。使用 DLCI 地址 0 作为控制信息传输的专用虚电路。

Q933a:国际电信联盟远程通信标准化组织 ITU-T 制订的协议。使用 DLCI 地址 0 作为控制信息传输的专用虚电路。

DLCI 地址 1008~1022 被 ITU-T 和 ANSI 保留,用于将来的 LMI 通信使用。Cisco 公司则已经使用 1019~1022 这些虚电路作为其帧中继续组播。

6. 连接局域网到帧中继网络

当用户与电话公司签订完线路租用协议后,电话局将负责在帧中继线路两端,把本地连接电缆从电话局铺设到用户的指定位置,并发放一个 CSU/DSU 设备给用户,如图 2-106 所示。CSU/DSU 设备是帧中继网络的最外端设备 DCE,由电话局负责调通帧中继线路两端的 CSU/DSU 设备。用户需要做的工作是把自己的路由器使用串口(通常是 V.35)连接到 CSU/DSU 设备上,配置好自己的路由器,便完成了连接工作,然后就可以使用租用的线路了,如图 2-107 所示。

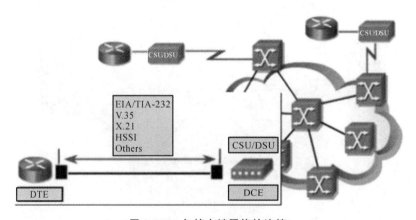

图 2-106　与帧中继网络的连接

路由器在以太网和帧中继网络之间转发数据的原理如图 2-108 所示。

在图 2-108 所示的例子中,左侧的局域网通过租用帧中继线路与 10.0.0.0 网络连接。左侧路由器需要建立一个帧中继地址映射表,记录前往 10.0.0.0 网络的下一条路由器端口

172.16.1.2 需要通过 DLCI 地址为 100 的虚电路传输。

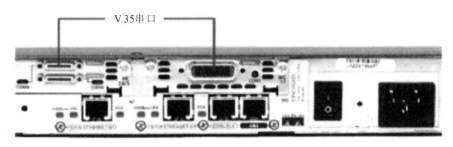

图 2-107　路由器的 V.35 串口

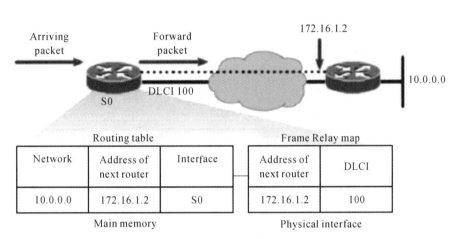

图 2-108　路由器在帧中继转发过程中的工作原理

　　当路由器收到一个需要前往 10.0.0.0 网络的数据报时,通过查询路由表,得知这个数据报需要通过自己的 S0 端口转发。当它查询自己的配置文件得知这个 S0 端口封装的是帧中继协议时,便查询帧中继地址映射表,取出 DLCI 地址(100),封装上帧报头,发送给 CSU/DSU。CSU/DSU 设备会将这个数据报发送到帧中继网络的第 100 号虚电路中。

　　路由器在这里查询帧中继地址映射表与在以太网中查询 ARP 表的性质完全相同,都是为了获得封装报头所需要的链路层地址。

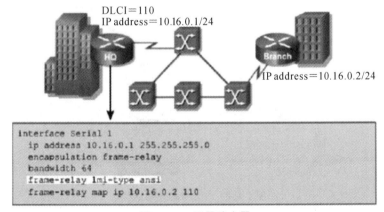

图 2-109　配置路由器

图 2-109 是一个完整的连接帧中继网络的路由器配置的例子。例子中使用了 6 条路由器配置命令：第一条命令声明后续 5 条是针对串口 S1 的配置命令；第二条命令为 S1 端口配置 IP 地址；第三条命令声明这个串口封装帧中继协议；第四条命令确定 S1 端口的链路速率；第五条命令通知路由器选择 ANSI 标准的 LMI 协议；第六条命令填写帧中继地址映射表，把下一跳路由器的 IP 地址 10.16.0.2 与所租用的虚电路号 110 关联起来。

◆ 知识点 2.4.2　互联网技术

互联网接入是指将用户端计算机或局域网与 Internet 网络进行连接。互联网接入技术是目前网络技术研究和应用的热点，以非对称数字用户线 ADSL 和电缆调制解调器 Cable Modem 为代表的、利用已建网络的接入技术成为重要的互联网技术。

一、非对称数字用户线 ADSL

ADSL(asymmetric digital subscriber line)是非对称数字用户线的缩写，是在普通电话线上传输高速数字信号的技术。通过利用普通电话线 4 kHz 以上频段，在不影响 3 kHz 以下频段原有语音信号的基础上传输数字信号，扩展了电话线路的功能，是一种在传统电话电缆上同时传输电话业务与数字信号的技术。

ADSL 可以在一条电话线上进行上行(从用户端至互联网)640 Kbps～1.0 Mbps，下行(从互联网到用户端)1 Mbps～8 Mbps 速度的数据传输，传输距离可达到 3～5 km 而不用中继放大。由于 ADSL 这种传输速度上非对称的特性与 Internet 访问数据流量非对称性的特点相似，所以是众多的 xDSL 技术中非常普及的高速 Internet 接入的技术。

ADSL 的优势：利用覆盖最广的电话网将主机或多台主机连接到 Internet；获得远高于传统电话线的传输带宽；数据通信时不影响语音通信。

ADSL 是 DSL(digital subscriber line)数字用户线，以铜质电话线为传输介质的传输技术组合)技术的一种。

1. ADSL 的体系结构

电话线铜缆理论上有接近 2 MHz 的带宽，语音通信只使用了 0～4 kHz 的低频段，ADSL 通过频分多路复用技术，把高速数据通信信号加载到电话线的 26 kHz 以上频段。这样，在电话线路上可以完成语音、下行数据和上行数据三路信号的同时传输。如图 2-110 所示。

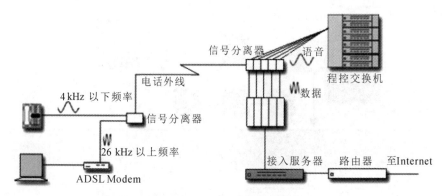

图 2-110　ADSL 的体系结构

在用户侧,电话线先接入信号分离器,经信号分离器将 4 kHz 以下频率段的语音信号送电话机,26 kHz 以上的频率部分送 ADSL Modem。ADSL Modem 将信号解调成数字信号后,通过以太网连线,与计算机的网卡相连接。

交换局侧的信号分离器将语音信号分离出来后,送程控交换机原接线端,保持原电话号码不变。ADSL Modem 同时具有多路复用功能,各条 ADSL 线路传来的信号在 DSLAM 中进行复用,通过高速接口向主干网侧的路由器等设备转发到 Internet。

2. ADSL 的信道

ADSL 通过频分多路复用技术,在电话线路上划分出三个信道,分别传输语音、上行数据和下行数据。如图 2-111 所示。

图 2-111　ADSL 的信道

语音通信使用 0～4 kHz 的低频段,是一个双向的信道。发向 Internet 的上行数据和来自 Internet 的下行数据,使用 26 kHz 以上频段设置的两个数据信道。

3. ADSL 的主要设备

ADSL 技术的核心是信号分离器、ADSL Modem 和 DSLAM 这三个设备。

1) 信号分离器

信号分离器用于把低频语音信号与较高频率的上行数据信号合成到电话线上。同时,将电话线上的下行信号与语音信号分离开来,分别送往电话机和 ADSL Modem。如图 2-112 所示。

信号分离器实际上是一个由电感线圈和电容器组成的无源器件,由低通滤波器和高通滤波器组成。因此,信号分离器又叫滤波器。电话线上 0～4 kHz 的语音信号由低通滤波器取出,送电话机。下行信号由高通滤波器取出,送 ADSL Modem。

2) ADSL Modem

ADSL Modem 数字信号要利用有限频带宽度的电缆传输,就需要使用 Modem 调制到正弦波上,再进行传输。在接收端,还需要 Modem 将正弦波表示的数字信号解调成为 0、1 变化的方波信号。如图 2-113 所示。

ADSL Modem 不仅要完成方波数字信号与正弦波信号之间的调制和解调任务,还需要考虑频分多路复用,把上、下行信号分配到 26 kHz～2 MHz 中的两个不同频段上。

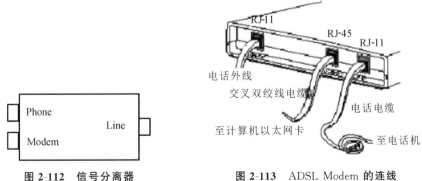

图 2-112　信号分离器　　　　图 2-113　ADSL Modem 的连线

国内华为、速捷等厂家生产的 ADSL Modem 均内置信号分离器,因此 ADSL Modem 可以直接连接电话外线。这样的 ADSL Modem 提供 3 个端口。两个 RJ-11 端口分别接电话外线和电话机,RJ-45 端口经普通 UTP 电缆连接到计算机的以太网卡上。由于 ADSL Modem 的 RJ-45 端口也安排 1、2 脚为发送端,3、6 脚为接收端,所以 UTP 电缆的两端接线是交叉的,与 PC 对 PC 连接的交叉 UTP 电缆完全相同。

　　3）DSLAM

　　电话局端的 DSLAM 设备是由一组 ADSL Modem 构成的调制解调组,完成电话机端的信号调制解调任务。DSLAM 设备中的 ADSL Modem 与用户端的 ADSL Modem 组成电话线路两侧的、一对互逆的调制解调器对,实现"数字信号—正弦波信号—数字信号"的转换工作。

4. ADSL 数据封装

　　ADSL 技术用于将用户数据报转发至 Internet 和将 Internet 数据报转送到用户计算机。ADSL 技术集中表现在用户计算机和电信运营商的接入服务器之间,在这之间的数据报是使用一个全新的协议:PPPoE。

　　PPPoE 全称是 point-to-point protocol over Ethernet(基于以太网的点对点通信协议)。PPPoE 是两个已经在广泛使用的协议的合成:局域网 Ethernet 和 PPP 点对点拨号协议。通过把最经济的以太网技术和点对点协议的可扩展性及管理控制功能结合在一起,PPPoE 继承了以太网的快速和 PPP 拨号简单、用户验证、IP 分配等优势。通过 PPPoE,网络服务提供商和电信运营商便可利用可靠和熟悉的技术来加速部署高速互联网接入业务。

　　从图 2-114 可以看出,PPPoE 报头是由三部分组成,两端是完整的以太网报头和 PPP 报头。因此,PPPoE 封装也可以看作是对 PPP 数据报做了进一步的封装。由于前 14 个字节是标准的以太网帧报头,PPPoE 数据报在以太网中传输的时候,以太网交换机、主机可以完全以为这就是一个标准的以太数据帧。

　　PPPoE 这样封装数据报就成功地使用了 MAC 地址作为链路层地址。接入服务器与用户的主机之间靠 MAC 地址来互相识别,而不管它们的距离有多远。接收主机从以太网报头的第三个字段"上层协议类型"中的编码 0x8863 可以识别这是一个 PPPoE 封装的数据报(0x0800 是 IP 协议,0x0806 是 ARP 协议)。

　　PPPoE 报头中间的 PPPoE 报文码和会话标识号我们将在下文来讨论。

5. ADSL 接入服务的连接建立

　　用户通过 ADSL 接入 Internet,首先要与电信运营商的接入服务器建立连接,申请获得接入服务。

　　这个工作是分两步进行的:① 接入服务器发现;② 用户认证。

　　"接入服务器发现"阶段,用户通过发送 PPPoE 请求报文,在用户计算机和电信运营商的接入服务器之间建立起 PPPoE 的连接,然后在"用户认证"阶段,完全由 PPP 协议来进行用户认证工作。如图 2-114 所示。

　　在图 2-115 中,前 4 个数据报交换是"接入服务器发现"阶段。在这个阶段中:用户主机发"PPPoE 发现请求"广播报文(PADI 包),寻找能够提供 ADSL 接入服务的服务器。

　　接入服务器(一个或多个)收到广播后,若能提供接入服务,发"PPPoE 提供"报文(PADO 包)给用户主机,表明自己可以为用户提供接入服务。

　　用户主机收到接入服务器的响应后,便发出"PPPoE 连接请求"报文(PADR 包),请求接入服务器提供 PPPoE 的连接。

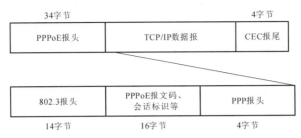

图 2-114　PPPoE 报文格式

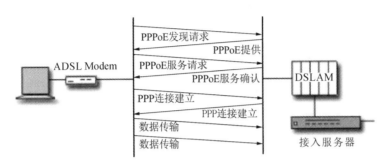

图 2-115　接入服务请求与应答的过程

接入服务器收到"PPPoE 连接请求"后,通过"PPPoE 连接确认"报文(PADS 包),确认与用户计算机的 PPPoE 连接。这时,接入服务器会为这次与用户主机的连接分配一个会话标识号 Session ID,双方在这个连接上的数据报都要在 PPPoE 报头中使用这个标识号。

经过上述两组 4 个 PPPoE 数据报的交换,用户主机便与接入服务器建立起来了 PPPoE 连接。然后,双方进入 PPP 会话阶段。

进入 PPP 会话阶段,并不代表接入服务器同意为用户提供 Internet 接入服务。需要使用 PPP 的用户认证成功后,接入服务器才会在双方建立的 PPP 连接上传输数据。在"接入服务器发现"阶段的 4 个数据报,其 PPPoE 报头中的报文码依此是:0x09、0x07、0x19、0x65。发现阶段结束,进入 PPP 会话阶段后,所有 PPPoE 报头中的报文码将填写为 0x00。

6. PPPoE 协议软件

ADSL 接入技术使用 PPPoE 协议。而 PPPoE 协议是 1998 年后期由 Redback 网络公司、RouterWare 公司以及 Worldcom 的子公司 UUNET Technologies 公司在 IETF RFC 的基础上联合开发出来的。微软公司开发 Windows 98、Windows NT 和 Windows 2000 的时候,PPPoE 协议还没有问世。因此,在使用这些操作系统的计算机上,就需要另外安装 PPPoE 软件。

常用的基于 Windows 操作系统的 PPPoE 软件有 EnterNet 300、WinPoET 和 RASPPPoE,它们都完全支持 Windows 98、Windows NT 和 Windows 2000。

EnterNet 300:由 Efficient Networks 公司开发,是 PPPoE 驱动软件。它具有独立的 PPP 协议,可以不依赖操作系统。

WinPoET:由 WindRiver 公司开发,该公司同时也是 PPPoE 协议起草者之一。WinPoET 需要通过操作系统自身的 PPP 拨号协议来支持完成 PPPoE 的连接,也是许多 ISP 首选的 PPPoE 软件。

RASPPPoE：这是一个由个人开发的免费软件。它小巧精干,没有自己的界面和连接程序,只是一个协议驱动程序,完全依靠标准的拨号网络来连接 ISP,它在使用上完全和老式 Modem 一样简单。它其实就是 EnterNet,使用上也完全一样,只是打上了 BELL 加拿大 ISP 部 Sympatico 的商标,并略微做了修改。

Windows XP 在开发时 PPPoE 协议已经发布,因此已经套装了 PPPoE 软件,不用另行安装。此外,ISP 也可能给用户提供其他的 PPPoE 软件。

7. 局域网的 ADSL 接入

在图 2-116 所示的例子中,使用代理服务器来用 ADSL 将局域网接入到 Internet。代理服务器是一台普通的电脑,安装 Sygate 4.0 Office Network 软件,作为局域网中其他主机连接 Internet 的默认网关。作为接入代理的电脑需要安装两块网卡,一块连接 ADSL Modem,配置连接服务商提供的公开 IP 地址 193.125.22.96。另外一块网卡接入局域网中的以太网交换机(或 Hub),配置内部 IP 地址 210.12.50.1。

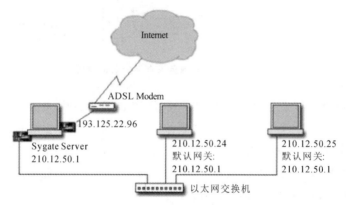

图 2-116　通过代理接入 Internet

客户端设置很简单,不需要安装任何软件,只需要设置网卡的网关和 DNS 为代理服务器上面向局域网的那块网卡的 IP 地址即可(如果服务器打开了 DHCP 服务,则客户端可设置本机 IP 为自动获取)。客户端也可以安装 Sygate 并选择客户端模式安装,由 Sygate 自动配置。

除了 Sygate,Wingate 也是常用的代理服务器软件。

二、电缆调制解调器 Cable Modem

我国与其他发达国家比较起来,有线电视的普及率较高,到 2003 年已经接近 1 亿用户。这样一个城市最宝贵的资源用于 Internet 的宽带接入具有广泛的应用前景。

Cable Modem 是一种可以通过有线电视网络进行高速数据接入的技术。有线电视使用的同轴电缆通常具有 550 MHz 的频响特性,一些新建小区的电视电缆达到了 700 MHz,甚至 900 MHz,远远超过电话电缆 2 kHz 的频带宽度,因此非常适合传输数据。

Cable Modem 技术在 Internet 接入中,提供双向的高速数据传输,而不影响电视节目的传送。Cable Modem 技术的下行速率可达30 Mbps,上行传输速率为 512 Kbps 或 2.048 Mbps。原来用 ISDN 需要 2 min 从 Internet 下载的数据,使用 Cable Modem 只需要 2 s 就可以完成。

1. Cable Modem 的体系结构

Cable Modem 是一种可以通过有线电视网络进行高速数据接入的装置。它一般有两个接口,一个用来接室内墙上的有线电视端口,另一个与计算机相连。Cable Modem 不仅包含调制解调部分,它还包括电视接收调谐、加密解密和协议适配等部分。Cable Modem 甚至还可以集成路由器、网络控制器或集线器在同一个设备中。如图 2-117 所示。

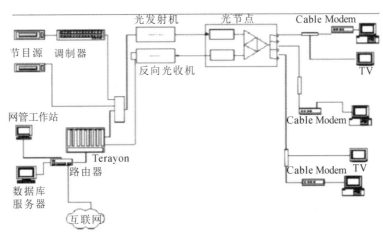

图 2-117　Cable Modem 的体系结构

Cable Modem 要在两个不同的方向上接收和发送数据,把上、下行数字信号用不同的调制方式调制在双向传输的某一个 6 MHz(或 8 MHz)带宽的电视频道上。标准有线电视电缆为 750 M 带宽,每个普通频道使用 8 M 带宽。Cable Modem 传输模式下,可以占用其中的一个或多个频道传输数字信号。Cable Modem 把上行的数字信号转换成模拟射频信号,类似电视信号,所以能在有线电视网上传送。接收下行信号时,Cable Modem 把它转换为数字信号,以便电脑处理。

在有线电视前端,Cable Modem 终端系统(CMTS)接收来自 Internet 的下行数据,转换成模拟射频信号后,与电视节目信号混合,通过光发射机、光缆、光节点机、电视电缆,传送到用户的 Cable Modem。来自用户的上行数据,在用户小区的前端被滤波器件从电视电缆中取出,通过光节点机、光缆、反向光收机,送到 Cable Modem 终端系统 CMTS,解调后送入 Internet。

Cable Modem 的传输速度一般可达 3～50 Mbps,距离可以是 100 km 甚至更远。Cable Modem 终端系统(CMTS)能和所有的 Cable Modem 通信,但是 Cable Modem 只能和 CMTS 通信。如果两个 Cable Modem 需要通信,那么必须由 CMTS 转播信息。

2. Cable Modem 的传输模式

Cable Modem 的传输模式分为对称式传输和非对称式传输。

1) 对称式传输

所谓对称式传输是指上/下行信号各占用一个普通频道 8 M 带宽,上/下行信号可能采用不同的调制方法,但用相同传输速率(2～10 Mbps)的传输模式。在有线电视网里利用5～30(42) MHz 作为上行频带,对应的回传最多可利用 3 个标准 8 MHz 频带:500～550 MHz 为传输模拟电视信号,550～650 MHz 为 VOD(视频点播),650～750 MHz 为数据通信。利用对称式传输,开通一个上行通道(中心频率 26 MHz)和一个下行通道(中心频率 251 MHz)。上行的 26 MHz 信号经双向滤波器检出,输入给变频器,变频器解出上行信号的中频(36～44 MHz)再调制为下行的 251 MHz,构成一个逻辑环路,从而实现了有线电视网双向交互的物理链路。

2) 非对称式传输

由于用户对 Internet 发出请求的信息量远远小于从网上下载数据的下行量,上行通道的需求远远小于下行通道。如果 Cable Modem 采用非对称式的传输,既能满足客户的要求,又能解决上行信号的噪声问题。

频分复用、时分复用的配合加之以新的调制方法,每 8 MHz 带宽下行速率可达 30 Mbps,上行传输速率为 512 Kbps 或 2.048 Mbps。很明显,非对称式传输最大的优势在于提高了下行速率,并极大地满足 Internet 接入的客户需求。相对应的非对称式传输的前端设备较为复杂,它不仅有对称式应用中的数字交换设备,还必须有一个线缆路由器(Cable Router),才能满足网络交换的需要。而对称式传输中执行的 IEEE 802.4 令牌网协议在同一链路用户较少时还能达到设计速率,当用户达到一定数量时,其速率迅速下降,不能满足客户对多媒体应用的需求。此时,非对称式传输就比对称式传输有了更多更大的应用范围,它可以开展电话、高速数据传递、视频广播、交互式服务和娱乐等服务,它能最大限度地利用可分离频谱,按客户需要提供带宽。

思政小课堂——明德篇

什么是至善?

亨利 • 诺尔曼 • 白求恩(Henry Norman Bethune,1890 年 3 月 4 日—1939 年 11 月 12 日),医学博士,加拿大医师、医疗创新者、人道主义者。他的胸外科医术在加拿大、英国和美国医学界享有盛名。1938 年 3 月 31 日,白求恩率领一个由加拿大人和美国人组成的医疗队来到中国延安,毛泽东亲切接见了白求恩一行。1938 年 11 月至 1939 年 2 月,白求恩率医疗队到山西雁北和冀中前线进行战地救治。4 个月里,行程 750 千米,做手术 300 余次,救治了大批伤员。1939 年 11 月 12 日,白求恩因败血症医治无效在河北省唐县黄石口村逝世,终年49 岁。

他的生命虽然短暂,但是给人带来的震撼是无限的。到底什么样的人才是至善之人、品德高尚之人,并值得大家永久铭记呢?白求恩给了我们答案。那么只有医生这个职业具有这样的特质吗?回答肯定是否定的。各行各业都是一样的,只要心中有善,有自己的道德底线,那么你在自己的岗位上也能值得大家尊敬,也能成为一个有崇高追求的人!

(观看小视频:《马云和他的团队》)

马云在创业时历尽艰辛,他说了一句话:"我不成功,会有人成功。中国人不能再等了,必须破土而出,我希望这一天不要太晚!"他第一时刻想到的是互联网行业在中国要有所发展,不希望落后于发达国家!而不是他个人是否能成功,是否能挣到更多的钱。只有把自己的命运和国家的命运联系在一起,你才能有自己的事业、有自己的天地!

本章习题

1. 选择题

(1) 以下关于 802.3 帧格式的说法中正确的是(　　)。

A. 802.3 帧即 Ethernet-II 帧　　　　　　B. 前导码为 8 字节

C. 有一个长度字段　　　　　　　　　　D. 有一个类型字段

(2) 10 Mb/s 以太网不支持的媒体是(　　)。

A. 粗同轴电缆　　　　　　　　　　　　B. 单模光纤

C. 多模光纤　　　　　　　　　　　　　D. 非屏蔽双绞线 UTP

(3) 生成树协议的作用是(　　)。

A. 确定任意两个节点间的最短路径

B. 寻找一个源节点到多个目标节点间的多播路由

C. 确定虚拟局域网 VLAN 的构成

D. 查找并消除循环冗余链路,并能在工作链路出现故障时自动启用备用链路来维持数据通信

(4) (　　)不属于 VLAN 的划分方式。

A. 基于应用层　　　B. 基于网络层　　　C. 基于 MAC 地址　　　D. 基于端口

(5) 以下关于以太网络的说法中错误的是(　　)。

A. 关于 Ethernet-II 的规范是 IEEE 802.3

B. 以太网的媒体访问控制方式是 CSMA/CD

C. 以太网采用了曼彻斯特编码技术

D. 以太网交换机的出现标志着以太网已从共享时代进入了交换时代

(6) 对传统的以太网而言,限制网络跨距的最根本因素是(　　)。

A. 节点发送的信号会随着传输距离的增大而衰减

B. 节点是边发送边检测冲突的

C. 跨距太大将不利于载波帧听

D. 跨距太大会造成"退避时间"过长

2. 简答题

(1) 使用中继器为什么可以扩展网络长度? 有无限制条件?

(2) 描述以太网交换机的逻辑机理。比较存储转发与直通两种交换方式的优缺点。

(3) 无线局域网的 CSMA/CA 协议与以太网的 CSMA/CD 协议主要区别在哪里? 为什么在无线局域网中不能使用 CSMA/CD 协议?

(4) 无线局域网有几种建网方式? 分别适用于哪些应用场合?

(5) 组建一个有 3 个 AP 的无线局域网,这 3 个 AP 分别接在 3 个不同的 IP 子网上。这样的一个无线局域网,运行时会出现什么样的现象?

(6) 无线局域网使用了哪些技术来解决安全问题?

第 3 章 网络服务器的配置

通过埋头苦干,小李终于把网络的硬件设备都搭建完成了,但是新的问题出现了,那就是如何管理网络呢? 这可是网络能否正常运行的关键所在,他这次想到了一个人,那就是他的老乡——刚毕业的博士研究生小王。他立刻联系小王,向他请教搭建网络服务器的方法。下面,我们就把小王的经验和方法介绍给大家,首先我们从小王教小李使用的虚拟机开始吧。

3.1 网络管理技术

网络管理需要完成的主要任务是监视网络设备的运转、判断网络运行的质量、进行故障诊断与排除和重新配置网络设备。一个高效率工作的网络离不开有效的网络管理,网络管理是重要的网络技术之一。

在进行网络管理的同时,还需要使用专门的技术来保护网络安全,以防止对网络的恶意攻击,保障数据信息不被泄露。

本章将针对上述任务介绍较常用的网络管理技术和网络安全技术。

◆ 知识点 3.1.1 SNMP 管理协议

最早的简单网络管理协议 SNMP(simple network management protocol)发布于 1988 年。SNMP 协议提出了对网络实施监控管理的技术方案。几乎所有大型网络厂商(如 Cisco、3Com、HP、IBM、Sun、Prime、联想、实达等公司)都在自己的网络设备中安装 SNMP 部件,支持 SNMP 协议。

SNMP 协议在功能上规定要从一个或多个网管工作站上远程监控网络的运行参数和设备,这包括:网络拓扑结构、设备端口流量、错包和错包数量情况、丢包和丢包数量情况、设备和端口的连接状态、VLAN 划分情况、帧中继和 ATM 网络情况、服务器 CPU、内存、磁盘、IPC、进程、网络使用情况、服务器日志情况、应用响应情况、SAN 网络情况等。

SNMP 协议还规定实现设备和端口的关闭、划分 VLAN 等远程设置功能。

图 3-1 是 SNMP 的体系结构。SNMP 的管理模型包括四个关键元素:网管工作站、SNMP 代理、管理信息库 MIB 和 SNMP 通信协议。

SNMP 协议规定整个系统必须有一个网管工作站,通过网络设备中的 SNMP 代理程序,网络设备中的设备类型、端口配置、通信状况等信息定时传送给网管工作站,再由网管工作站以图形和报表的方式描绘出来。

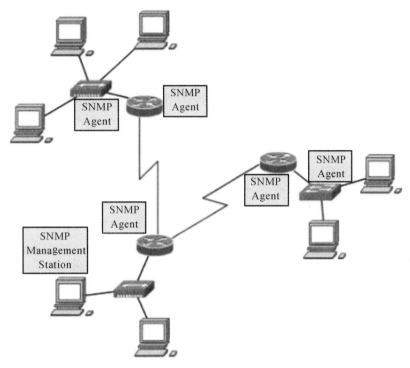

图 3-1 SNMP 的体系结构

1. SNMP 网管工作站

SNMP 网管工作站是网络管理员与网络管理系统的接口,它实际上是一台运行特殊管理软件(如 HP NetView、CiscoWorks 等)的计算机。SNMP 网管工作站运行一个或多个管理进程,它通过 SNMP 协议在网络上与网络设备中的 SNMP 代理程序通信,发送命令并接收代理的应答。网管工作站通过获取网络设备中需要监控的参数值来实现网络资源监视,也可以通过修改设备配置的值来使 SNMP 代理修改网络设备上的配置。许多 SNMP 网管工作站的应用进程都具有图形用户界面,提供数据分析、故障发现的功能,网络管理者能方便地检查网络状态并在需要时采取行动。

2. SNMP 代理

网络中的主机、路由器、网桥和交换机等都可配置 SNMP 代理程序,以便 SNMP 网管工作站对它进行监控或管理。每个设备中的代理程序负责搜集本地的参数(如:设备端口流量、错包和错包数量情况、丢包和丢包数量情况等)。SNMP 网管工作站通过轮询广播,向各个设备中的 SNMP 代理程序索取这些被监控的参数。SNMP 代理程序对来自 SNMP 网管工作站的信息查询和修改设备配置的请求做出响应。

SNMP 代理程序同时还可以异步地向 SNMP 网管工作站主动提供一些重要的非请求信息,而不等轮询的到来。这种被称为 Trap 的方式,能够及时地将诸如网络端口失效、丢包数量超过警戒阈值等紧急信息报告给 SNMP 网管工作站。

SNMP 网管工作站可以访问多个设备的 SNMP 代理,接收来自多个代理的 Trap。因此,从操作和控制的角度看,网管工作站"管理"着许多代理。同时,SNMP 代理程序也能对多个网管工作站的轮询请求做出响应,形成一种一对多的关系。

3. 管理信息库 MIB

MIB 是一个信息存储库,安装在网管工作站上。它存储了从各个网络设备的代理程序那里搜集的有关配置、性能和运行参数等数据,是网络监控与管理的基础。MIB 数据库中存储哪些参数以及数据库结构的定义在[RFC1212]、[RFC1213]这样的文件中都有详细的说明。其中[RFC1213]是 1991 年制订的新的版本,增添了许多 TCP/IP 方面的参数。

4. SNMP 通信协议

SNMP 通信协议规定了网管工作站与设备中的 SNMP 代理程序之间的通信格式,网管工作站与设备中的 SNMP 代理程序之间通过 SNMP 报文的形式来交换信息。

SNMP 协议的通信分为:读操作 Get、写操作 Set 和报告操作 Trap 三种功能共五种报文,如表 3-1 所示。

表 3-1　SNMP 协议的通信

SNMP 报文类型编号	SNMP 报文名称	用　　途
0	Get-request	网管工作站发出的轮询请求
1	Get-next-request	网管工作站发出的轮询请求
2	Get-response	SNMP 代理程序向网管工作站传送的配置参数和运行参数
3	Set-request	网管工作站向设备发出的设置命令
4	Trap	设备中的 SNMP 代理程序向网管工作站报告紧急事件

网管工作站在轮询时,使用 Get-request 和 Get-next-request 报文请求 SNMP 代理程序报告设备的配置参数和运行参数,SNMP 代理程序使用 Get-response 包向网管工作站传送这些参数。当出现紧急情况时,设备中的 SNMP 代理程序使用 Trap 包向网管工作站报告紧急事件。

图 3-2 所示为 SNMP 的五种通信包。

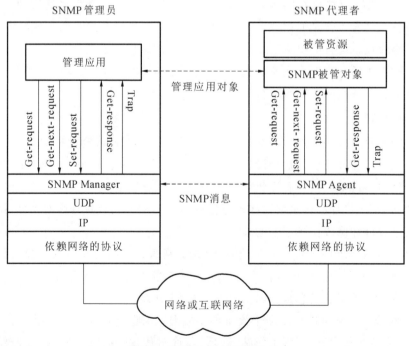

图 3-2　SNMP 的五种通信包

SNMP 协议使用周期性(如每 10 分钟)的轮询以维持对网络的实时监控,同时也使用 Trap 包来报告紧急事件,使 SNMP 协议成为一种有效的网络管理协议。

网络设备中的代理程序为了识别真实的网管工作站,避免伪装的或未授权的数据索取,使用了"共同体"的概念。从真实网管工作站发往代理的报文都必须包含共同体名,它起着口令的作用。只要 SNMP 请求报文的发送方知道口令,该报文就被认为是可信的。不过,这也并不是很安全的方式。所以,很多网络管理员仅仅提供网络监视的功能(Get 和 Trap 操作),屏蔽掉了网络控制功能(Set 操作)。

◆ 知识点 3.1.2 网络防火墙

当一个机构将其内部网络与 Internet 连接之后,所关心的一个主要问题就是安全。内部网络上不断增加的用户需要访问 Internet 服务,如 WWW、电子邮件、Telnet 和 FTP 服务器。

当机构的内部数据和网络设施暴露在 Internet 上的时候,网络管理员越来越关心网络的安全。事实上,对一个内部网络已经连接到 Internet 上的机构来说,重要的问题并不是网络是否会受到攻击,而是何时会受到攻击。为了提供所需级别的保护,机构需要有安全策略来防止非法用户访问内部网络上的资源和非法向外传递内部信息。即使一个机构没有连接到 Internet 上,它也需要建立内部的安全策略来管理用户对部分网络的访问并对敏感或秘密数据提供保护。

1. 什么是防火墙

防火墙是这样的系统,它能用来屏蔽、阻拦数据报,只允许授权的数据报通过,以保护网络的安全性。

防火墙可以很方便地监视网络的安全性,并产生报警。防火墙负责管理外部网络和机构内部网络之间的访问。在没有防火墙时,内部网络上的每个节点都暴露给 Internet 上的其他主机,极易受到攻击。这就意味着内部网络的安全性要由每一个主机的坚固程度来决定,并且安全性等同于其中最弱的系统。

防火墙允许网络管理员定义一个中心"扼制点"来防止非法用户,如黑客、网络破坏者等进入内部网络。禁止存在安全脆弱性的服务进出网络,并抗击来自各种路线的攻击。防火墙的安装能够简化安全管理,网络安全性是在防火墙系统上得到加固,而不是分布在内部网络的所有主机上。网络管理员必须审计并记录所有通过防火墙的重要信息。如果网络管理员不能及时响应报警并审查常规记录,防火墙就形同虚设。在这种情况下,网络管理员永远不会知道防火墙是否受到攻击。要使一个防火墙有效,所有来自和去往 Internet 的信息都必须经过防火墙,接受防火墙的检查。防火墙必须只允许授权的数据通过,并且防火墙本身也必须能够免于渗透。

2. 防火墙的类型

通常,防火墙可以分为以下几种类型。

(1)包过滤防火墙:这种防火墙是在路由器中建立一种称为访问控制列表的方法,让路由器识别哪些数据报是允许穿越路由器的,哪些是需要阻截的。

(2)代理服务器:这种防火墙方案要求所有内网的主机需要使用代理服务器与外网的主机通信。代理服务器会像真墙一样挡在内部用户和外部主机之间,从外部只能看见代理服务器,而看不到内部主机。外界的渗透,要从代理服务器开始,因此增加了攻击内网主机的难度。

（3）攻击探测防火墙:这种防火墙通过分析进入内网数据报中报头和报文中的攻击特征来识别需要拦截的数据报,以对付 SYN flood、IP spoofing 这样的已知的网络攻击手段。攻击探测防火墙可以安装在代理服务器上,也可以做成独立的设备,串接在与外网连接的链路中,装在边界路由器的后面。

3. 包过滤防火墙

包过滤防火墙的核心是称作"访问控制列表"的配置文件,由网络管理员在路由器中建立。包过滤路由器根据"访问控制列表"审查每个数据包的报头,来决定该数据包是否要被拒绝还是被转发。报头信息中包括 IP 源地址、IP 目标地址、协议类型（如 TCP、UDP、ICMP 等）、TCP 端口号等。

下面我们利用实例来介绍如何建立一个包过滤防火墙。

在图 3-3 所示的网络中,我们如果需要实现:只允许 172.16.3.0 网络访问 172.16.4.0 网络,但是 172.16.4.13 服务器只允许 172.16.4.0 内网中的主机访问,不允许 172.16.3.0 网络访问。我们可以用下面的命令来建立一个访问控制列表:

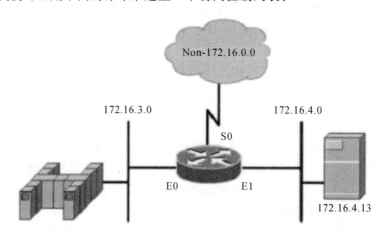

图 3-3   包过滤路由器防火墙的建立

```
(config)# access-list 101 deny ip any 172.16.4.13  0.0.0.0
(config)# access-list 101 permit ip 172.16.3.0  0.0.0.255  172.16.4.0  0.0.0.255
(config)# access-list 101 deny ip any any
(config)# interface e1
(config-if)# ip access-group 101
(config-if)# exit(config)#
```

上面六条命令,前三个命令建立了一个编号为 101 的访问控制列表。第四个命令进入到路由器的 e1 端口,并在第五个命令时把第 101 号访问控制列表捆绑到 e1 端口。前三个命令所建立的访问控制列表中创建了三条语句。

第一条命令拒绝所有主机发往 172.16.4.13 服务器的 IP 数据报。其语法格式为:

"access-list":创建访问控制列表语句的命令。

"deny":表示拒绝满足后面条件的数据报。

"IP":表示本语句针对 IP 数据报。

"any":源主机,any 表示所有源主机。

"172.16.4.13":目标主机。

"0.0.0.0":4 个 0 表示数据报中的目标 IP 地址只有与 172.16.4.13 完全相同,条件才算成立。

第二条命令允许 172.16.3.0 网络的所有主机发往 172.16.4.0 网络的 IP 数据报通过。其语法格式为:

"access-list":创建访问控制列表语句的命令。

"permit":表示允许满足后面条件的数据报通过。

"IP":表示本语句针对 IP 数据报。

"172.16.3.0":源主机。

"172.16.4.0":目标主机。

"0.0.0.255":表示数据报中的源 IP 地址只要高三个字节与 172.16.3.0 相同,条件才算成立。

"255"表示最低的字节不需要考虑。

通过上面的例子我们可以看出,包过滤路由器对所接收的每个数据包做允许拒绝的决定。路由器审查每个数据报以便确定其是否与某一条访问控制列表中的包过滤规则匹配。过滤规则基于可以提供给 IP 转发过程的包头信息。包头信息中包括 IP 源地址、IP 目标地址、TCP/UDP 目标端口、ICMP 消息类型。包的进入接口和出接口,如果有匹配并且规则允许该数据包,那么该数据包就会按照路由表中的信息被转发。如果不匹配并且规则拒绝该数据包,那么该数据包就会被丢弃。如果没有找到与访问控制列表中某条语句的条件匹配,这个数据包也会被丢弃。

包过滤路由器的优点如下。已部署的防火墙系统多数只使用了包过滤器路由器。除了花费时间去规划过滤器和配置路由器之外,因为访问控制列表的功能在标准的路由器软件中已经免费,实现包过滤几乎不需要额外的费用。由于 Internet 访问一般都是在 WAN 接口上提供,因此在流量适中并定义较少过滤器时对路由器的速度性能几乎没有影响。另外,包过滤路由器对用户和应用来讲是透明的,所以不必对用户进行特殊的培训和在每台主机上安装特定的软件。

包过滤路由器的缺点如下。定义数据包过滤器会比较复杂,因为网络管理员需要对各种 Internet 服务、包头格式以及每个域的意义有非常深入的理解。如果需要支持非常复杂的过滤,过滤规则集合会非常的大和复杂,因而难于管理和理解。另外,在路由器上进行规则配置之后,几乎没有什么工具可以用来审核过滤规则的正确性,因此会成为一个脆弱点。

任何直接经过路由器的数据包都有被用作数据驱动式攻击的潜在危险。我们已经知道数据驱动式攻击从表面上来看是由路由器转发到内部主机上没有害处的数据。该数据包括了一些隐藏的指令,能够让主机修改访问控制和与安全有关的文件,使得入侵者能够获得对系统的访问权。

一般来说,随着过滤器数目的增加,路由器的吞吐量会下降。可以对路由器进行这样的优化:抽取每个数据包的目的 IP 地址,进行简单的路由表查询,然后将数据包转发到正确的接口上去传输。如果打开过滤功能,路由器不仅必须对每个数据包做出转发与否的决定,还必须将所有的过滤器规则施用给每个数据包。这样就消耗了 CPU 时间并影响系统的性能。

IP 包过滤器可能无法对网络上流动的信息提供全面的控制。包过滤路由器能够允许或拒绝特定的服务,但是不能理解特定服务的上下文环境/数据。例如,网络管理员可能需要在应用层过滤信息以便将访问限制在可用的 FTP 或 Telnet 命令的子集之内,或者阻塞邮件的进入及特定话题的新闻进入。这种控制最好在高层由代理服务和应用层网关来完成。

◆ 知识点 3.1.3 网络地址转换

如图 3-4 所示,如果在边界路由器上加装地址转换程序 NAT,每当在内部网络的主机需要连接外网时,NAT 就会隐藏其源 IP 地址,并动态分配一个外部 IP 地址来取代。这样,外部用户就无法得知你的内部网络的地址,这个转换内部网络 IP 地址的动作就叫作网络地址转换 NAT。

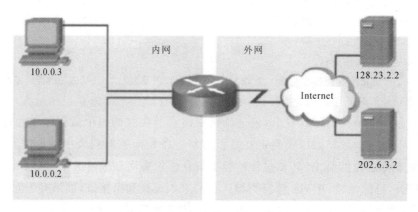

图 3-4   在边界路由器上加装地址转换

当内网主机 10.0.0.2 需要访问外网主机 202.6.3.2,数据报在流经路由器时,路由器中的 NAT 程序会将数据报头里的源 IP 地址 10.0.0.2 更换为某个公开的 IP 地址,如 179.9.8.20。并将转换情况保存到自己内存中如图 3-5 所示的 NAT 表中。外部主机 202.6.3.2 发往内网主机 10.0.0.2 的数据报中,其目标 IP 地址会是 179.9.8.20,而不是 10.0.0.2,因为它不知道 10.0.0.2 这个真实地址。从外网来的数据报,路由器中的 NAT 程序通过查 NAT 表,会更换目标地址为内网 IP 地址 10.0.0.2,再发送到内网中来。

NAT Table		
Inside Local IP Address	Inside Global IP Address	Outside Global Address
10.0.0.2:1331 10.0.0.4:1444	179.9.8.20:1331 179.9.8.80:1444	202.6.3.2:80 128.23.2.2:80

图 3-5 NAT 表

通过图 3-5 还可以看到 10.0.0.4 主机的数据报、源 IP 地址 10.0.0.4 已经被更换为公开的 IP 地址 179.9.8.80。

可见,地址转换 NAT 技术的使用,也为网络提供了一种安全手段。

地址转换 NAT 技术不仅为网络提供了一种安全机制,也常用于没有足够的公开 IP 地址的情况。例如一个单位只申请到 100 个公开 IP 地址,可是内网中有 1 000 台主机需要连接到互联网。使用 NAT 技术,就可以在内网中使用内部 IP 地址。当数据报需要流出内网时,由 NAT 负责将源 IP 地址更换为互联网中合法的公开 IP 地址。当连接结束后,公开 IP

地址将被 NAT 程序收回,以备其他主机在与互联网通信时使用。

NAT 程序的工作,需要在路由器上为其配置一定的公开 IP 地址。当公开 IP 地址被全部占用的时候,无法分到公开 IP 地址的数据报将被终止传输。

一种称为端口地址转换 PAT(port address translation)的技术可以使有限的公开 IP 地址为更多的内网主机同时提供与外网的通信支持。极限情况下,可以用一个公开 IP 地址为数百台内网主机提供支持。

在图 3-6 中,内网只有一个公开 IP 地址 179.9.8.20。内网的主机只能以这一个地址连接互联网。虽然 10.0.0.2 主机和 10.0.0.3 主机同时访问外网,但是 PAT 能够很好地用端口号来判断是哪一个主机的报文包。

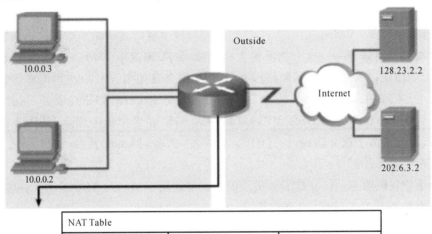

NAT Table		
Inside Local IP Address	Inside Global IP Address	Outside Global Address
10.0.0.2:1331	179.9.8.20:1331	202.6.3.2:80
10.0.0.3:1555	179.9.8.20:1555	128.23.2.2:80

图 3-6　PAT 地址转换

 思政小课堂——明德篇

2003 年伊始,一起知识产权官司吸引了全球的"眼球":美国思科系统公司诉华为技术有限公司。一方是世界非常有名的网络电信设备制造商,一方是名列中国 2002 年度电子百强第 7 位的民营企业,如此举足轻重的公司对簿公堂,必有一番"好戏"可看。这个案件会对中国的网络建设产生什么影响?如果思科胜诉,是否意味着思科将建立起技术壁垒或利用技术壁垒策略遏制中国企业的竞争?

早些时候,思科公司表示,他们面临的新挑战来自以华为公司为代表的亚洲网络设备厂商。明眼人都清楚,思科起诉华为侵权,醉翁之意不在酒,意在限制华为在国际市场上的扩张。起诉,只是迟早的事情。

《华尔街日报》一位观察家认为,思科此番之所以大动干戈,一则是华为产品与思科产品极其相似;二则思科明显意识到华为已不再固守其传统的亚洲市场,而向思科在北美的薄弱区的挺进势头不小。

从这个实例可以看出,华为的不断崛起,已经让全球"老大哥"思科坐不住了,二者同属通信行业,当然会水火不容!但是,谁能真正有底气的抢占市场,谁才是王者,不可撼动。所以,过硬的技术能力才是华为的底气。华为的背后是日益强大的中国,我们新时期的技术青年,将来从事的这个行业就是需要我们不断进行革新,拥有一颗爱国之心、一颗报国之心,有着"亮剑"精神!

3.2　虚拟机的使用

◆ 知识点 3.2.1　虚拟机的安装与使用

安装 VMware-workstation-full-10.0.2-1744117(以下简称 VMware10)的过程如下。

(1) 解压后运行"VMware10.0.rar",即在安装程序窗口显示如下选项进行安装。

启动本机网络服务——这个选项包含的 VMNETUSERIF(VMware 网络服务接口)和 VMNETBRIDGE(VMware 桥接网络服务)这两个服务是使用 VMware 网络必需的。

启动 USB 和 COM 服务——包含了 USB 支持服务和 COM 口支持服务,一般如果不在 VMware 的虚拟系统中使用 USB 和 COM 口的话,可以在虚拟机中删除 USB 设备,如果要用到的话,打开这两个服务启动——DHCP 和 NAT 服务,网络配置在 NAT 模式下的话需要开启这两个服务。

启动用户权限服务——在非管理员组的用户要使用 VMware 的话需要开启这个服务。

安装虚拟网卡 1——默认没有安装 VMware 的虚拟网卡。

安装 VMMOUNT——VMMOUNT 可以将虚拟磁盘挂载在宿主机的 Windows 系统中,作为一个磁盘分区,方便虚拟机和宿主机交换文件。

启动增强型虚拟键盘——使真机和虚拟机的键盘操作更加兼容和完美。

注:"虚拟机管理窗口"指运行 VMware-workstation-full-10.0.2-1744117.exe 后的窗口。

(2) 运行 VMware-workstation-full-10.0.2-1744117.exe,按系统提示建立一个虚拟主机。

值得注意的是,最好给虚拟机一定的安装空间,这样运行速度会快些。

具体的操作步骤如下。

第 1 步:双击打开虚拟机安装程序,出现程序加载画面,如图 3-7 所示。

第 2 步:程序加载完,出现安装向导画面,如图 3-8 所示,然后单击"下一步"。

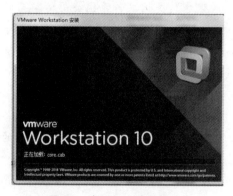

图 3-7　虚拟机安装过程(1)

图 3-8　虚拟机安装过程(2)

第 3 步:查看并接受安装许可授权协议,如图 3-9 所示,然后单击"下一步"。

第 4 步:选择自己需要的安装类型,建议大家选择"典型"安装方式,如图 3-10 所示。然后单击"下一步"。

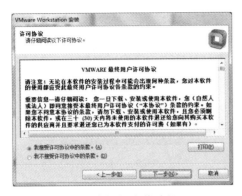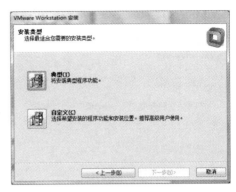

图 3-9　虚拟机安装过程（3）　　　　图 3-10　虚拟机安装过程（4）

第 5 步：选择虚拟机安装路径，建议大家选择默认安装路径即可，如图 3-11 所示。然后单击"下一步"。

第 6 步：选择虚拟机更新方式，一般不建议勾选"启动时检查产品更新"，如图 3-12 所示，然后单击"下一步"。

图 3-11　虚拟机安装过程（5）　　　　图 3-12　虚拟机安装过程（6）

第 7 步：选择虚拟机反馈方式，建议大家不选择反馈，如图 3-13 所示，然后单击"下一步"。

第 8 步：选择虚拟机安装到系统中的快捷方式，建议大家选择默认方式，如图 3-14 所示，然后单击"下一步"。

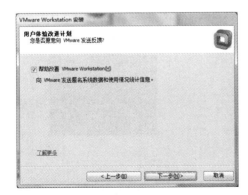

图 3-13　虚拟机安装过程（7）　　　　图 3-14　虚拟机安装过程（8）

第 9 步：选择虚拟机配置好的安装操作进程，如图 3-15 所示，然后单击"下一步"。

第 10 步：执行安装过程，如图 3-16 所示。

 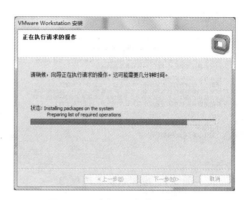

图 3-15   虚拟机安装过程（9）   图 3-16   虚拟机安装过程（10）

第 11 步：虚拟机安装完成后，如图 3-17 所示，单击"完成"。

第 12 步：安装完成后查看系统桌面快捷方式图标 ，双击打开即可见图 3-18 所示的画面。

图 3-17   虚拟机安装过程（11）   图 3-18   虚拟机安装过程（12）

第 13 步：双击打开的虚拟机界面，如图 3-19 所示。

第 14 步：安装初始化配置，单击"完成"即可进入到虚拟机的主界面，如图 3-20 所示。

图 3-19   虚拟机安装过程（13）   图 3-20   虚拟机安装过程（14）

第 15 步：虚拟机主界面出现新建 Windows XP 虚拟机初始化界面，单击"开启此虚拟机"即可安装 Windows XP 操作系统（Windows XP 安装过程不再演示），安装完成后即进入安装好的操作系统。安装拷贝进来的常用工具,安装 VMware Tools 工具,这样我们就可以像使用宿主机(支撑主机,又称承载主机)的操作系统一样开始使用这个虚拟的操作系统了,如上网、下载文件、办公等。

课后任务

(1) 下载并安装虚拟机软件,结合课程教学过程自行安装,并配置安装 Windows XP 和 Windows 2003 系统。

(2) 思考如何让虚拟机与宿主机操作同步?

(3) 思考如何让虚拟机通过宿主机网络浏览互联网?

◆ 知识点 3.2.2 网络操作系统的安装与基本配置

一、网络操作系统的介绍

1. 网络操作系统的特征

(1) 网络 OS 允许在不同的硬件平台上安装和使用,能够支持各种的网络协议和网络服务。

(2) 提供必要的网络连接支持,能够连接两个不同的网络。

(3) 提供多用户协同工作的支持,具有多种网络设置,工具管理软件能够方便地完成网络的管理。

(4) 有很高的安全性,能够进行系统安全性保护和各类用户的存取权限控制。

2. 常见的网络操作系统

1) Microsoft Windows 2000/2003/2008R2

网络操作系统主要面向应用处理领域,特别适合于客户机/服务器模式。其在数据库服务器、部门级服务器、企业级服务器、信息服务器等应用场合上广泛使用。

2) UNIX

历史上 UNIX 是大型服务器操作系统的不二选择。UNIX 在本质上可以有效地支持多任务和多用户工作,适合在 RISC 等高性能平台上运行。由于 UNIX 提供了非常完善的 TCP/IP 协议支持,具备为人称道的稳定性和安全性,所以因特网中较大型的服务器的操作系统许多都是 UNIX。风头正劲的 Linux 就是 UNIX 的一种,UNIX 的势头仍旧十分的强劲。

3) Novell Netware

Novell Netware 的文件服务与目录服务功能相当出色,所以在 Novell 公司推出 Netware 3.××版本以后,就占领了大部分以文件服务和打印服务为主的服务器市场。但由于微软公司的 NT 系列的性能不断增强,Novell Netware 的影响力有所下降。

二、在 VMware 虚拟机中安装 Windows Server **2003**

注:最终配置完成如图 3-21 所示,请注意 ISO 文件一定要对应操作系统的版本及类型。

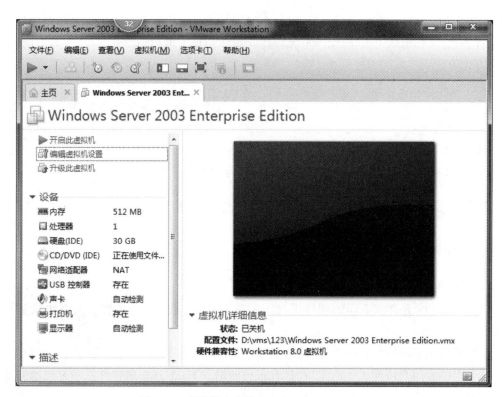

图 3-21　虚拟机中安装 Windows Server **2003**

思政小课堂——开智篇

计算机网络技术与大数据技术结合：

未来计算机的发展趋势是微型化、智能化、网络化，那么与多种现代化的技术进行结合就是必然的，比如与大数据技术的结合。大数据技术与应用是将大数据分析挖掘与处理、移动开发与架构、软件开发、云计算等前沿技术相结合的"互联网＋"前沿科技专业。本专业旨在培养学生系统掌握数据管理及数据挖掘方法，成为具备大数据分析处理、数据仓库管理、大数据平台综合部署、大数据平台应用软件开发和数据产品的可视化展现与分析能力的高级专业大数据技术人才。

大数据技术渗透到社会的方方面面，如医疗卫生、商业分析、国家安全、食品安全、金融安全等方面。2014 年，大数据作为国家重要的战略资源加快了创新发展的脚步，在全社会形成"用数据说话、用数据管理、用数据决策、用数据创新"的文化氛围与时代特征。大数据科学将成为计算机科学、人工智能技术（虚拟现实、商业机器人、自动驾驶、全能的自然语言处理）、数字经济和物联网商业应用，以及各个人文社科领域发展的核心。

计算机网络技术的产生，让这些数据的处理和综合应用成为可能，学好"计算机网络"课程就是为将来学习更多的信息化技术打好坚实的基础。

3.3 服务器的配置

◆ 知识点 3.3.1　DNS 服务器的安装与配置

一、DNS 服务器的基本概念

（1）DNS 服务器的安装。

（2）DNS 服务器的相关概念。

（3）域和域控制器（DC）。

（4）DNS：域名系统；AD：活动目录；DC：域控制器（装有 AD 的 server 就是 DC）。

（5）DNS 与 DC 之间的关系：DNS 与 DC 是两个联系非常紧密的服务，DC 之间的传送需要 DNS，DNS 的控制和解析过程需要 DC……两者互相依存。

① DNS 客户端（如：普通 Windows XP 上网用户）。

② 前端 DNS 服务器（ISP 运营商，如：中国联通、中国电信……）。

③ 公网 DNS 服务器（共 13 台）。

④ 域名系统和域的结构（域名：.com，.org，.cn……）。

com：商业机构，任何人都可以注册。

edu：教育机构。

gov：政府部门。

int：国际组织。

mil：美国军事部门。

net：网络组织，例如因特网服务商和维修商，现在任何人都可以注册。

org：非营利组织，任何人都可以注册。

biz：商业。

info：网络信息服务组织。

pro：用于会计、律师和医生。

name：用于个人。

museum：用于博物馆。

coop：用于商业合作团体。

aero：用于航空工业。

二、DNS 服务器的配置

1. 添加 DNS 系统服务组件（查看并添加本地 DNS 服务应用组件）

具体添加服务组件的方法：在“控制面板”的“添加或删除程序”中选择“添加/删除 Windows 组件”，在弹出的“Windows 组件向导”中依次选择“网络服务”组件详细信息中的“域名系统（DNS）”，按照系统提示选择组件源程序文件安装服务。安装过程如图 3-22 和图 3-23 所示。

根据 DNS 配置解析要求，一定要指定至少一个 IP 地址，因此，添加 DNS 服务组件最后一步是根据系统提示,至少配置一个 IP 地址(建议用静态 IP 地址)。如图 3-24 所示为 TCP/IP 属性对话框。

图 3-22　添加 DNS 系统服务的组件(1)

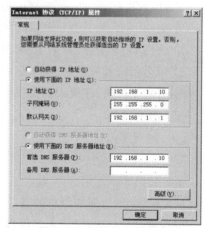

图 3-23　添加 DNS 系统服务的组件(2)　　　　　图 3-24　配置静态 IP 地址

安装完成后,在控制面板的"管理工具"中找到 DNS 服务组件的快捷方式,如图 3-25 所示。

图 3-25　查看"管理工具"中的 DNS 服务组件

2. 配置 DNS 系统服务

1）配置正向查找（解析）区域

创建正向查找，就是创建一个从域名解析到 IP 的过程，如图 3-26 所示，然后再在弹出的向导对话框中，单击"下一步"。

在"区域类型"中选择"主要区域"，如图 3-27 所示，单击"下一步"。

在"区域名称"文本框中输入解析域名主体，这里输入笔者测试域名"hbstu.com"，如图 3-28 所示，然后再单击"下一步"。

图 3-26　配置正向查找区域（1）

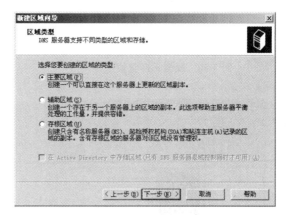

图 3-27　配置正向查找区域（2）

系统自动生成并创建一个新的区域配置文件"hbstu.com.dns"，如图 3-29 所示，然后单击"下一步"。

图 3-28　配置正向查找区域（3）

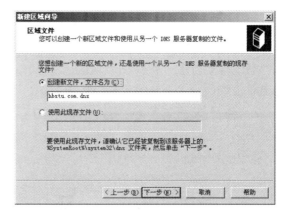

图 3-29　配置正向查找区域（4）

为了 DNS 区域的安全性，我们在"动态更新"中选择"不允许动态更新"，如图 3-30 所示，然后单击"下一步"。

完成正向查找区域的配置，如图 3-31 所示，然后单击"完成"。

2）配置反向查找（解析）区域

创建反向查找，就是创建一个从 IP 解析到域名的过程，弹出向导如图 3-32 所示，然后单击"下一步"。

在"区域类型"中选择"主要区域"，如图 3-33 所示，然后单击"下一步"。

图 3-30　配置正向查找区域（5）

图 3-31　配置正向查找区域（6）

图 3-32　配置反向查找区域（1）

图 3-33　配置反向查找区域（2）

　　在"网络 ID"文本框中输入 IP 的网络地址号，如图 3-34 所示，然后单击"下一步"。

　　系统自动创建一个 DNS 反向区域文件"1.168.192.in-addr.arpa.dns"，如图 3-35 所示，然后单击"下一步"。

图 3-34　配置反向查找区域（3）

图 3-35　配置反向查找区域（4）

为了 DNS 反向的安全性,这里依然选择"不允许动态更新",如图 3-36 所示,然后单击"下一步"。

完成反向查找区域的配置,如图 3-37 所示,然后单击"完成"结束。

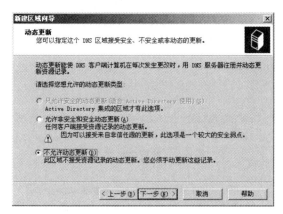 

图 3-36　配置反向查找区域(5)　　　　图 3-37　配置反向查找区域(6)

3. DNS 域名系统的配置

在"正向查找区域"的域名主体单击右键后弹出"新建主机(A)",如图 3-38 所示。

在"新建主机"对话框中输入主机头名称:"www",在"IP 地址"这里输入 WEB 服务器地址"192.168.1.1"(为了演示方便,这里 WEB 地址和 DNS 地址均使用同一个 IP,为同一台演示服务器),并勾选"创建相关的指针(PTR)记录",最后单击"添加主机"按钮。配置主机信息的对话框如图 3-39 所示。

图 3-38　配置主机记录(1)　　　　图 3-39　配置主机记录(2)

成功创建了主机记录 www.hbstu.com,单击"确定"退出配置主机记录设置,如图 3-40 所示。

按相关过程添加一个主机名称为"ns"的主机记录,如图 3-41 所示。

在"正向查找区域"的域名区域右键选择"属性",如图 3-42 所示。

在弹出的"hbstu.com 属性"中选择"名称服务器"选项卡,单击左下角的"添加"按钮,在弹出的"新建资源记录"中浏览找到我们新建的域名主机头"ns"。如图 3-43 所示。

图 3-40　配置主机记录（3）

图 3-41　配置主机记录（4）

图 3-42　配置主机记录（5）

图 3-43　配置主机记录（6）

系统会自动解析到"192.168.1.10"这个 IP 地址上面，单击"确定"完成资源记录配置，如图 3-44 所示。

这时在正向查找区域中就会出现一个"名称服务器（NS）"，名称服务记录对应"ns.hbstu.com"这个域名解析服务器地址，如图 3-45 所示。下面让我们来测试下是否 ping 通。

图 3-44　配置主机记录（7）

图 3-45　配置主机记录（8）

通过测试 ping 是通的,如图 3-46 所示。

最后,我们通过 nslookup 命令测试解析结果,发现正向将 ns. hbstu. com 解析到了 192.168.1.10,反向将 192.168.1.10 绑定了 ns. hbstu. com 域名和 www. hbstu. com 域名,域名和 IP 相互绑定,完成了 DNS 解析配置。如图 3-47 所示。

图 3-46　配置主机记录(9)

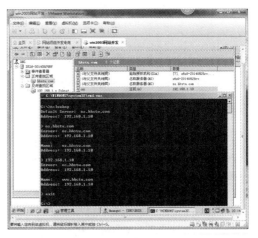
图 3-47　配置主机记录(10)

 技能实训1　服务器中域用户的管理

1. 基本概念

(1) 服务器中的用户管理。

(2) AD 中的用户和组。

(3) 区分本地账户和域账户。

(4) 本地账户(为本机的账户,只负责在本机登录,不涉及网络)。

(5) 域账户(为网络中的账户,特指在某个域中的账户,可以在域中任意一台主机上使用此账户登录,登录后其拥有的账户权限和使用范围不变)。

2. 本地账户和域账户的创建

本地账户创建的方法如下。

(1) 在控制面板中的"用户"窗口中新建一个用户。

(2) 在"计算机管理(本地)"里的"本地用户和组"中,可单击"用户"右键选择新建一个用户,如图 3-48 所示。

(3) 在 "开 始" → "运 行" 中 键 入 "lusrmgr. msc"调用"本地用户和组"的创建界面,如图 3-49 和图 3-50 所示。

域账户创建的方法如下。

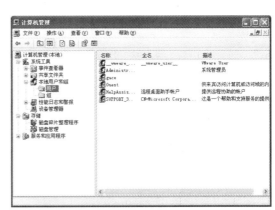
图 3-48　使用"计算机管理"查看本地用户账户

（1）首先在服务器端的"管理工具"里选择"Active Directory 用户和计算机"，其用户的密码策略为复杂程度要大于七位的"英文大小写＋特殊字符"，如 www_123456789。

图 3-49　使用命令调用本地用户账户（1）　　　图 3-50　使用命令调用本地用户账户（2）

（2）直接在"开始"→"运行"中键入"dsa.msc"调用"Active Directory 用户和计算机"的设置窗口，在打开的"Active Directory 用户和计算机"设置窗口内单击左侧的树形列表中的"Users"，单击右键打开快捷菜单，单击新建用户项，设置新的域用户。其"Active Directory 用户和计算机"主界面如图 3-51 所示。

图 3-51　服务器端的"Active Directory 用户和计算机"界面

3. 本地用户的剖析（SAM 文件）

（1）使用 cmd 命令（net user）来查看本地用户使用举例。

① 创建用户：如 net user grace 123 /add，再使用 net user 查看是否添加成功。

② 删除用户：net user grace /del，再使用 net user 查看是否已经删除用户。

（2）注册表的剖析（以"管理员"的身份登录 XP）。

按照"开始→运行→regedit/HKEY_LOCAL_MACHINE/SAM→设置 SAM 的权限→完全控制"的操作步骤，可以查看每个用户的 SID 安全标识符。SID 是标识用户、组和计算机账户唯一的号码。管理员的 SID 结尾都是"1F4"。

注意:SID 中的 F 文件中存放的是该用户的配置权限,所以复制权限时,只需复制 F 文件即可。

4. 加入域的操作步骤

(1) 配置 Windows XP 端的 IP 为 192.168.0.5,子网掩码为 255.255.255.0,网关为 192.168.0.254,DNS 服务器为 192.168.0.253(Windows Server 2003 的 IP)。

(2) 在 Windows Server 2003 中新建一个 AD 用户,如:用户名为 www,密码为 www_123456789(密码需满足服务器中网络用户的密码管理策略,即密码长度和复杂度的要求)。

(3) 在 Windows XP 端打开"我的电脑"属性对话框,选择"计算机名"选项卡,单击"域",添加域名为"wx.local",单击"确定"。

(4) 在弹出的窗口中输入 www,www_123456789,等待加入成功。

(5) 重启 Windows XP 系统,使用域名登录系统,输入域用户名 www 和相应密码为 www_123456789,单击进入 Windows XP,成功进入系统后配置即完成了。

5. 正向解析和反向解析的验证

正向解析即为由网址解析出对应的 IP 地址的过程。反向解析与之相反,为由 IP 地址解析出域名的过程。

1) 正向解析的验证

在完成上述客户端"加入域"的操作后,即可对 DNS 服务器中的正向解析进行验证,验证方法如下。

(1) 假设目前的 Windows Server 2003 服务器的 IP 地址为 192.168.0.153,所对应的域名为 wx.wx.local;Windows XP 客户端的 IP 地址为 192.168.0.5,域名为 w123.wx.local。

(2) 进入服务器端或是客户端 cmd 窗口,ping wx.wx.local,即可得到相应的 IP 为 192.168.0.253;ping w123.wx.local,即可得相应的 IP 为 192.168.0.5。

2) 反向解析的验证

在连接外网的基础上,首先进入 cmd 窗口,输入命令"ns lookup"后可以查看现在上网的电脑分配的 IP 地址。再继续输入网址(如:www.shou.com)后就可以查看该网址的服务器的 IP 地址,如图 3-52 中所示为"204.74.211.183"。

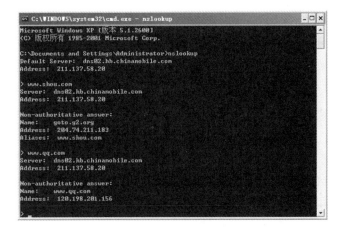

图 3-52　反向解析验证窗口

课后任务

名词解释：

(1) DNS；

(2) 主机记录；

(3) 别名记录；

(4) 指针记录。

简答题：

(1) 简述 DNS 的正向解析过程；

(2) 简述 DNS 的反向解析过程；

(3) 简述 DNS 的名称服务解析过程。

◆ **知识点 3.3.2　DHCP 服务器的安装与配置**

添加 DNS 系统服务组件(查看并添加本地 DNS 服务应用组件)

具体添加服务组件的方法如下：在"控制面板"的"添加或删除程序"中选择"添加/删除 Windows 组件"，在弹出的"Windows 组件向导"中依次选择"网络服务"组件详细信息中的"动态主机配置协议(DHCP)"，如图 3-53 所示，然后按照系统提示选择组件源程序文件安装服务。

安装完成后，在控制面板的"管理工具"中找到 DHCP 服务组件的快捷方式，如图 3-54 所示。

图 3-53　添加 DHCP 服务组件　　　图 3-54　查看 DHCP 服务

1. 新建 DHCP 服务器的作用域

新建作用域是 DHCP 服务器用来管理 IP 地址的最基本的功能。在分配 IP 之前必须首先建立一个作用域来规定所分配 IP 地址的范围。新建作用域的方法如下。

第 1 步：首先在 DHCP 服务器的左边树形列表中选择主机名，单击鼠标右键选择"新建作用域"。如图 3-55 所示。

第 2 步：在弹出的"新建作用域向导"对话框中单击"下一步"，如图 3-56 所示。

第 3 步：在"作用域名"中的"名称"下输入"dhcp"，在"描述"中输入"dhcp"。如图 3-57 所示。

第 4 步：在"IP 地址范围"中的"起始 IP 地址"和"结束 IP 地址"中输入相应地址，这里我们分配了 205 个 IP 地址，长度为 8，子网掩码为 255.255.255.0，如图 3-58 所示，然后单击

"下一步"。

图 3-55　新建 DHCP 服务器的作用域(1)

图 3-56　新建 DHCP 服务器的作用域(2)

图 3-57　新建 DHCP 服务器的作用域(3)

图 3-58　新建 DHCP 服务器的作用域(4)

第 5 步:在添加排除地址段中输入 192.168.1.50-192.168.1.99 这 50 个排除 IP 地址范围,如图 3-59 所示,然后单击"下一步"。

第 6 步:设置作用域名分配到的 IP 地址的时间长短,设置服务器分配的作用域租约期限,具体租约期限根据实际情况分配,如图 3-60 所示,然后单击"下一步"。

图 3-59　新建 DHCP 服务器的作用域(5)

图 3-60　新建 DHCP 服务器的作用域(6)

第 7 步:继续配置分配选项,例如路由器(默认网关)的 IP 地址、DNS 服务器等,如图 3-61 至图 3-63 所示。

第 8 步:这里的服务器名可以通过右键单击"我的电脑",在"系统属性"中的"计算机名"查看,如图 3-64 所示。

图 3-61　新建 DHCP 服务器的作用域(7)　　　图 3-62　新建 DHCP 服务器的作用域(8)

图 3-63　新建 DHCP 服务器的作用域(9)　　　图 3-64　新建 DHCP 服务器的作用域(10)

第 9 步:这里我们不需要配置 WINS 服务器信息(为了兼容较早服务环境),如图 3-65 至图 3-67 所示,所以直接点"下一步"跳过。

图 3-65　新建 DHCP 服务器的作用域(11)　　　图 3-66　新建 DHCP 服务器的作用域(12)

第 10 步：最后我们进行 DHCP 分配设置，在服务器选项中选择配置，如图 3-68 所示。

图 3-67　新建 DHCP 服务器的作用域（13）　　图 3-68　新建 DHCP 服务器的作用域（14）

第 11 步：配置编号为 003 的路由器（网关）的解析 IP 地址，在 DHCP 分配时自动分配给客户端。如图 3-69 所示。

第 12 步：配置编号为 006 的 DNS 服务器的解析 IP 地址，在 DHCP 分配时自动分配给客户端，至此 DHCP 服务配置完成。

2. 服务器端的保留

服务器端需要在 DHCP 服务器内设置保留，需要捆绑客户端的 IP 地址和 MAC 地址。此时，DHCP 服务器已经开启，如图 3-70 所示。

设置"保留"，将本机的 MAC 地址查找出来后添加到"保留"中，重新执行一次 IP 的分配命令，即 ipconfig /release（释放），删除掉 DHCP 服务器中"地址租约"中捆绑 MAC 地址的那个 IP，然后执行 ipconfig /renew（更新）。

图 3-69　新建 DHCP 服务器的作用域（15）　　图 3-70　客户端捆绑 IP 地址和 MAC 地址

作用域选项、保留选项、服务器选项的区别，说明了配置的优先级，即保留选项＞作用域选项＞服务器选项。

◆　知识点 3.3.3　FTP 服务器的安装与配置

一、安装 IIS 的信息服务

打开"控制面板"→"管理工具"中的"应用程序服务器"→"Internet 信息服务(IIS)",并安装信息服务相关的 FTP 服务。如图 3-71 所示。

二、配置 FTP 服务

1. 创建 FTP 站点

其操作界面如图 3-72 所示,主要操作步骤如下。

(1) 右键单击 IIS 信息服务界面中的服务器名称,选择"新建 FTP 站点"命令。

(2) 在安装向导中注意输入 FTP 站点的 IP 地址和 TCP 端口号。

(3) 指定一个主目录的位置,便于存放 FTP 文档。

(4) 选择主目录的权限为"读取"权限,一般不能选择"写入"。

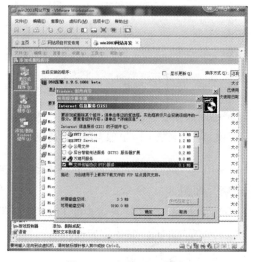

图 3-71　安装 FTP 服务

2. 配置 FTP 站点的属性

其主要操作界面如图 3-73 所示,具体的操作步骤如下。

(1) 右键单击树形结构中的"FTP 站点"并选择"属性"。

(2) 选择"安全账户"选项卡,控制访问 FTP 站点的权限。

图 3-72　创建 FTP 站点

图 3-73　配置 FTP 站点的属性

(3) 在"消息"选项卡中可以键入用户登录成功后的欢迎窗口信息。

3. FTP 服务器测试

1）服务器端

将需要共享出来的文件放入服务器端的主目录中。

2）客户端

方法一：使用 DOS 命令来访问。

（1）打开 cmd 窗口，键入"ftp"并回车。

（2）再键入"open 10.2.12.47"命令。

（3）使用匿名登录，继续键入"anonymous"并回车。

（4）若是匿名，则可不用输入密码，直接登录。

（5）此时，使用"get 文件名"即可下载 FTP 上的文件。

（6）键入"disconnect"命令即可立刻切断与服务器的连接。

（7）再输入"quit"命令即可退出 FTP。

方法二：使用浏览器来访问。

在 IE 窗口中键入 FTP 服务器的 IP 地址即可，即地址：端口号。

（注：可以使用 Serv-U 软件来创建 FTP 站点。）

简答题

（1）FTP 常用访问方式都有哪些，并简述各访问过程。

（2）FTP 中的匿名是否有真正名称，并简述匿名访问的过程。

（3）FTP 所使用的网络端口号是多少？

 技能实训2　网络打印机的设置

1. 网络打印机的设置

（1）在 Windows Server 2003 上安装共享打印机（服务器端）。

（2）在 Windows XP 上浏览服务器端的打印机（客户端）。

在客户端安装打印机时，在"开始"→"运行"中键入共享打印机的 IP 地址直接登录到服务器的共享文件中，如：\\共享服务器名\共享打印机名（\\192.168.0.253\111）或是直接在网上邻居上查找该服务器的机器名，并双击该共享打印机即可。

2. 配置打印机池（服务器端）

注意打印机池中的打印机应为同种型号的打印机，在配置好的打印机上单击右键查看"属性"中"端口"选项卡，然后选中"启动打印机池"，选中多台打印机，如：LPT1、LPT2、LPT3。

3. 配置打印机的优先级（服务器端）

（1）首先在 Windows Server 2003 中安装两台本地打印机，分别重命名为"manager"和"user"，并共享出来。

（2）然后设置"manager"打印机的"属性"→"高级"选项卡，优先级为"99"。

（3）再设置"user"打印机的"属性"→"高级"选项卡，优先级为"1"。

4. 配置打印机的权限（服务器端）

（1）在"manager"打印机的"属性"→"安全"选项卡中将特权的用户（如：经理）加入该打印机的列表中。

（2）在"user"打印机的"属性"→"安全"选项卡中将普通的用户（如：职员）加入该打印机的列表中。

5. 通过浏览器来管理打印机

（1）安装 Internet 打印机

单击"开始"→"控制面板"→"添加或删除程序"→"添加/删除 Windows 组件"→"应用程序服务器"→"Internet 信息服务（IIS）"→"Internet 打印机"。

（2）浏览 Internet 打印机

在局域网环境下，打开浏览器，并在地址栏中键入——http://计算机名或 IP 地址/printers，如 http://192.168.0.254/printers，即可打开网络打印机的浏览页面。

◆ **知识点 3.3.4　WEB 服务器的安装与配置**

1. 安装 IIS 的信息服务

步骤同上。首先，打开"控制面板"→"管理工具"中的"应用程序服务器"→"Internet 信息服务（IIS）"，并安装信息服务相关的 WEB 服务。如图 3-74 所示。

2. 创建 WEB 站点

其操作界面如图 3-75 所示，具体操作步骤如下。

（1）打开 IIS 信息服务的界面，选择创建"WEB 站点"命令。

（2）在安装向导中注意输入 WEB 站点的 IP 地址和 TCP 端口号。

（3）指定一个主目录的位置，便于添加网页浏览。

（4）在主目录的权限中选中前三项（读取、运行脚本和执行）。

（5）此时将准备好的网页文件（＊.htm 或 ＊.html）存放到主目录中。

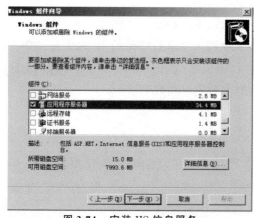

图 3-74　安装 IIS 信息服务

图 3-75　创建 WEB 站点

3. 网页访问

1）服务器端访问

服务器端访问时，只要在打开的 IE 浏览器中键入网页名称即可显示网页。

2）客户端访问

（1）首先配置客户端和服务器端为同一网段，并且使用 ping 命令来验证。

（2）直接打开 IE 浏览器，键入网页名称即可显示网页。

4. WEB 站点的维护

1）暂停与启动服务

在 IIS 信息服务界面的左侧树形结构中找到该站点，并单击右键在快捷菜单中选择"暂停"或"启动"。

2）设置站点的属性

在站点的快捷菜单中右键选择"属性"，并在站点属性对话框中设置"IP 地址""端口""主目录""性能"等。

 技能实训3　Email服务器的安装与配置

邮件服务器系统一般由 POP3 服务、简单邮件传送协议（SMTP）服务以及电子邮件客户端三个组件组成，其中的 POP3 服务与 SMTP 服务一起使用，POP3 为用户提供邮件下载服务，而 SMTP 则用于发送邮件以及邮件在服务器之间的传递。电子邮件客户端是用于读取、撰写以及管理电子邮件的软件。

1. SMTP 服务器安装

Windows Server 2003 系统自带 POP3 及 SMTP 服务，默认情况下 Windows Server 2003 是没有安装 SMTP 服务的，必须手动添加。安装 SMTP 服务的具体操作步骤如下。

第 1 步：选择"开始"→"设置"→"控制面板"→"添加或删除程序"→"添加/删除 Windows 组件"命令，在组件列表中，选中"应用程序服务器"。如图 3-76 所示。

第 2 步：选中"Internet 信息服务（IIS）"复选框，单击"详细信息"按钮，选择"SMTP Service"子组件，如图 3-77 所示。

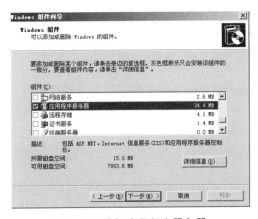

图 3-76　选择应用程序服务器

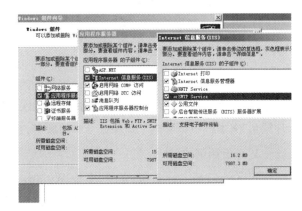

图 3-77　选择"SMTP Service"子组件

第 3 步：单击"安装"按钮，选择之后会弹出一个对话框，要求指定 Windows Server 2003 的光盘。由于事先已经通过 U 盘将镜像加载进了虚拟机，所以直接找到就好了。然后开始安装，如图 3-78 所示。

2. POP3 服务器安装

系统默认情况下 Windows Server 2003 也没有安装 POP3 服务,必须手动添加。下面列出安装步骤。

第 1 步:依次单击"开始"→"管理您的服务器",选择"添加或删除角色"选项。如图 3-79 所示。

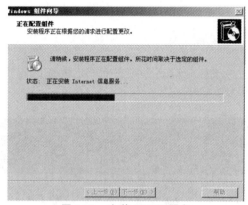

图 3-78   安装 SMTP 服务

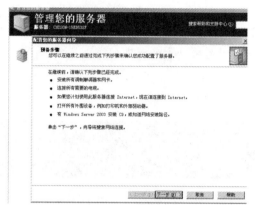

图 3-79   POP 服务的配置

第 2 步:单击"下一步"按钮。操作系统将会检测网络连接情况。如图 3-80 所示。

第 3 步:单击"自定义配置"按钮。选择 SMTP、POP 服务选项,如图 3-81 所示。

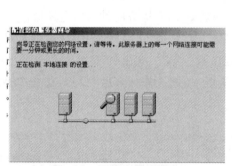

图 3-80   网络连接的检查

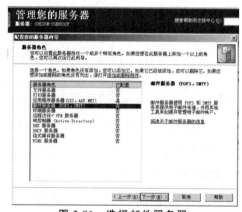

图 3-81   选择邮件服务器

第 4 步:单击"下一步"按钮。使计算机上的用户账户与 POP3 服务的邮件用户账户相关,可选择"加密的密码文件"身份验证方法。在此,选择"加密的密码文件"身份验证。在"电子邮件域名"文本框中键入电子邮件账号中的域名,在此,键入"dlut.edu"。如图 3-82 所示。

3. 身份验证方法

Windows Server 2003 支持"本地 Windows 账户""Active Directory 集成的""加密的密码文件"等三种身份验证方法。可供使用的身份验证方法取决于服务器的配置。图 3-82 中选择的是"加密的密码文件"这种配置。

4. 具体配置邮箱的方法

1)配置 DNS 服务器,便于域名的解析

(1)打开 DNS 服务器的配置界面,建立一个"正向查找区域",如:bj.com。

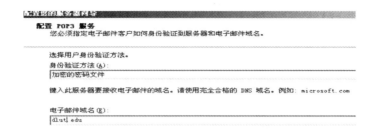

图 3-82 域名和验证方法的选择

（2）在 bj.com 下创建一台主机，主机名为 vmpc1，并设置 IP 地址为 Windows Server 2003 端 IP。

（3）再接着建立一个"反向查找区域"，并创建一个指向 vmpc1 的反向指针。

2）配置 POP3 的服务

（1）打开程序→管理工具→POP3 服务。

（2）建立一个"新域"，如：bj.com。

（3）在"新域"中添加两个邮箱地址，如：bj1 和 bj2，并设置各自的密码。

3）查看邮件服务是否启动

打开开始→管理工具→服务，查看 POP3 和 SMTP 的服务是否启动。若全部启动，则可以开始配置 outlook 收发电子邮件了。

4）配置 outlook

（1）准备两台虚拟机，一台 Windows Server 2003，一台 Windows XP；并都安装好 outlook 程序。

（2）打开 Windows Server 2003 中的 outlook，在"工具"菜单项下添加"账户"信息；如：bj1，设置其邮件服务器地址 POP3 和 SMTP，就为 Windows Server 2003 的 IP 地址，如：192.168.0.1。如图 3-83 所示为添加账户信息的对话框。

图 3-83 添加账户信息

（3）将相关账户"属性"中的"服务器"中身份认证的两项选中。

5）邮件收发测试

（1）自己发给自己邮件的测试，bj1 发给 bj1。

（2）bj1 和 bj2 之间相互转发邮件的测试。

6）举例

（1）新浪免费邮件。

接收邮件服务器为：pop3. sina. com. cn。

发送邮件服务器为：smtp. sina. com. cn。

（2）QQ 免费邮件。

接收邮件服务器为：pop. qq. com。

发送邮件服务器为：smtp. qq. com。

注：

账户名：您的 QQ 邮箱账户名。

密码：您的 QQ 邮箱密码。

电子邮件地址：您的 QQ 邮箱的完整邮件地址。

 思政小课堂——开智篇

物联网工程与计算机网络的紧密结合：

物联网（Internet of things）这个词，起源于传媒领域，国内外普遍公认的是由 MIT Auto —ID 中心的 Ashton 教授于 1999 年在研究 RFID 时最早提出来的。2005 年，在国际电信联盟（ITU）发布的同名报告中，物联网的定义和范围已经发生了变化，覆盖范围有了较大的拓展，不再只是指基于 RFID 技术的物联网。

物联网是基于互联网、广播电视网、传统电信网等信息承载体，让所有能够被独立寻址的普通物理对象实现互联互通的网络，又称为物联网域名。

在物联网时代，每一件物体均可寻址，每一件物体均可通信，每一件物体均可控制。一份国际电信联盟的 2005 年的报告曾描绘物联网时代的图景：当司机出现操作失误时汽车会自动报警；公文包会提醒主人忘带了什么东西；衣服会"告诉"洗衣机对颜色和水温的要求等。毫无疑问，物联网时代的来临将会使人们的日常生活发生翻天覆地的变化。

不难看出，物联网工程将来要深入家家户户，建立起人与人之间、物与物之间、人与物之间的通信系统，并能智能化地运作起来。学习计算机网络技术也是物联网工程的基础，网络的高度发展才能带动这一技术。

本章习题

1. 选择题

(1) DNS 是基于(　　　)模式的分布式系统。

A. C/S　　　　　　B. B/S　　　　　　C. P2P　　　　　　D. 以上均不正确

(2) Serv-U 是(　　　)服务的服务器程序。

A. WWW　　　　　B. FTP　　　　　　C. E-mail　　　　　D. DNS

(3) 在 Internet 上,实现超文本传输的协议是(　　　)。

A. Hypertext　　　B. FTP　　　　　　C. WWW　　　　　D. HTTP

(4) 下列选项中,不属于 DNS 的一般最高域的是(　　　)。

A. edu　　　　　　B. gov　　　　　　C. cn　　　　　　　D. mil

(5) 下列协议中,与电子邮件系统没有直接关系的是(　　　)。

A. MIME　　　　　B. POP3　　　　　C. SMTP　　　　　D. SNMP

2. 填空题

(1)将单位内部的局域网接入 Internet 所需使用的接入设备是(　　　)。

(2)CSMA/CD 协议是以太网中非常重要的协议之一,其主要采用了(　　　)算法和(　　　)等方式来控制。

(3)局域网的英文缩写为(　　　)。

(4)用 ping 命令来测试两个主机之间的连通性,该命令使用了(　　　)协议。

(5)第一次对路由器进行配置,应该通过(　　　)配置。

3. 名词解释

(1) DHCP;

(2) DHCP 作用域;

(3) DHCP 地址排除;

(4) DHCP 保留地址。

4. 简答题

(1) DNS 服务器有哪几种类型?简述各种 DNS 服务器的作用。

(2) 简述 DHCP 地址分配过程。

(3) 简述客户端接收地址分配的过程。

(4) FTP 协议工作时需要在客户端和服务器之间建立哪两种 TCP 连接?其作用分别是什么?

(5) 如何对指定客户端进行地址分配?

第 **4** 章　网络管理与维护

　　小李把服务器都配置完成后，心理特别激动，但是好景不长，没过几天新组建的局域网就感染了病毒，让全公司的人都浪费了许多时间来进行杀毒。领导非常不满，几次都在大会上点名批评了小李。小李也觉得很委屈，他回到自己的办公桌旁，上网好好查询了防止病毒传染的方法，发现了许多有用的方法。接下来，我们就跟随小李一起学习一些防毒方法吧。

4.1　文件备份与灾难恢复

1. 数据备份的重要性

在 Server 中，硬盘是最重要的。硬盘损坏会造成系统无法启动、丢失配置文件、丢失数据等。

数据备份可以及时保存重要数据的副本；及时保存系统状态；恢复数据；可以使崩溃的系统重新启动起来等。

2. 使用 Windows 自带的备份软件

1）打开备份工具界面

打开方式 1："开始"→"程序"→"附件"→"系统工具"→"备份"。

注意：打开备份界面后，取消"向导模式"，切换到"高级模式"。

打开方式 2："开始"→"运行"→"ntbackup"即可打开备份界面。

2）使用备份工具

（1）新建一个文件夹，并建立若干个文件，准备试验。如：新建一个文件夹"doc"，再在其下新建一个 txt 文件。

（2）打开备份工具中的"备份"选项卡，并选中刚才新建的文件夹及其 txt 文件。

（3）在"备份的媒体名"中键入需要备份到的目的地路径和名称。

（4）直接单击"开始备份"即可。

3. 备份类型比较

正常备份、副本备份、差异备份、增量备份和每日备份的区别，见表 4-1。

表 4-1　备份类型比较表

类　　型	动　　作	清除存档标记
正常备份	选择的文件或文件夹	是
副本备份	选择的文件或文件夹	否
差异备份	上一次正常备份或增量备份后更改的、选择的文件或文件夹	否
增量备份	上一次备份后更改的、选择的文件或文件夹	是
每日备份	在一天内更改的、选择的文件或文件夹	否

备份时需注意以下几点。

(1) 每个文件的"属性"里"高级"按钮打开的对话框中有一个"可以存档文件"的选项,这是区别不同类型的备份文件的标识。若这个选项勾上后,说明此文件没有备份过,没有勾上说明此文件已经备份。

(2) 在做"差异备份"和"增量备份"之前需要先做"正常备份"。

举例 1:差异备份的方法

(1) 准备好需要备份的文件,为了有所区别,在 doc 文件夹中新建 txt1 文件。

(2) 先将 txt1 文件进行"正常备份",即直接备份。

(3) 在"doc"里添加 txt2 文件,再做"差异备份",方法为在"开始备份"后选择"备份作业信息"里的"高级"→"差异备份"。

(4) 等待备份完成可在"还原和管理媒体"里查看备份信息。

(5) 理解"差异备份"是备份上次正常备份后添加的那部分或是修改过的那部分,并查看"差异备份"的存档标记是否勾选(差异备份不清除存档标记)。

(6) 试着再新建一个 txt3 文件,进行"差异备份",查看"还原和管理媒体"中的备份文件。

(7) "差异备份"的优点:这种方法备份的量较小,还原也相对简单,只还原最后的一个备份文件即可。只要第 1 个备份文件+最后 1 个备份文件即可完成还原。

举例 2:增量备份的方法

(1) 准备好需要备份的文件,为了有所区别,在 doc 文件夹中新建 txt1 文件。

(2) 先将 txt1 文件进行"正常备份",即直接备份。

(3) 在"doc"里添加 txt2 文件,再做"增量备份",方法为在"开始备份"后选择"备份作业信息"里的"高级"→"增量备份"。

(4) 等待备份完成可在"还原和管理媒体"里查看备份信息。

注意:连续做 3 个 txt 文件的"增量备份",可以发现每次备份后就只备份每次增加的那个文件,第 2 个 txt 文件采用"增量备份"后就是 txt2 文件,第 3 个 txt 文件采用"增量备份"后就是 txt3 文件,说明"增量备份"只备份改过的部分。

其他的"副本备份"只是拷贝一个副本,不清除存档标记而已。"每日备份"只是备份当天修改过的备份。

4. ASR 系统备份

需要准备一个 3.5 英寸的软盘,所以装有软驱的机器才可以用这个功能。

先插入一张软盘,单击备份工具中的"欢迎"界面中的"使用 ASR 进行系统备份"。

思政小课堂——开智篇

人工智能与互联网安全：

网络信息安全主要包括两个方面：信息储存安全和信息传输安全。这也是与人们生活、工作密切相关而又难以解决的问题。对网络的高度依赖使得人们对其稳定性、可靠性，对信息存储、传输的安全性都有极高的要求。从某种意义上讲，我们的生活、工作并未随着技术的进步和网络的普及而得到很大的改善，甚至有恶化的趋势。隐私信息泄露、银行卡盗刷、商业网络欺诈、远程病毒攻击不停地扰乱我们的生活。以前没有网络病毒，后来有网络病毒；以前没有网络欺诈，现在有网络欺诈，所以很多问题值得思考和解决。

保障网络安全，增强网络系统的物理性能和运行可靠性，需要提高抗攻击能力，要使用区块链等新技术记录多方参与的信息活动，使交易信息不得单方面修改，信息价值可以通过技术手段进行转移。网络安全教育尤为重要，然后是法制和网络技术，标准化、规范化有助于改善网络的安全性。

现代化的人工智能技术是依赖互联网的发展而来的，如果网络安全得不到保障，则所谓的智能化无从谈起。当今社会需要的是复合型人才，需要的是软硬结合、行业结合、多元化技术结合的技术能力。为了这一目标，我们的视野应该开阔起来，不要只盯着自己的专业，故步自封。学无止境，很多时候需要我们进行多元化的技术结合。

4.2 网络维护

◆ 知识点 4.2.1 网络命名的使用

背景知识：Windows 操作系统本身带有多种网络命令，利用这些网络命令可以对网络进行简单的操作。需要注意的是这些命令均是在 CMD 命令行下执行。

一、ping 命令

```
ping [-t] [-a] [-n count] [-l length] [-f] [-i ttl] [-v tos] [-r count] [-s count] [[-j
computer-list] | [-k computer-list]] [-w timeout] [destination-list]
```

参数说明如下：

-t：ping 指定的计算机直到中断。

-a：将地址解析为计算机名。

-n count：发送 count 指定的 ECHO 数据包数。默认值为 4。

-l length：发送包含由 length 指定的数据量的 ECHO 数据包。默认为 32 字节；最大值是 65,527。

-f：在数据包中发送"不要分段"标志。数据包就不会被路由上的网关分段。

-i ttl：将"生存时间"字段设置为 ttl 指定的值。

-v tos：将"服务类型"字段设置为 tos 指定的值。

-r count：在"记录路由"字段中记录传出和返回数据包的路由。count 可以指定最少 1 台，最多 9 台计算机。

-s count：count 指定的跃点数的时间戳。

-j computer-list：利用 computer-list 指定的计算机列表路由数据包。连续计算机可以被中间网关分隔（路由稀疏源），IP 允许的最大数量为 9。

-k computer-list：利用 computer-list 指定的计算机列表路由数据包。连续计算机不能被中间网关分隔（路由严格源），IP 允许的最大数量为 9。

-w timeout：指定超时间隔，单位为毫秒。

destination-list：指定要 ping 的远程计算机。

查看 ping 的相关帮助信息，如图 4-1 所示。

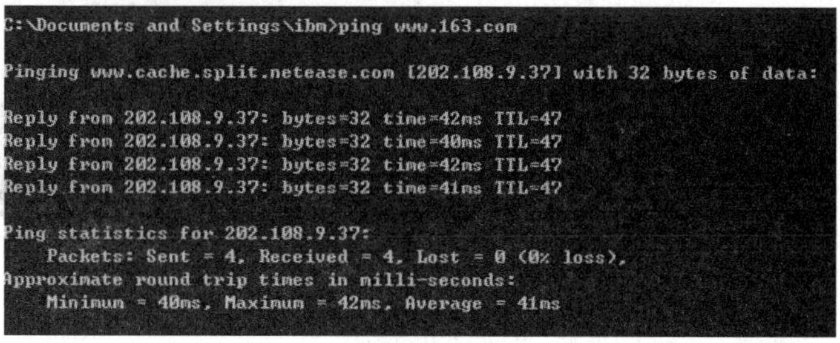

图 4-1 ping 命令的使用实例

二、ipconfig 命令

ipconfig 是 Windows 操作系统中用于查看主机的 IP 配置命令，其显示信息中还包括主机网卡的 MAC 地址信息。该命令还可释放动态获得的 IP 地址并启动新一次的动态 IP 分配请求。

ipconfig：当使用 ipconfig 时不带任何参数选项，那么它为每个已经配置了的接口显示 IP 地址、子网掩码和缺省网关值。如图 4-2 所示。

ipconfig /all：当使用 all 选项时，ipconfig 显示它已配置且所要使用的附加信息（如 IP 地址等），并且显示内置于本地网卡中的物理地址（MAC）。如果 IP 地址是从 DHCP 服务器租用的，ipconfig 将显示 DHCP 服务器的 IP 地址和租用地址预计失效的日期。

三、ARP 命令

该命令用于显示和修改 IP 地址与物理地址之间的转换表。图 4-3 所示为 ARP 命令的使用实例。

格式如下：

```
ARP-s inet_addr eth_addr [if_addr]
ARP-d inet_addr [if_addr]
ARP-a [inet_addr] [-N if_addr]
```

-a：显示当前的 ARP 信息，可以指定网络地址，不指定显示所有的表项。

-g：跟-a 一样。

-d：删除由 inet_addr 指定的主机。

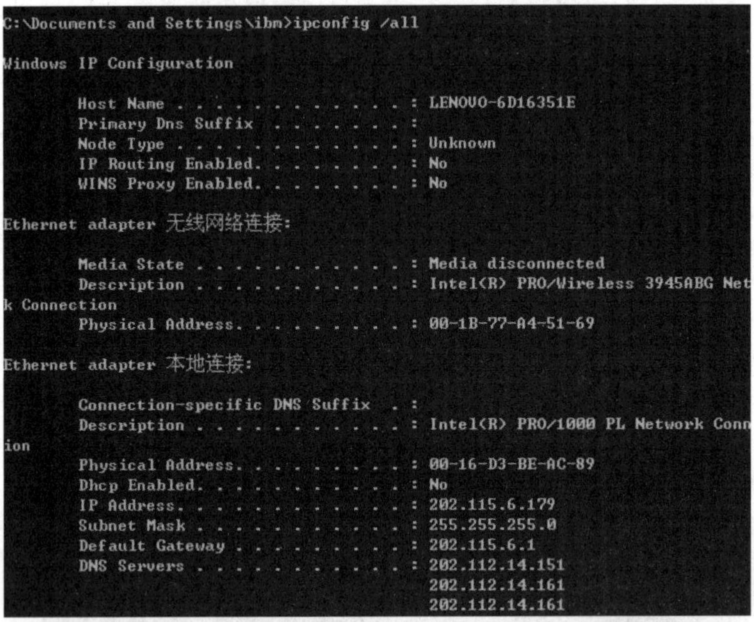

```
C:\Documents and Settings\ibm>ipconfig /all

Windows IP Configuration

        Host Name . . . . . . . . . . . . : LENOVO-6D16351E
        Primary Dns Suffix  . . . . . . . :
        Node Type . . . . . . . . . . . . : Unknown
        IP Routing Enabled. . . . . . . . : No
        WINS Proxy Enabled. . . . . . . . : No

Ethernet adapter 无线网络连接:

        Media State . . . . . . . . . . . : Media disconnected
        Description . . . . . . . . . . . : Intel(R) PRO/Wireless 3945ABG Net
k Connection
        Physical Address. . . . . . . . . : 00-1B-77-A4-51-69

Ethernet adapter 本地连接:

        Connection-specific DNS Suffix  . :
        Description . . . . . . . . . . . : Intel(R) PRO/1000 PL Network Conn
ion
        Physical Address. . . . . . . . . : 00-16-D3-BE-AC-89
        Dhcp Enabled. . . . . . . . . . . : No
        IP Address. . . . . . . . . . . . : 202.115.6.179
        Subnet Mask . . . . . . . . . . . : 255.255.255.0
        Default Gateway . . . . . . . . . : 202.115.6.1
        DNS Servers . . . . . . . . . . . : 202.112.14.151
                                            202.112.14.161
                                            202.112.14.161
```

图 4-2　ipconfig 命令的使用实例

-s：添加主机，并将网络地址与物理地址相对应，这一项是永久生效的。

eth_addr：物理地址。

if_addr：网卡的 IP 地址。

inet_addr：代表指定的 IP 地址。

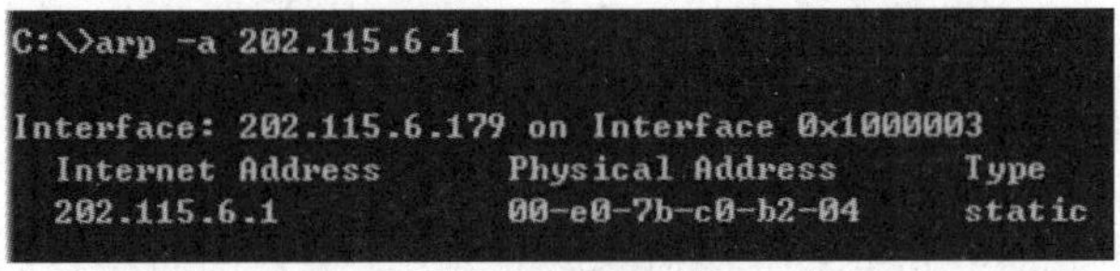

```
C:\>arp -a 202.115.6.1

Interface: 202.115.6.179 on Interface 0x1000003
  Internet Address      Physical Address      Type
  202.115.6.1           00-e0-7b-c0-b2-04     static
```

图 4-3　ARP 命令的使用实例

四、tracert 命令

该命令用于判断数据包到达目的主机所经过的路径，显示数据包经过的中继节点的清单和到达时间。

格式如下：

```
tracert IP地址或主机名 [-d][-h maximum_hops][-j host_list] [-w timeout]
```

参数说明：

-d：不解析目标主机的名字。

-h maximum_hops：指定搜索到目标地址的最大跳数。

-j host_list：按照主机列表中的地址释放源路由。

-w timeout：指定等待超时时间间隔，程序默认的时间单位是毫秒。

例如想要了解自己的计算机与目标主机百度网站(www. baidu. com)之间详细的传输路径信息，可以在 MS-DOS 方式下输入 tracert 即可查询。

图 4-4 所示为 tracert 命令的使用实例。

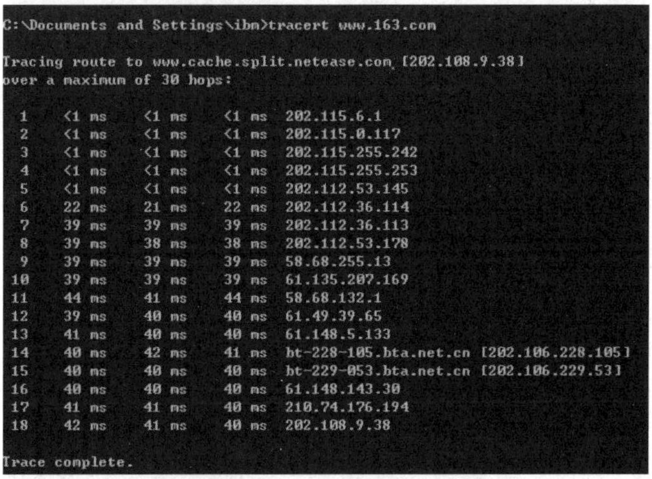

```
C:\Documents and Settings\ibm>tracert www.163.com

Tracing route to www.cache.split.netease.com [202.108.9.38]
over a maximum of 30 hops:

  1    <1 ms    <1 ms    <1 ms  202.115.6.1
  2    <1 ms    <1 ms    <1 ms  202.115.0.117
  3    <1 ms    <1 ms    <1 ms  202.115.255.242
  4    <1 ms    <1 ms    <1 ms  202.115.255.253
  5    <1 ms    <1 ms    <1 ms  202.112.53.145
  6    22 ms    21 ms    22 ms  202.112.36.114
  7    39 ms    39 ms    39 ms  202.112.36.113
  8    39 ms    38 ms    38 ms  202.112.53.178
  9    39 ms    39 ms    39 ms  58.68.255.13
 10    39 ms    39 ms    39 ms  61.135.207.169
 11    44 ms    41 ms    44 ms  58.68.132.1
 12    39 ms    40 ms    40 ms  61.49.39.65
 13    41 ms    40 ms    40 ms  61.148.5.133
 14    40 ms    42 ms    41 ms  bt-228-105.bta.net.cn [202.106.228.105]
 15    40 ms    40 ms    40 ms  bt-229-053.bta.net.cn [202.106.229.53]
 16    40 ms    40 ms    40 ms  61.148.143.30
 17    41 ms    41 ms    40 ms  210.74.176.194
 18    42 ms    41 ms    40 ms  202.108.9.38

Trace complete.
```

图 4-4　tracert 命令的使用实例

五、netstat 命令

该命令可让用户了解自己的主机是怎样与 Internet 连接的，显示当前正在活动的网络连接。

netstat-r：显示路由表信息。如图 4-5 所示为 netstat 命令的使用实例(1)。

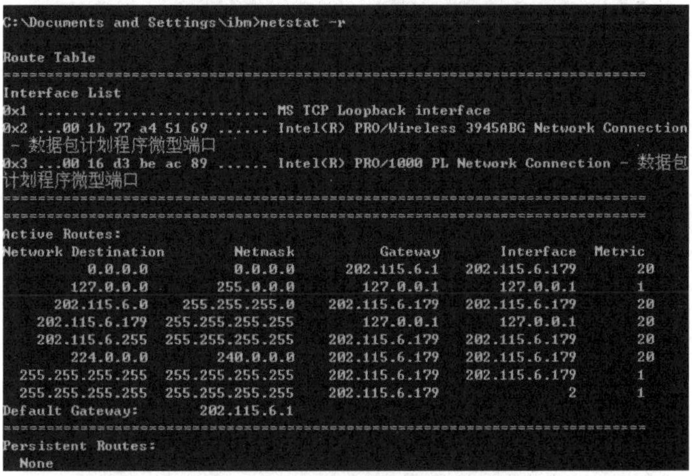

```
C:\Documents and Settings\ibm>netstat -r

Route Table
===========================================================================
Interface List
0x1 ........................... MS TCP Loopback interface
0x2 ...00 1b 77 a4 51 69 ...... Intel(R) PRO/Wireless 3945ABG Network Connection
 - 数据包计划程序微型端口
0x3 ...00 16 d3 be ac 89 ...... Intel(R) PRO/1000 PL Network Connection - 数据包
计划程序微型端口
===========================================================================
===========================================================================
Active Routes:
Network Destination        Netmask          Gateway       Interface  Metric
          0.0.0.0          0.0.0.0      202.115.6.1   202.115.6.179       20
        127.0.0.0        255.0.0.0        127.0.0.1       127.0.0.1       1
      202.115.6.0    255.255.255.0    202.115.6.179   202.115.6.179       20
    202.115.6.179  255.255.255.255        127.0.0.1       127.0.0.1       20
    202.115.6.255  255.255.255.255    202.115.6.179   202.115.6.179       20
        224.0.0.0        240.0.0.0    202.115.6.179   202.115.6.179       20
  255.255.255.255  255.255.255.255    202.115.6.179   202.115.6.179       1
  255.255.255.255  255.255.255.255    202.115.6.179               2       1
Default Gateway:       202.115.6.1
===========================================================================
Persistent Routes:
  None
```

图 4-5　netstat 命令的使用实例(1)

netstat-s：显示每个协议的状态，包括 TCP、UDP、ICMP 等。图 4-6 所示为 netstat 命令的使用实例(2)。

netstat-n：以数字表格形式显示已经建立连接的 IP 地址和端口。如图 4-7 所示为 netstat 命令的使用实例(3)。

netstat-a：查看所有的连接。如图 4-8 所示为 netstat 命令的使用实例(4)。

计算机网络

```
C:\Documents and Settings\ibm>netstat -s

IPv4 Statistics

  Packets Received                   = 13164
  Received Header Errors             = 0
  Received Address Errors            = 702
  Datagrams Forwarded                = 0
  Unknown Protocols Received         = 0
  Received Packets Discarded         = 11
  Received Packets Delivered         = 12464
  Output Requests                    = 8984
  Routing Discards                   = 0
  Discarded Output Packets           = 0
  Output Packet No Route             = 0
  Reassembly Required                = 0
  Reassembly Successful              = 0
  Reassembly Failures                = 0
  Datagrams Successfully Fragmented  = 0
  Datagrams Failing Fragmentation    = 0
  Fragments Created                  = 0

ICMPv4 Statistics

                             Received      Sent
  Messages                   215           225
  Errors                     0             0
  Destination Unreachable    7             13
  Time Exceeded              191           0
  Parameter Problems         0             0
  Source Quenches            0             0
  Redirects                  0             0
  Echos                      2             210
  Echo Replies               14            2
  Timestamps                 0             0
```

图 4-6　netstat 命令的使用实例（2）

```
C:\Documents and Settings\ibm>netstat -n

Active Connections

  Proto  Local Address          Foreign Address        State
  TCP    202.115.6.179:2208     220.181.38.110:80      ESTABLISHED
  TCP    202.115.6.179:2353     202.115.6.202:139      TIME_WAIT
```

图 4-7　netstat 命令的使用实例（3）

```
C:\Documents and Settings\ibm>netstat -a

Active Connections

  Proto  Local Address             Foreign Address         State
  TCP    LENOVO-6D16351E:echo      LENOVO-6D16351E:0       LISTENING
  TCP    LENOVO-6D16351E:discard   LENOVO-6D16351E:0       LISTENING
  TCP    LENOVO-6D16351E:daytime   LENOVO-6D16351E:0       LISTENING
  TCP    LENOVO-6D16351E:qotd      LENOVO-6D16351E:0       LISTENING
  TCP    LENOVO-6D16351E:chargen   LENOVO-6D16351E:0       LISTENING
  TCP    LENOVO-6D16351E:microsoft-ds  LENOVO-6D16351E:0   LISTENING
  TCP    LENOVO-6D16351E:30601     LENOVO-6D16351E:0       LISTENING
  TCP    LENOVO-6D16351E:30606     LENOVO-6D16351E:0       LISTENING
  TCP    LENOVO-6D16351E:31038     LENOVO-6D16351E:0       LISTENING
  TCP    LENOVO-6D16351E:netbios-ssn  LENOVO-6D16351E:0    LISTENING
  TCP    LENOVO-6D16351E:2208      220.181.38.110:http     ESTABLISHED
  UDP    LENOVO-6D16351E:echo      *:*
  UDP    LENOVO-6D16351E:discard   *:*
  UDP    LENOVO-6D16351E:daytime   *:*
  UDP    LENOVO-6D16351E:qotd      *:*
  UDP    LENOVO-6D16351E:chargen   *:*
  UDP    LENOVO-6D16351E:microsoft-ds  *:*
  UDP    LENOVO-6D16351E:isakmp    *:*
  UDP    LENOVO-6D16351E:4500      *:*
  UDP    LENOVO-6D16351E:61440     *:*
  UDP    LENOVO-6D16351E:ntp       *:*
  UDP    LENOVO-6D16351E:1030      *:*
  UDP    LENOVO-6D16351E:1068      *:*
  UDP    LENOVO-6D16351E:2154      *:*
  UDP    LENOVO-6D16351E:2193      *:*
  UDP    LENOVO-6D16351E:ntp       *:*
  UDP    LENOVO-6D16351E:netbios-ns   *:*
  UDP    LENOVO-6D16351E:netbios-dgm  *:*
```

图 4-8　netstat 命令的使用实例（4）

六、ftp 命令

ftp 命令是用于文件传输(需要存在文件传输服务器 ftp)的。其一般 ftp 命令的使用实例如图 4-9 和图 4-10 所示。

```
C:\Documents and Settings\ibm>ftp /?
Unknown host /?.
ftp> ?
Commands may be abbreviated.  Commands are:

!               delete          literal         prompt          send
?               debug           ls              put             status
append          dir             mdelete         pwd             trace
ascii           disconnect      mdir            quit            type
bell            get             mget            quote           user
binary          glob            mkdir           recv            verbose
bye             hash            mls             remotehelp
cd              help            mput            rename
close           lcd             open            rmdir
ftp> _
```

图 4-9　ftp 命令的使用实例(1)

```
close           lcd             open            rmdir
ftp> o 192.168.1.3
Connected to 192.168.1.3.
220 hkzjz-109054c5c Microsoft FTP Service (Version 5.0).
User (192.168.1.3:(none)): adminstrator
331 Password required for adminstrator.
Password:
530 User adminstrator cannot log in.
Login failed.
ftp> o 192.168.1.3
Already connected to 192.168.1.3, use disconnect first.
ftp> _
```

图 4-10　ftp 命令的使用实例(2)

其他常用命令还有以下几个。

(1) ls:浏览目录;

(2) put 文件名:上传文件;

(3) get 文件名:下载文件;

(4) quit/bye:退出命令。

◆ 知识点 4.2.2　网络常用工具的使用

一、X-Scan 扫描器的使用

1. X-Scan 简介

X-Scan 是中国著名的综合扫描器之一,它是免费且不需要安装的绿色软件。界面支持中文和英文两种语言,包括图形界面和命令行方式(X-Scan 3.3 以后取消命令行方式)。X-Scan 把扫描报告和安全焦点网站相连接,对扫描到的每个漏洞进行“风险等级”评估,并提供漏洞描述、漏洞溢出程序,方便网管测试、修补漏洞。

X-Scan 采用多线程方式对指定 IP 地址段(或单机)进行安全漏洞检测。扫描内容包括:操作系统类型及版本,各种弱口令漏洞、后门,应用服务漏洞,网络设备漏洞,拒绝服务漏洞等二十几个大类。对于多数已知漏洞,它给出了相应的漏洞描述、解决方案及详细描述链接,其他漏洞资料正在进一步整理完善中,您也可以通过官方网站的"安全文摘"和"栏目"查阅相关说明。

X-Scan3.0 及后续版本提供了简单的插件开发包,便于有编程基础的朋友自己编写或将其他调试通过的代码修改为 X-Scan 插件。

2. X-Scan 安装与使用

第 1 步:运行"xscan_gui.exe"。如图 4-11 所示。

第 2 步:运行 xscan 之后随即加载漏洞检测样本。如图 4-12 所示。

图 4-11 X-Scan 安装与使用(1)   图 4-12 X-Scan 安装与使用(2)

第 3 步:设置扫描参数。如图 4-13 所示。

第 4 步:扫描参数界面需要制定 IP 范围,这里可以是一个 IP 地址,也可以是 IP 地址的范围,还可以是一个 URL 网址。如图 4-14 所示。

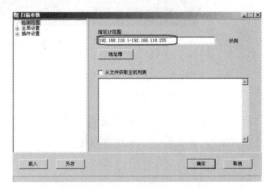

图 4-13 X-Scan 安装与使用(3)   图 4-14 X-Scan 安装与使用(4)

第 5 步:单击"全局设置"前面的"+"号,展开后会有 4 个模块,分别是"扫描模块""并发扫描""扫描报告""其他设置"。如图 4-15 所示。

第 6 步:单击"扫描模块"在右边的边框中会显示相应的参数选项,如果我们是扫描少数几台计算机的话可以全选,如果扫描的主机比较多的话,我们要有目标地去扫描,只扫描主机开放的特定服务就可以,这样会提高扫描的效率。如图 4-16 所示。

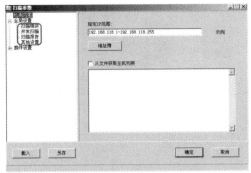
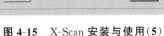

图 4-15　X-Scan **安装与使用**（5）　　　　　　　　图 4-16　X-Scan **安装与使用**（6）

第 7 步：选择"并发扫描"，可以设置要扫描的最大并发主机数和最大并发线程数。如图 4-17 所示。

第 8 步：选择"扫描报告"，单击后会显示在右边的窗格中，它会生成一个检测 IP 或域名的报告文件，同时报告的文件类型可以有 3 种选择，分别是 HTML、TXT、XML。如图 4-18 所示。

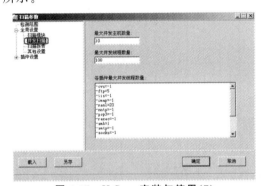
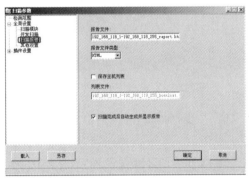

图 4-17　X-Scan **安装与使用**（7）　　　　　　　图 4-18　X-Scan **安装与使用**（8）

第 9 步：选择"其他设置"，有两种条件扫描：①"跳过没有响应的主机"，②"无条件扫描"。如果设置了"跳过没有响应的主机"，对方禁止了 ping 或对方防火墙做了一些设置，X-Scan 会自动跳过，检测下一台主机。如果用"无条件扫描"的话，X-Scan 会对目标进行详细检测，这样结果会比较详细也会更加准确。但扫描时间会更长（有时候会发现扫描的结果只有自己的主机，这时可以选"无条件扫描"就能看到别的主机的信息了）。"跳过没有检测到开放端口的主机"和"使用 NMAP 判断远程操作系统"这两项需要勾选，"显示详细进度"项可以根据自己的实际情况选择（可选）。如图 4-19 所示。

第 10 步：在"端口相关设置"中可以自定义一些需要检测的端口。检测方式为"TCP""SYN"两种，TCP 方式容易被对方发现，准确性要高一些，SYN 则相反。如图 4-20 所示。

第 11 步："SNMP 相关设置"用来针对 SNMP 信息的一些检测设置，在监测主机数量不多的时候可以全选。如图 4-21 所示。

第 12 步："NETBIOS 相关设置"是针对 Windows 系统的 NETBIOS 信息的检测而设置的，包括的项目有很多种，可根据实际需要进行选择。如图 4-22 所示。

图 4-19　X-Scan 安装与使用（9）

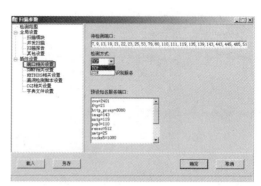

图 4-20　X-Scan 安装与使用（10）

图 4-21　X-Scan 安装与使用（11）

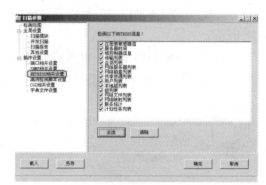

图 4-22　X-Scan 安装与使用（12）

第 13 步：如需同时检测很多主机的话，要根据实际情况选择特定的漏洞检测脚本。如图 4-23 所示。

第 14 步："CGI 相关设置"选择默认就可以。如图 4-24 所示。

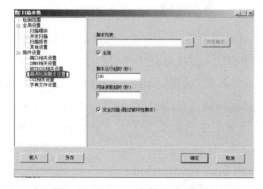

图 4-23　X-Scan 安装与使用（13）

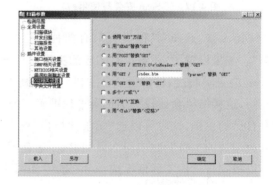

图 4-24　X-Scan 安装与使用（14）

第 15 步："字典文件设置"是 X-Scan 自带的一些用于破解远程账号所用的字典文件，这些字典都是简单或系统默认的账号等。我们可以选择自己的字典或手工对默认字典进行修改。默认字典存放在"DAT"文件夹中。字典文件越大，探测时间越长，此处不需设置。如图 4-25 所示。

第 16 步：在"全局设置"和"插件设置"两个模块设置好以后，单击"确定"保存设置，然后单击"开始扫描"就可以了。X-Scan 会对对方主机进行详细的检测。如果扫描过程中出现错误的话会在"错误信息"中看到。如图 4-26 所示。

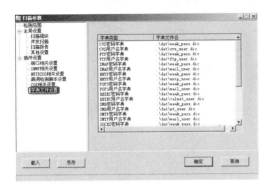

图 4-25　X-Scan 安装与使用（15）　　　　　图 4-26　X-Scan 安装与使用（16）

第 17 步：扫描过程如图 4-27 所示。

第 18 步：扫描结束以后会自动弹出检测报告，包括漏洞的风险级别和详细的信息，以便我们对对方主机进行详细的分析。如图 4-28 所示。

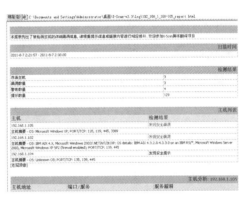

图 4-27　X-Scan 安装与使用（17）　　　　　图 4-28　X-Scan 安装与使用（18）

二、Fluxay5 流光扫描软件的使用

1. Fluxay5 流光扫描软件简介

流光扫描软件是小榕软件实验室作品，它可以探测 POP3、FTP、HTTP、PROXY、FROM、SQL、SMTP、IPC 等各种漏洞，并针对各个漏洞设计不同的破解方案。

2. Fluxay5 的安装

第 1 步：直接双击下载的 Fluxay5 安装软件：Setup _ Fluxay5. exe，进入安装界面，如图 4-29 所示。

第 2 步：单击"我接受"继续下一步安装，出现图 4-30 所示画面，单击"下一步"。

第 3 步：选择所要安装的目标文件夹，然后单击"下一步"，如图 4-31 所示。

第 4 步：单击"安装"开始安装程序，安装结束后单击"关闭"，安装完成，如图 4-32 至图 4-34 所示。

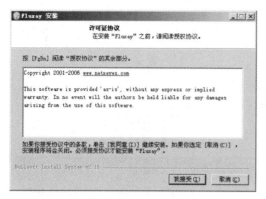

图 4-29　Fluxay5 的安装（1）

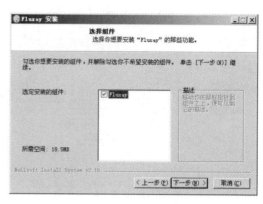

图 4-30　Fluxay5 的安装（2）

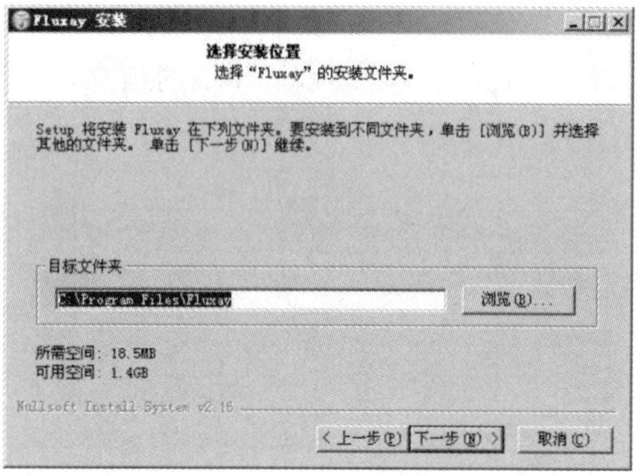

图 4-31　Fluxay5 的安装（3）

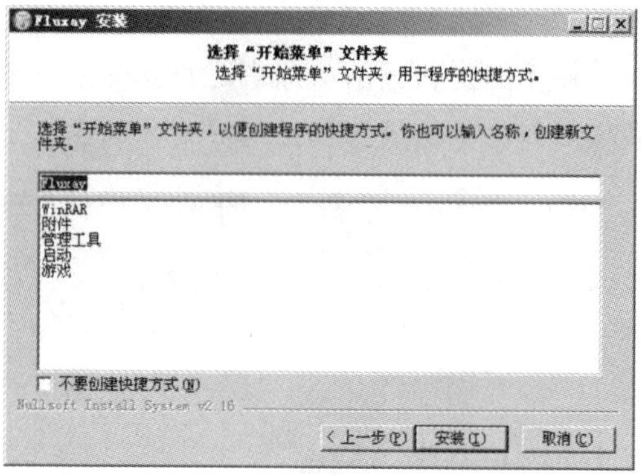

图 4-32　Fluxay5 的安装（4）

图 4-33　Fluxay5 的安装（5）

图 4-34　Fluxay5 的安装（6）

3. 使用高级扫描向导来扫描

第 1 步：双击快捷方式，打开流光的主界面，如图 4-35 所示。

第 2 步：使用流光高级扫描向导准备检测。如图 4-36 所示。

第 3 步：设置扫描 IP 段、目标网段中主机的操作系统和检测项目。我们分别选：192.
168.0.100～192.168.0.105、Windows NT/2000、所有服务进行扫描。单击"下一步"，如图
4-37 所示。

第 4 步：选择"标准端口扫描"，只对常见的端口进行扫描。也可选"自定端口扫描范围"
项进行自定义端口扫描。单击"下一步"，如图 4-38 所示。

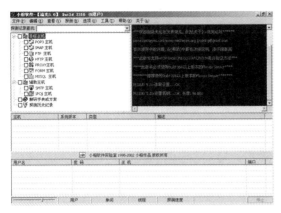

图 4-35　Fluxay5 的使用（1）

图 4-36　Fluxay5 的使用（2）

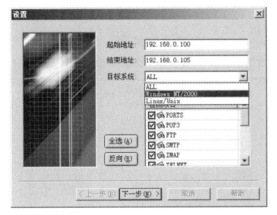

图 4-37　Fluxay5 的使用（3）

图 4-38　Fluxay5 的使用（4）

第 5 步：保持默认选项，单击"下一步"，如图 4-39 至图 4-44 所示。

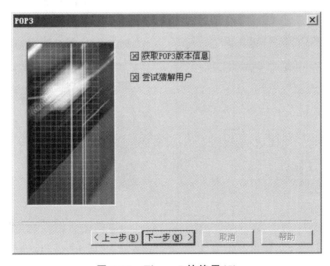

图 4-39　Fluxay5 的使用（5）

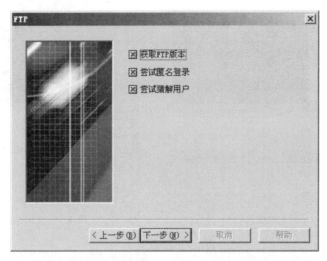

图 4-40　Fluxay5 的使用（6）

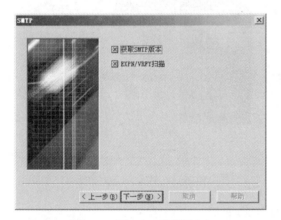

图 4-41　Fluxay5 的使用（7）

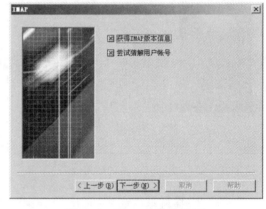

图 4-42　Fluxay5 的使用（8）

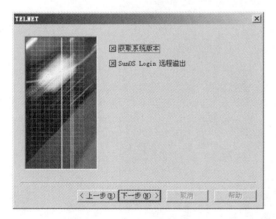

图 4-43　Fluxay5 的使用（9）

图 4-44　Fluxay5 的使用（10）

第 6 步：在下拉菜单中选"Windows NT/2000"，单击"下一步"，如图 4-45 所示。

第 7 步：保持默认选项，单击"下一步"，如图 4-46 至图 4-49 所示。

图 4-45　Fluxay5 的使用(11)

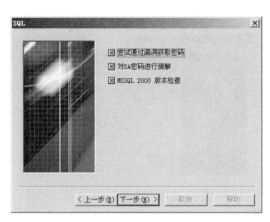

图 4-46　Fluxay5 的使用(12)

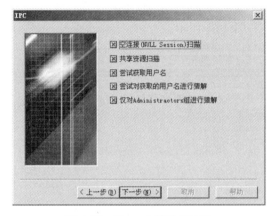

图 4-47　Fluxay5 的使用(13)

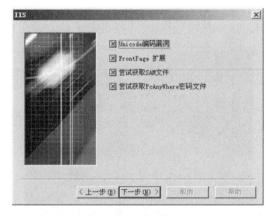

图 4-48　Fluxay5 的使用(14)

第 8 步:在下拉菜单中选"Windows NT/2000",单击"下一步",如图 4-50 和图 4-51 所示。

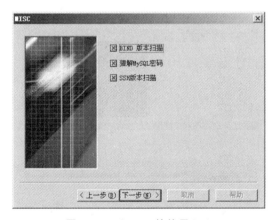

图 4-49　Fluxay5 的使用(15)

图 4-50　Fluxay5 的使用(16)

第 9 步:设置完毕后单击"开始"按钮进行扫描,如图 4-52 所示。

第 10 步:扫描完毕后,下面显示了目标主机:开放端口、CGI 漏洞、空连接等信息。如图

4-53 所示。

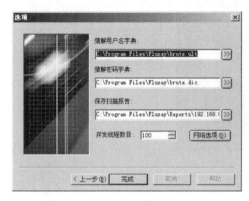

图 4-51　Fluxay5 的使用(17)

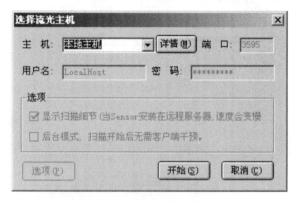

图 4-52　Fluxay5 的使用(18)

第 11 步:流光不仅把扫描结果整理成报告文件,且在主界面的下方显示了主机的一些信息:用户名、弱口令和主机 IP 地址。如图 4-54 和图 4-55 所示。

图 4-53　Fluxay5 的使用(19)

图 4-54　Fluxay5 的使用(20)

第 12 步:单击列表中的主机便可直接对目标主机进行连接操作,如图 4-56 和图 4-57所示。

图 4-55　Fluxay5 的使用(21)

图 4-56　Fluxay5 的使用(22)

4.使用高级扫描工具扫描

(1) 选取"探测"→"高级扫描工具",如图 4-58 所示。

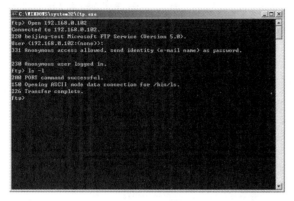

图 4-57　Fluxay5 的使用(23)

图 4-58　使用高级扫描工具

（2）其界面如图 4-59 所示。

（3）流光的扫描包含很多内容，可以根据需要进行选取。这些内容与刚才向导中的一样，可以分别选取。设置完成以后，单击"确定"按钮，出现图 4-60 所示画面。

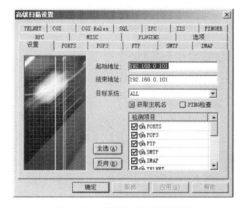

图 4-59　高级扫描功能设置

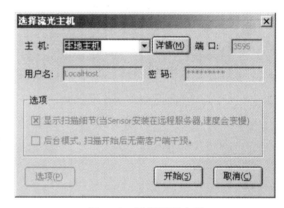

图 4-60　选择流光主机

（4）单击"开始"按钮，即可开始对目标主机进行扫描。扫描结果与向导的输出方式相同。

 技能实训1　密码破解类工具

1. Office 文档密码破解

工作或学习上经常接触 Office 文档的朋友都曾遇到过这样的问题：一些加了密码的文档忘记了密码，这的确是一件非常可怕的事情。而且现在为了保证文件的安全性，有时接收到的文件可能是一个加密文件，我们又暂时找不到密码，该怎么办呢？这时我们就可以使用一款名为 Advanced Office Password Recovery 的小工具，它可以在极短的时间内轻松破解Word、Excel、Access 等 Office 文档的密码。

实训步骤具体如下。

第 1 步：新建一个加密的 Word 文档。

（1）新建一个 Word 文档，然后键入几个汉字，如图 4-61 所示。

（2）在该文档的"工具"菜单"选项"对话框的"安全性"选项卡中设置密码，在"打开文件时的密码"和"修改文件时的密码"两个文本框中都输入设置的密码，这里都设置为0000。如图4-62所示。

图 4-61　Office 文档密码破解（1）

图 4-62　Office 文档密码破解（2）

第2步：使用 Office 密码破解工具：Advanced Office Password Recovery。

（1）打开破解软件 Advanced Office Password Recovery 主界面，如图4-63所示。

（2）加载默认字典破解。如图4-64所示。

图 4-63　Office 文档密码破解（3）

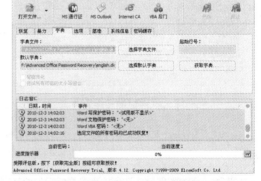

图 4-64　Office 文档密码破解（4）

（3）破解得到的结果如图4-65所示。

2. WinRAR 密码破解

WinRAR 是一款常见的解压缩软件，主要运用于文件的存储与传递。互联网上提供下载的资源中，RAR 格式占很大比重。出于安全的需求以及对隐私的保护，有相当一部分的 RAR 文件被加上了密码，解不开密码的 RAR 文件如同垃圾文件一样无用，所以解开 RAR 的密码就显得尤为重要了。Advanced RAR Password Recovery 是一款专业而全面的 RAR 密码破解工具，通过相应的设置，就能破解 RAR 加密文件。该工具支持暴力破解、字典破解和非常独特的"Boost-Up"破解方式，并可以随时恢复上次意外中止的密码破解工作。

实训步骤具体如下。

第1步：查看要破解密码的 WinRAR 文档。如图4-66所示。

第2步：打开 Advanced RAR Password Recovery 破解软件主界面。如图4-67所示。

图 4-65　Office 文档密码破解（5）

图 4-66　WinRAR 密码破解（1）

第 3 步：单击""按钮找到所需解压的文件。如图 4-68 所示。

图 4-67　WinRAR 密码破解（2）

图 4-68　WinRAR 密码破解（3）

第 4 步：选中所需解压的文件。如图 4-69 所示。

第 5 步：选择"范围"选项卡中的暴破范围，假设我现在知道密码是大写字母，我就只勾上第一个就好了。如图 4-70 所示。

图 4-69　WinRAR 密码破解（4）

图 4-70　WinRAR 密码破解（5）

第 6 步："破解类型"选择,选择的是"暴力破解"。如图 4-71 所示。

第 7 步:选择密码长度,我们现在先用 3 位密码来试一下,选择最大密码长度为 3。如果以后要破解较长的密码,可以改变这个数值,不过密码越长,破解的时间也会越长。如图 4-72 所示。

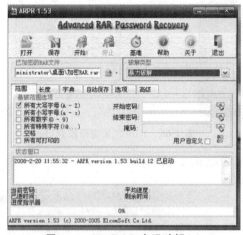
图 4-71　WinRAR 密码破解(6)

图 4-72　WinRAR 密码破解(7)

第 8 步:单击"开始"按钮。如图 4-73 所示。

第 9 步:成功破解密码,如图 4-74 所示。

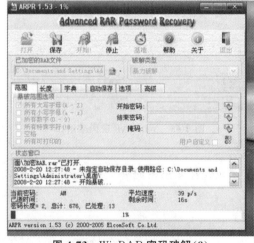
图 4-73　WinRAR 密码破解(8)

图 4-74　WinRAR 密码破解(9)

◆　知识点 4.2.3　网络病毒查杀

随着计算机网络应用的深入,计算机病毒对信息安全的威胁日益增加。特别是在网络环境下,多样化的传播途径和应用环境更使得病毒的发生频率高、潜伏性强、覆盖面广,从而造成的损失也更大。网络病毒的防治和信息安全问题已成为计算机领域的研究热点。

1.网络病毒发展的特点与趋势

计算机病毒是指能够破坏计算机功能、修改或删除计算机数据、影响计算机性能并能自我复制的一组计算机指令或者代码。网络环境下的计算机病毒不仅包括传统的病毒程序,还包括网络蠕虫和木马程序。网络病毒的发展呈现出新的特点和趋势。

（1）传播介质与攻击对象多元化，传播速度更快，覆盖面更广。网络病毒的传播不仅可利用磁介质，更多的是通过各种通信端口、网络和邮件等迅速传播。攻击对象由单一的个人电脑变为所有具备通信机制的工作站、服务器甚至移动通信工具。

（2）破坏性更强。网络病毒的破坏性日益增强，它们可以造成网络拥塞，甚至使网络瘫痪，重要数据丢失，机密信息失窃，甚至通过病毒完全控制计算机信息系统和网络。

（3）难以控制和根治。在网络中，只要有一台计算机感染病毒，就可通过内部机制很快使整个网络受到影响甚至瘫痪或拥塞。

（4）病毒携带形式多样化。在网络环境下，可执行程序、脚本文件、HTML 页面、电子邮件、网上贺卡、卡通图片、ICQ、OICQ 等都有可能携带计算机病毒。

（5）编写方式多样化，病毒变种多。网络环境下除了传统的汇编语言、C 语言等，以 JavaScript 为首的脚本语言已成为流行的病毒语言。利用新的编程语言与编程技术实现的病毒更易于被修改以产生新的变种，从而逃避反病毒软件的搜索。另外，已经出现了专门生产病毒的病毒生产机程序，使得新病毒出现的概率大大提高。

（6）触发条件增多，感染与发作的概率增大。

（7）智能化，隐蔽化。网络病毒常常用到隐形技术、反跟踪技术、加密技术、自变异技术、自我保护技术、针对某种反病毒技术的反措施技术以及突破计算机网络防护措施的技术等，这使得网络环境下的病毒更加智能化、隐蔽化。

（8）一些病毒兼有病毒、蠕虫和后门黑客程序的功能，破坏性更大。

（9）攻击目的明确化。出于某种经济或政治上的目的，一些高级病毒被研制出来扰乱或破坏社会信息，政治、经济秩序，甚至用来作为一种信息战略武器。

2. 网络病毒的查杀

360 杀毒是 360 安全中心出品的一款免费的云安全杀毒软件。360 杀毒具有以下优点：查杀率高、资源占用少、升级迅速等。同时，360 杀毒可以与其他杀毒软件共存，是一个理想杀毒备选方案。360 杀毒是一款一次性通过 VB100 认证的国产杀毒软件。

1）360 软件的安装与卸载

要安装 360 杀毒软件，首先请通过 360 杀毒官方网站 www.360.cn 下载最新版本的 360 杀毒安装程序。下载完成后，请运行下载的安装程序，您会看到图 4-75 所示的欢迎窗口。

单击"下一步"，会出现最终用户使用协议窗口，如图 4-76 所示。

图 4-75　安装 360 杀毒软件（1）

图 4-76　安装 360 杀毒软件（2）

卸载过程如图 4-77 所示。

360 杀毒软件会询问您是否要卸载程序,请单击"是"开始进行卸载,如图 4-78 所示。

图 4-77　卸载 360 杀毒软件(1)

图 4-78　卸载 360 杀毒软件(2)

卸载程序会开始删除程序文件,如图 4-79 所示。

卸载完成后,会提示您重启系统。如图 4-80 所示。您可根据自己的情况进行选择。

图 4-79　卸载 360 杀毒软件(3)　　　　　图 4-80　卸载 360 杀毒软件(4)

2）360 软件的参数设置

360 软件的参数设置包括常规设置、病毒扫描设置、实时防护设置、升级设置等。如图 4-81 所示。

3）病毒查杀

360 杀毒软件具有实时病毒防护和手动扫描功能,为您的系统提供全面的安全防护。实时防护功能在文件被访问时会对文件进行扫描,及时拦截活动的病毒。在发现病毒时会通过提示窗口来警告您,如图 4-82 所示。

在启动 360 杀毒软件之前它会提示你是否加入 360 云查杀计划,单击"确定"即可。如图 4-83 所示。

360 杀毒软件提供了四种手动病毒扫描方式:快速扫描、全盘扫描、指定位置扫描及右键扫描。360 的查杀界面如图 4-84 所示。

快速扫描:扫描 Windows 系统目录及 Program Files 目录。

全盘扫描:扫描所有磁盘。

指定位置扫描:扫描您指定的目录。

图 4-81　360 软件的参数设置

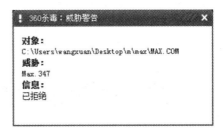

图 4-82　病毒提示窗口

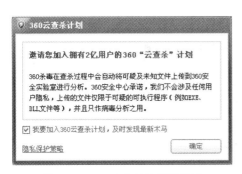

图 4-83　360 云查杀计划的设置

图 4-84　360 病毒查杀界面

右键扫描：集成到右键菜单中，当您在文件或文件夹上单击鼠标右键时，可以选择"使用 360 杀毒扫描"对选中文件或文件夹进行扫描。如图 4-85 所示。

其中前三种扫描都已经在 360 杀毒主界面中作为快捷任务列出，只需单击相关任务就可以开始扫描。

启动扫描之后，会显示扫描进度窗口，如图 4-86 所示。

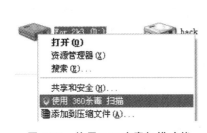

图 4-85　使用 360 病毒扫描功能

图 4-86　扫描病毒进度界面

在这个窗口中您可看到正在扫描的文件、总体进度，以及发现问题的文件。如果您希望 360 杀毒在扫描完电脑后自动关闭计算机，请选中"扫描完成后关闭计算机"选项。请注意，只有在您将发现病毒的处理方式设置为"自动清除"时，此选项才有效。如果您选择了其他病毒处理方式，扫描完成后不会自动关闭计算机。

360 杀毒具有自动升级功能，如果您开启了自动升级功能，360 杀毒会在有升级可用时自动下载并安装升级文件。自动升级完成后会通过气泡窗口提示您。

如果您想手动进行升级,请在 360 杀毒主界面单击"升级"标签,进入升级界面,并单击"检查更新"按钮。

升级程序会连接服务器检查是否有可用更新,如果有的话就会下载并安装升级文件,如图 4-87 所示。

升级完成后会提示您,如图 4-88 所示。

图 4-87　360 杀毒软件升级界面(1)　　　　图 4-88　360 杀毒软件升级界面(2)

360 杀毒扫描到病毒后,会首先尝试清除文件所感染的病毒,如果无法清除,则会提示您删除感染病毒的文件。木马和间谍软件由于并不采用感染其他文件的形式,而是其自身即为恶意软件,因此会被直接删除。

在处理过程中,由于不同的情况,会存在有些感染文件无法被处理的情况,请参见表 4-2的说明采用其他方法处理这些文件。

表 4-3 列出了 360 杀毒扫描完成后显示的恶意软件名称及其含义,供用户参考。

表 4-2　感染文件处理方法

错 误 类 型	原　因	建 议 操 作
清除失败(压缩文件)	由于感染病毒的文件存于 360 杀毒无法处理的压缩文档中,因此无法对其中的文件进行病毒清除。360 杀毒对于 RAR、CAB、MSI 及系统备份卷类型的压缩文档暂时无法支持	请您使用针对该类型压缩文档的相关软件将压缩文档解压到一个目录下,然后使用 360 杀毒对该目录下的文件进行扫描及清除,完成后使用相关软件重新压缩成一个压缩文档
清除失败(密码保护)	对于有密码保护的文件,360 杀毒无法将其打开进行病毒清理	请去除文件的保护密码,然后使用 360 杀毒进行扫描及清除。如果文件不重要,您也可直接删除该文件
清除失败(正被使用)	文件正在被其他应用程序使用,360 杀毒无法清除其中的病毒	请退出使用该文件的应用程序,然后使用 360 杀毒重新对其进行扫描清除
删除失败(压缩文件)	由于感染病毒的文件存于 360 杀毒无法处理的压缩文档中,因此无法对其中的文件进行删除	请您使用针对该类型压缩文档的相关软件将压缩文档中的病毒文件删除
删除失败(正被使用)	文件正在被其他应用程序使用,360 杀毒无法删除该文件	请退出使用该文件的应用程序,然后手工删除该文件
备份失败(文件太大)	由于文件太大,超出了文件恢复区的大小,文件无法被备份到文件恢复区	请删除您系统盘上的无用程序和数据,增加可用磁盘空间,然后再次尝试。如果文件不重要,也可选择删除文件,不进行备份

表 4-3　各类恶意软件与其含义

名　称	说　明
病毒程序	病毒是指通过复制自身感染其他正常文件的恶意程序,被感染的文件可以通过清除病毒后恢复正常,也有部分被感染的文件无法进行清除,此时建议删除该文件,重新安装应用程序
木马程序	木马是一种伪装成正常文件的恶意软件,通常通过隐蔽的手段获得运行权限,然后盗窃用户的隐私信息,或进行其他恶意行为
盗号木马	这是一种以盗取在线游戏、银行、信用卡等账号为主要目的的木马程序
广告软件	广告软件通常用于通过弹窗或打开浏览器页面向用户显示广告,此外,它还会监测用户的广告浏览行为,从而弹出更"相关"的广告。广告软件通常捆绑在免费软件中,在安装免费软件时一起安装
蠕虫病毒	蠕虫病毒是指通过网络将自身复制到网络中其他计算机上的恶意程序,有别于普通病毒,蠕虫病毒通常并不感染计算机上的其他程序,而是窃取其他计算机上的机密信息
后门程序	后门程序是指在用户不知情的情况下远程连接到用户计算机,并获取操作权限的程序
可疑程序	可疑程序是指由第三方安装并具有潜在风险的程序。虽然程序本身无害,但是经验表明,此类程序比正常程序具有更高的可能性被用作恶意目的,常见的有 HTTP 及 SOCKS 代理、远程管理程序等。此类程序通常可在用户不知情的情况下安装,并且在安装后会完全对用户隐藏
测试代码	被检测出的文件是用于测试安全软件是否正常工作的测试代码,本身无害
恶意程序	其他不宜归类为以上类别的恶意软件,会被归类到"恶意程序"类别

 本章总结

　　至此,小李终于通过学习,了解了网络的基本配置、网络的设计与组建、服务器的配置与调试,成功地完成了办公室领导交给的组建局域网以及管理维护网络的任务。从此,小李也一直从事着网络的组建和维护工作,成为一名合格的网络管理人员。此后,他在新的职业生涯中也不断地前行着。

 思政小课堂——开智篇

　　了解职业岗位(网络工程师、售前售后技术支持工程师、工程维护工程师、系统集成工程师等)的设置,励志做敢为人先的 IT 职业人! 具体实施过程如下:

　　讲述目前上述职业岗位特点及其要求,其素质方面的要求(以网络工程师为例)有:

　　(1)能够根据应用部门的要求进行网络系统的规划、设计和网络设备的软硬件安装调试升级等工作;

　　(2)能进行网络系统的运行、维护和管理,能高效、可靠、安全地管理网络资源;

　　(3)能根据中小型企业网络设计方案,独立完成方案的组网与实施;

　　(4)作为网络专业人员对系统开发进行技术支持和指导;

　　(5)具有工程师的实际工作能力和业务水平,能指导助理工程师从事网络系统的构建和管理工作。

　　提问:你认为应该具备哪些职业素质?(教师提出问题,学生讨论,并推荐代表回答。)

网络工程师是注重综合能力的。最重要的是网络工程师需要在实践中培养一种创新能力。网络需求是千变万化的,必须以不变应万变。同样的一个网络设计需求,对于不同层次的网络工程师,其制作的解决方案也不尽相同。网络工程师的职业素质总结下来跟其他的技术岗位是相通的,比如勇于创新、爱岗敬业、任劳任怨,具有团队协作能力,这样的人才更受企业的青睐。

 本章习题

1.选择题

(1) 在信息传递过程中为了保证安全可以采用( )方法。

A. 数据加密　　　B. 身份认证　　　C. 数字签名　　　D. 防火墙

(2) 网络的安全性包括( )。

A. 可用性　　　　B. 完整性　　　　C. 保密性　　　　D. 不可抵赖性

(3) 目前网络中存在的安全隐患有( )。

A. 非授权访问　　B. 破坏数据完整性　C. 病毒　　　　　D. 信息泄露

(4) 常用的网络内部安全技术有( )。

A. 漏洞扫描　　　B. 入侵检测　　　C. 安全审计　　　D. 病毒防范

(5) 网络加密的方法包括( )。

A. 链路加密　　　B. 端到端加密　　C. 混合加密　　　D. 物理加密

(6) 在网络中进行身份认证的方法有( )。

A. 基于口令的认证　B. 质询握手认证　　C. KERBEROS 认证　D. SET

2.简答题

(1) 在防火墙系统中存在"非军事区",该区域内一般有些什么设备? 它们为什么要放在"非军事区"内? 如果放在其他区域内会有什么问题?

(2) 说明防火墙中包过滤技术的操作流程。

(3) 为什么防火墙不能防范病毒?

(4) 防火墙和入侵检测系统都是维护网络安全的重要工具,它们之间是什么样的关系?

附录 A 章节习题部分参考答案

第 1 章习题答案

1. 选择题

(1) A (2) C (3) AC (4) BCD (5) D (6) B (7) C (8) D (9) D (10) C

2. 简答题

(1) 答：系统集成是指在系统工程学的指导下，提出系统的解决方案，将部件或子系统综合集成，形成一个满足设计要求的自治整体的过程。系统集成是一种指导系统规划、实施的方法和策略，体现了改善系统性能的目的和手段。计算机网络工程是使用系统集成的方法，根据建设计算机网络的目标和网络设计原则将计算机网络的技术、功能、子系统集成在一起，为信息系统构建网络平台、传输平台和基本的网络应用服务。可见，网络工程被包括在系统集成的范畴内。

(2) 答：OSI 参考模型是 ISO 提出的一个标准框架，为连接分布式的"开放"系统提供了基础，其有关体系结构理论上比较完善，对理解计算机网络有重要意义。

(3) 答：不是。TCP/IP 的多数应用层协议都将 OSI 应用层、表示层、会话层的相应功能合在一起。

(4) 答：进行子网划分时，如果子网地址为 31 位或者 32 位，那么可用的主机地址数将为 0，这样的子网没有实际意义。子网地址的位数为 30 位时，对应的子网掩码为 255.255.255.252。这种子网通常被用于路由器间的点对点链路。

(5) 略。

3. 计算题

略。

第 2 章习题答案

1. 选择题

(1) C (2) B (3) D (4) A (5) A (6) B

2. 简答题

(1) 答：中继器可对信号进行放大、整形，一定程度上抵抗信号的衰减和失真。中继器无法无线扩展网络长度，因为以太网的网络长度受冲突时间的限制。

(2) 答：以太网交换机的每个端口均可看作一个网桥，网桥的一端作为交换机的端口连接独立的网络，而另一端在交换机内部通过高速的背板总线相互连接在一起，可以实现各端口之间数据帧的高速转发。交换机所承担的工作就是从一个端口接收到帧后，根据帧所包含的目的 MAC 地址选择目的端口进行转发。为了让以太网交换机摆脱 CSMA/CD 媒体访问控制方式的约束，交换机中同时存在着若干数据通道，不同端口的数据通道之间存在一种受控的连接关系，在逻辑上可以认为是一个受控制的多端口开关矩阵。交换机各端口的信息流是受控的，控制的依据是流入端口的帧所包含的目的 MAC 地址以及各端口所包含的 MAC 地址列表。

（3）答：退避机制是 CSMA/CA 的重要部分，以太网中的退避是在发生冲突以后才进行，而 CSMA/CA 则在发送数据之前使用退避，以减小发生冲突的可能。为了保证这种媒体访问协议的健壮性，使偶尔还可能发生的碰撞不会破坏协议的工作，CSMA/CA 设置了专门的 ACK 应答帧，用来指示碰撞的发生。在无线网卡中实现碰撞检测十分困难，要检测一个碰撞，无线网卡必须能够在发射的同时进行检测，这在高频电子电路中实现非常昂贵，是不实际的。因此无线局域网中不能使用 CSMA/CD 协议。

（4）答：IEEE 802.11 支持 DCF 和 PCF 两种组网方式。前者是最基本的媒体访问控制方式，绝大多数应用都使用 DCF 提供的有竞争传送服务来传送数据。而后者作为集中访问机制，由控制节点集中控制其他工作站无竞争地对媒体进行访问，提供无竞争数据传输服务。后者建立在前者基础之上，仅限用于 Infrastructure 网络中。

（5）略。

（6）答：IEEE 802.11 定义了用户认证机制和用户数据保密的安全机制 WEP，但它的安全强度较弱。IEEE 802.11i 采用了端口访问控制协议 IEEE 802.1x 和可扩展的认证协议 EAP 进行用户认证，并采用新的使用动态密钥的数据加密机制替代 WEP，以保证数据的机密性和完整性。

第 3 章习题答案

1. 选择题

（1）A　（2）B　（3）D　（4）C　（5）D

2. 填空题

（1）路由器，（2）截断二进制指数退避，发送人为干扰信号，（3）LAN，（4）ICMP，（5）Console 端口

3. 名词解释

略。

4. 简答题

（1）答：DNS 服务器可以分为三种类型：主服务器、辅助服务器、高速缓存服务器。

主服务器中存储了其所管辖区域内主机的域名资源的正本，而且区域内的数据有所变更时，将直接写到主服务器的数据库中，该数据库通常被称为区域文件。一个区域内必须有一台，而且只能有一台主服务器。

（2）略。

（3）略。

（4）答：FTP 工作时，需要在客户端和服务器端建立控制连接和数据连接两种类型的 TCP 连接。控制连接用于传输控制信息，包括 FTP 客户进程向 FTP 服务器分出的 FTP 指令以及 FTP 服务器的响应。等到需要传输文件时，服务器再与客户端建立一个数据连接，进行实际的数据传输。

（5）略。

第 4 章习题答案

1. 选择题

（1）ABC　（2）ABCD　（3）ABD　（4）ABCD　（5）ABC　（6）ABC

2. 简答题

（1）答："非军事区"中一般有屏蔽路由器和堡垒主机。Internet 上任何跨越防火墙的数据信息必须先后经过这两个网络安全单元。若放在其他区域，屏蔽路由器和堡垒主机就无法起到数据包过滤和代理服务器的作用，防火墙也就无法起到阻止内部网受到攻击的作用。

（2）答：数据包过滤技术逐个检查输入数据流中的每个数据包，根据数据包的原地址、目标地址、使用的端口号等，或它们之间各种可能的组合来确定是否允许数据包通过。

（3）答：防火墙不能有效地防范像病毒这类东西的入侵。在网络上传输二进制文件的编码方式太多了，并且有太多的不同的结构和病毒，因此不可能查找所有的病毒。防火墙不能防止数据驱动的攻击，即通过将某种东西邮寄或拷贝到内部主机中，然后它再在内部主机中运行的攻击。

（4）答：防火墙和入侵检测可以很好地互补，这种互补体现在静态和动态两个方面。静态方面是 IDS 可以通过了解防火墙的策略，对网络上的安全事件进行更有效的分析，从而实现准确的报警，减少误报；动态方面是当 IDS 发现攻击行为时，可以通知防火墙对已经建立的链接进行有效的阻断，同时通知防火墙修改策略，防止签字的进一步的可能性。

附录 B　思科交换机和路由器的部分配置命令

一、思科交换机配置命令

```
switch＞                                    \\用户模式
1. 进入特权模式                              \\enable
switch＞ enable
switch♯
2. 进入全局配置模式                          \\configure terminal
switch＞ enable
switch♯ configure terminal
switch(conf)♯
3. 交换机命名 aptech2950                     \\以 aptech2950 为例
switch＞ enable
switch♯ configure terminal
switch(conf)♯ hostname aptech2950
aptech2950(conf)♯
4. 配置使能口令 enable password cisco         \\以 cisco 为例
switch＞ enable
switch♯ configure terminal
switch(conf)♯ hostname aptech2950
aptech2950(conf)♯ enable password cisco
5. 配置使能密码 enable secret ciscolab        \\以 cicsolab 为例
switch＞ enable
switch♯ configure terminal
switch(conf)♯ hostname aptech2950
aptech2950(conf)♯ enable secret ciscolab
6. 设置 VLAN 1 interface VLAN 1
switch＞ enable
switch♯ configure terminal
switch(conf)♯ hostname aptech2950
aptech2950(conf)♯ interface vlan 1
aptech2950(conf-if)♯ip address 192.168.1.1 255.255.255.0
配置交换机端口 IP
aptech2950(conf-if)♯no shut                  \\是配置处于运行中
aptech2950(conf-if)♯exit
aptech2950(conf)♯ip default-gateway 192.168.1.254      \\设置网关地址
```

7. 进入交换机某一端口 interface fastEthernet 0/17   \\以 17 端口为例

switch＞ enable

switch＃ configure terminal

switch(conf)＃ hostname aptech2950

aptech2950(conf)＃ interface fastethernet 0/17

aptech2950(conf-if)＃

8. 查看命令 show

switch＞ enable

switch＃ show version   \\查看系统中的所有版本信息

show interface vlan 1   \\查看交换机有关 ip 协议的配置信息

show running-configure   \\查看交换机当前起作用的配置信息

show interface fastethernet 0/1   \\查看交换机 1 接口具体配置和统计信息

show mac-address-table   \\查看

show mac-address-table aging-time   \\查看 mac 地址表自动老化时间

9. 交换机恢复出厂默认恢复命令

switch＞ enable

switch＃ erase startup-configure

switch＃ reload

10. 双工模式设置

switch＞ enable

switch＃ configure terminal

switch2950(conf)＃ hostname aptech2950

aptech2950(conf)＃ interface fastethernet 0/17   \\以 17 端口为例

aptech2950(conf-if)＃ duplex full/half/auto   \\有 full,half,auto 三个可选项

11. cdp 相关命令

switch＞ enable

switch＃ show   \\查看设备的 cdp 全局配置信息

show cdp interface fastethernet 0/17   \\查看 17 端口的 cdp 配置信息

show cdp traffic   \\查看有关 cdp 包的统计信息

show cdp neighbors   \\列出与设备相连的 cisco 设备

12. Csico2950 的密码恢复

拔下交换机电源线。

用手按着交换机的 MODE 键,插上电源线。

在 switch:后执行 flash_ini 命令:switch:flash_ini

查看 flash 中的文件:switch:dir flash:

把“config. text”文件改名为“config. old”:switch:flash:config. text flash:config. old

执行 boot:switch:boot

交换机进入是否进入配置的对话,执行 no:

进入特权模式查看 flash 里的文件:show flash:

把"config. old"文件改名为"config. text"：switch：rename flash：config. old flash：config. text

把"config. text"拷入系统的"running-configure"：copy flash：config. text system：running-configure

把配置模式重新设置密码存盘，密码恢复成功。

13. 交换机 Telnet 设置

switch＞en

switch♯configure terminal

switch(conf)♯hostname aptech2950

aptech2950(conf)♯enable password cisco　　\\以 cisco 为特权模式密码

aptech2950(conf)♯interface fastethernet 0/1 \\以 17 端口为 telnet 远程登录端口

aptech2950(conf-if)♯ip address 192.168.1.1 255.255.255.0

aptech2950(conf-if)♯no shut

aptech2950(conf-if)♯exit

aptech2950(conf)line vty 04

设置 0～4 个用户可以 Telnet 远程登录

aptech2950(conf-line)♯

aptech2950(conf-line)♯password edge

以 edge 为远程登录的用户密码

主机设置：

ip 192.168.1.2

主机的 IP 必须和交换机端口的地址在同一网络段

netmask 255.255.255.0

gate-way 192.168.1.1

网关地址是交换机

运行：

telnet 192.168.1.1

进入 Telnet 远程登录界面

password：edge

aptech2950＞en

password：cisco

aptech♯

14. 交换机配置的重新载入和保存

设置完成交换机的配置后：

aptech2950(conf)♯reload

是否保存(y/n) y：保存设置信息　　n：不保存设置信息

(1) 在基于 IOS 的交换机上设置主机名/系统名：

switch(config)♯ hostname hostname

在基于 CLI 的交换机上设置主机名/系统名：

switch(enable)set system name name-string

（2）在基于 IOS 的交换机上设置登录口令：

switch(config)♯ enable password level 1 password

在基于 CLI 的交换机上设置登录口令：

switch(enable)set password

switch(enable)set enablepass

（3）在基于 IOS 的交换机上设置远程访问：

switch(config)♯ interface vlan 1

switch(config-if)♯ ip address ip-address netmask

switch(config-if)♯ ip default-gateway ip-address

在基于 CLI 的交换机上设置远程访问：

switch(enable)set interface sc0 ip-address netmask broadcast-address

switch(enable)set interface sc0 vlan

switch(enable)set ip route default gateway

（4）在基于 IOS 的交换机上启用和浏览 cdp 信息：

switch(config-if)♯ cdp enable

switch(config-if)♯ no cdp enable

为了查看 Cisco 邻接设备的 cdp 通告信息：

switch♯ show cdp interface ［type module/port］

switch♯ show cdp neighbors ［type module/port］［detail］

在基于 CLI 的交换机上启用和浏览 cdp 信息：

switch(enable)set cdp {enable|disable} module/port

为了查看 Cisco 邻接设备的 cdp 通告信息：

switch(enable)show cdp neighbors［module/port］［vlan|duplex|capabilities|detail］

（5）基于 IOS 的交换机的端口描述：

switch(config-if)♯ description description-string

基于 CLI 的交换机的端口描述：

switch(enable)set port name module/number description-string

（6）在基于 IOS 的交换机上设置端口速度：

switch(config-if)♯ speed{10|100|auto}

在基于 CLI 的交换机上设置端口速度：

switch(enable)set port speed module/number {10|100|auto}

switch(enable)set port speed module/number {4|16|auto}

（7）在基于 IOS 的交换机上设置以太网的链路模式：

switch(config-if)♯ duplex {auto|full|half}

在基于 CLI 的交换机上设置以太网的链路模式：

switch(enable)set port duplex module/number {full|half}

（8）在基于 IOS 的交换机上配置静态 VLAN：

switch♯ vlan database

switch(vlan)# vlan vlan-num name vla

switch(vlan)# exit

switch# configure terminal

switch(config)# interface interface module/number

switch(config-if)# switchport mode access

switch(config-if)# switchport access vlan vlan-num

switch(config-if)# end

在基于 CLI 的交换机上配置静态 VLAN：

switch(enable)set vlan vlan-num [name name]

switch(enable)set vlan vlan-num mod-num/port-list

（9）在基于 IOS 的交换机上配置 VLAN 中继线：

switch(config)# interface interface mod/port

switch(config-if)# switchport mode trunk

switch(config-if)# switchport trunk encapsulation {isl|dotlq}

switch(config-if)# switchport trunk allowed vlan remove vlan-list

switch(config-if)# switchport trunk allowed vlan add vlan-list

在基于 CLI 的交换机上配置 VLAN 中继线：

switch(enable)set trunk module/port [on|off|desirable|auto|nonegotiate]

Vlan-range [isl|dotlq|dotl0|lane|negotiate]

（10）在基于 IOS 的交换机上配置 VTP 管理域：

switch# vlan database

switch(vlan)# vtp domain domain-name

在基于 CLI 的交换机上配置 VTP 管理域：

switch(enable)set vtp [domain domain-name]

（11）在基于 IOS 的交换机上配置 VTP 模式：

switch# vlan database

switch(vlan)# vtp domain domain-name

switch(vlan)# vtp {sever|client|transparent}

switch(vlan)# vtp password password

在基于 CLI 的交换机上配置 VTP 模式：

switch(enable) set vtp [domain domain-name] [mode{sever|client|transparent}] [password password]

（12）在基于 IOS 的交换机上配置 VTP 版本：

switch# vlan database

switch(vlan)# vtp v2-mode

在基于 CLI 的交换机上配置 VTP 版本：

switch(enable)set vtp v2 enable

（13）在基于 IOS 的交换机上启动 VTP 剪裁：

switch# vlan database

switch(vlan)# vtp pruning

在基于 CLI 的交换机上启动 VTP 剪裁：

switch(enable)set vtp pruning enable

(14) 在基于 IOS 的交换机上配置以太信道：

switch(config-if)# port group group-number [distribution {source|destination}]

在基于 CLI 的交换机上配置以太信道：

switch(enable)set port channel module/port-range mode{on|off|desirable|auto}

(15) 在基于 IOS 的交换机上调整根路径成本：

switch(config-if)# spanning-tree [vlan vlan-list] cost cost

在基于 CLI 的交换机上调整根路径成本：

switch(enable)set spantree portcost module/port cost

switch(enable)set spantree portvlancost module/port [cost cost][vlan-list]

(16) 在基于 IOS 的交换机上调整端口 ID：

switch(config-if)# spanning-tree[vlan vlan-list]port-priority port-priority

在基于 CLI 的交换机上调整端口 ID：

switch(enable)set spantree portpri {module/port}priority

switch(enable)set spantree portvlanpri {module/port}priority [vlans]

(17) 在基于 IOS 的交换机上修改 STP 时钟：

switch(config)# spanning-tree [vlan vlan-list] hello-time seconds

switch(config)# spanning-tree [vlan vlan-list] forward-time seconds

switch(config)# spanning-tree [vlan vlan-list] max-age seconds

在基于 CLI 的交换机上修改 STP 时钟：

switch(enable)set spantree hello interval[vlan]

switch(enable)set spantree fwddelay delay [vlan]

switch(enable)set spantree max-age agingtime[vlan]

(18) 在基于 IOS 的交换机端口上启用或禁用 Port Fast 特征：

switch(config-if)# spanning-tree portfast

在基于 CLI 的交换机端口上启用或禁用 Port Fast 特征：

switch(enable)set spantree portfast {module/port}{enable|disable}

(19) 在基于 IOS 的交换机端口上启用或禁用 UplinkFast 特征：

switch(config)# spanning-tree uplinkfast [max-update-rate pkts-per-second]

在基于 CLI 的交换机端口上启用或禁用 UplinkFast 特征：

switch(enable) set spantree uplinkfast {enable | disable}[rate update-rate][all-protocols off|on]

(20) 为了将交换机配置成一个集群的命令交换机，首先要给管理接口分配一个 IP 地址，然后使用下列命令：switch(config)# cluster enable cluster-name

(21) 为了从一条中继链路上删除 VLAN，可使用下列命令：

switch(enable)clear trunk module/port vlan-range

(22) 用 show vtp domain 显示管理域的 VTP 参数。

（23）用 show vtp statistics 显示管理域的 VTP 参数。

（24）在 Catalyst 交换机上定义 TrBRF 的命令如下：

switch(enable)set vlan vlan-name［name name］type trbrf bridge bridge-num［stp｛ieee｜ibm｝］

（25）在 Catalyst 交换机上定义 TrCRF 的命令如下：

switch(enable)set vlan vlan-num［name name］type trcrf

｛ring hex-ring-num｜decring decimal-ring-num｝parent vlan-num

（26）在创建好 TrBRF VLAN 之后，就可以给它分配交换机端口。对于以太网交换，可以采用如下命令给 VLAN 分配端口：

switch(enable)set vlan vlan-num mod-num/port-num

（27）命令 show spantree 显示一个交换机端口的 STP 状态。

（28）配置一个 ELAN 的 LES 和 BUS，可以使用下列命令：

ATM(config)♯ interface atm number. subint multioint

ATM(config-subif)♯ lane serber-bus ethernet elan-name

（29）配置 LECS：

ATM(config)♯ lane database database-name

ATM(lane-config-database)♯ name elan1-name server-atm-address les1-nsap-address

ATM(lane-config-database)♯ name elan2-name server-atm-address les2-nsap-address

ATM(lane-config-database)♯ name…

（30）创建完数据库后，必须在主接口上启动 S 命令如下：

ATM(config)♯ interface atm number

ATM(config-if)♯ lane config database database-name

ATM(config-if)♯ lane config auto-config-atm-address

（31）将每个 LEC 配置到一个不同的 ATM 子接口上，命令如下：

ATM(config)♯ interface atm number. subint multipoint

ATM(config)♯ lane client ethernet vlan-num elan-num

（32）用 show lane server 显示 LES 的状态。

（33）用 show lane bus 显示 BUS 的状态。

（34）用 show lane database 显示 LECS 数据库内容。

（35）用 show lane client 显示 LEC 的状态。

（36）用 show module 显示已安装的模块列表。

（37）用物理接口建立与 VLAN 的连接：

router♯ configure terminal

router(config)♯ interface media module/port

router(config-if)♯ description description-string

router(config-if)♯ ip address ip-addr subnet-mask

router(config-if)♯ no shutdown

（38）用中继链路来建立与 VLAN 的连接：

router(config)♯ interface module/port. subinterface

router(config-ig)# encapsulation[isl|dotlq] vlan-number

router(config-if)# ip address ip-address subnet-mask

（39）用 LANE 来建立与 VLAN 的连接：

router(config)# interface atm module/port

router(config-if)# no ip address

router(config-if)# atm pvc 1 0 5 qsaal

router(config-if)# atm pvc 2 0 16 ilni

router(config-if)# interface atm module/port. subinterface multipoint

router(config-if)# ip address ip-address subnet-mask

router(config-if)# lane client ethernet elan-num

router(config-if)# interface atm module/port. subinterface multipoint

router(config-if)# ip address ip-address subnet-name

router(config-if)# lane client ethernet elan-name

router(config-if)# ···

（40）为了在路由处理器上进行动态路由配置，可以用下列 IOS 命令来进行：

router(config)# ip routing

router(config)# router ip-routing-protocol

router(config-router)# network ip-network-number

router(config-router)# network ip-network-number

（41）配置默认路由：

switch(enable)set ip route default gateway

（42）为一个路由处理器分配 VLAN ID，可在接口模式下使用下列命令：

router(config)# interface interface number

router(config-if)# mls rp vlan-id vlan-id-num

（43）在路由处理器启用 MLSP：

router(config)# mls rp ip

（44）为了把一个外置的路由处理器接口和交换机安置在同一个 VTP 域中：

router(config)# interface interface number

router(config-if)# mls rp vtp-domain domain-name

（45）查看指定的 VTP 域的信息：

router# show mls rp vtp-domain vtp domain name

（46）要确定 RSM 或路由器上的管理接口，可以在接口模式下输入下列命令：

router(config-if)# mls rp management-interface

（47）要检验 MLS-RP 的配置情况：

router# show mls rp

（48）检验特定接口上的 MLS 配置：

router# show mls rp interface interface number

（49）为了在 MLS-SE 上设置流掩码而又不想在任一个路由处理器接口上设置访问

列表：

set mls flow [destination|destination-source|full]

(50) 为使 MLS 和输入访问列表可以兼容,可以在全局模式下使用下列命令:

router(config)# mls rp ip input-acl

(51) 当某个交换机的第 3 层交换失效时,可在交换机的特权模式下输入下列命令:

switch(enable)set mls enable

(52) 若想改变老化时间的值,可在特权模式下输入以下命令:

switch(enable)set mls agingtime agingtime

(53) 设置快速老化:

switch(enable)set mls agingtime fast fastagingtime pkt_threshold

(54) 确定那些 MLS-RP 和 MLS-SE 参与了 MLS,可先显示交换机引用列表中的内容再确定:

switch(enable)show mls include

(55) 显示 MLS 高速缓存记录:

switch(enable)show mls entry

(56) 用命令 show in arp 显示高速缓存区的内容。

(57) 要把路由器配置为 HSRP 备份组的成员,可以在接口配置模式下使用下面的命令:

router(config-if)# standby group-number ip ip-address

(58) 为了使一个路由器重新恢复转发路由器的角色,在接口配置模式下:

router(config-if)# standby group-number preempt

(59) 访问时间和保持时间参数是可配置的:

router(config-if)# standby group-number timers hello-time hold-time

(60) 配置 HSRP 跟踪:

router(config-if)# standby group-number track type-number interface-priority

(61) 要显示 HSRP 路由器的状态:

router# show standby type-number group brief

(62) 用命令 show ip igmp 确定当选的查询器。

(63) 启动 IP 组播路由选择:

router(config)# ip muticast-routing

(64) 启动接口上的 PIM:

dallasr1>(config-if)# ip pim {dense-mode|sparse-mode|sparse-dense-mode}

(65) 启动稀疏-稠密模式下的 PIM:

router# ip multicast-routing

router# interface type number

router# ip pim sparse-dense-mode

(66) 核实 PIM 的配置:

dallasr1># show ip pim interface[type number] [count]

(67) 显示 PIM 邻居:

dallasr1># show ip neighbor type number

（68）为了配置 RP 的地址，命令如下：

dallasr1＞＃ ip pim rp-address ip-address［group-access-list-number］［override］

（69）选择一个默认的 RP：

dallasr1＞＃ ip pim rp-address

通告 RP 和它所服务的组范围：

dallasr1＞ ＃ ip pim send-rp-announce type number scope ttl group-list access-list-number

为管理范围组通告 RP 的地址：

dallasr1＞＃ ip pim send-rp-announce ethernet0 scope 16 group-list1

dallasr1＞＃ access-list 1 permit 266.0.0.0 0.255.255.255

设定一个 RP 映像代理：

dallasr1＞＃ ip pim send-rp-discovery scope ttl

核实组到 RP 的映像：

dallasr1＞＃ show ip pim rp mapping

dallasr1＞＃ show ip pim rp［group-name | group-address］［mapping］

（70）在路由器接口上用命令 ip multicast ttl-threshold ttl-value 设定 TTL 阈值：

dallasr1＞(config-if)＃ ip multicast ttl-threshold ttl-value

（71）用 show ip pim neighbor 显示 PIM 邻居表。

（72）显示组播通信路由表中的各条记录：

dallasr1＞show ip mroute［group-name | group-address］［scoure］［summary］［count］

［active kbps］

（73）要记录一个路由器接收和发送的全部 IP 组播包：

dallasr1＞ ＃debug ip mpacket［detail］［access-list］［group］

（74）要在 Cisco 路由器上配置 CGMP：

dallasr1＞(config-if)＃ ip cgmp

（75）配置一个组播路由器，使之加入某一个特定的组播组：

dallasr1＞(config-if)＃ ip igmp join-group group-address

（76）关闭 CGMP：

dallasr1＞(config-if)＃ no ip cgmp

（77）启动交换机上的 CGMP：

dallasr1＞(enable)set cgmp enable

（78）核实 Catalyst 交换机上 CGMP 的配置情况：

catalystla1＞(enable)show config

set prompt catalystla1＞

set interface sc0 192.168.1.1 255.255.255.0

set cgmp enable

（79）CGMP 离开的设置：

Dallas_SW(enable)set cgmp leave

（80）在 Cisco 设备上修改控制端口密码：

R1(config)♯ line console 0

R1(config-line)♯ login

R1(config-line)♯ password Lisbon

R1(config)♯ enable password Lilbao

R1(config)♯ login local

R1(config)♯ username student password cisco

(81) 在 Cisco 设备上设置控制台及 vty 端口的会话超时：

R1(config)♯ line console 0

R1(config-line)♯ exec-timeout 5 10

R1(config)♯ line vty 0 4

R1(config-line)♯ exec-timeout 5 2

(82) 在 Cisco 设备上设定特权级：

R1(config)♯ privilege configure level 3 username

R1(config)♯ privilege configure level 3 copy run start

R1(config)♯ privilege configure level 3 ping

R1(config)♯ privilege configure level 3 show run

R1(config)♯ enable secret level 3 cisco

(83) 使用命令 privilege 可定义在该特权级下使用的命令：

router(config)♯ privilege mode level level command

(84) 设定用户特权级：

router(config)♯ enable secret level 3 dallas

router(config)♯ enable secret san-fran

router(config)♯ username student password cisco

(85) 标志设置与显示：

R1(config)♯ banner motd'unauthorized access will be prosecuted!'

(86) 设置 vty 访问：

R1(config)♯ access-list 1 permit 192.168.2.5

R1(config)♯ line vty 0 4

R1(config)♯ access-class 1 in

(87) 配置 HTTP 访问：

Router3(config)♯ access-list 1 permit 192.168.10.7

Router3(config)♯ ip http sever

Router3(config)♯ ip http access-class 1

Router3(config)♯ ip http authentication local

Router3(config)♯ username student password cisco

(88) 要启用 HTTP 访问，请键入以下命令：

switch(config)♯ ip http sever

(89) 在基于 set 命令的交换机上用 setCL1 启动和核实端口安全：

switch(enable)set port security mod_num/port_num…enable mac address switch(enable)show port mod_num/port_num

在基于 CiscoIOS 命令的交换机上启动和核实端口安全：

switch(config-if)# port secure [mac-mac-count maximum-MAC-count]

switch# show mac-address-table security [type module/port]

（90）用命令 access-list 在标准通信量过滤表中创建一条记录：

Router（config）# access-list access-list-number {permit | deny} source-address [source-address]

（91）用命令 access-list 在扩展通信量过滤表中创建一条记录：

Router(config)# access-list access-list-number {permit | deny{protocol | protocol-keyword}} {source source-wildcard|any}{destination destination-wildcard|any}[protocol-specific options][log]

（92）对于带内路由更新，配置路由更新的最基本的命令格式是：

R1(config-router)# distribute-list access-list-number|name in [type number]

（93）对于带外路由更新，配置路由更新的最基本的命令格式是：

R1（config-router）# distribute-list access-list-number | name out [interface-name] routing-process| autonomous-system-number

（94）set 命令选项：

set snmp community {read-only|ready-write|read-write-all}[community_string]

（95）set snmp trap 命令格式如下：

set snmp trap {enable|disable}

[all|module|classis|bridge|repeater| auth|vtp|ippermit|vmps|config|entity|stpx]

set snmp trap rvcr_addr rcvr_community

（96）启用 SNMP chassis 陷阱：

Console>(enable)set snmp trap enable chassis

（97）启用所有 SNMP chassis 陷阱：

Console>(enable)set snmp trap enable

…………以下由 about 于 2002 年 12 月 6 日增加…………

（98）禁用 SNMP chassis 陷阱：

Console>(enable)set snmp trap disable chassis

（99）给 SNMP 陷阱接收表加一条记录：

Console>(enable)set snmp trap 192.122.173.42 public

（100）show snmp 输出结果。

（101）命令 set snmp rmon enable 的输出结果。

（102）显示 SPAN 信息：

Consile> show span

二、路由器配置命令

路由器是局域网络与广域网络（或城域网）相连的必备设备，配置路由器也是网络管理员必备的技能之一。

路由器的命令实际上难度和早期的 dos 操作系统或命令行的 Linux 比较接近，但功能上要比以上操作系统单一很多。不同厂商的路由器命令有些许差别，但功能性的东西没有本质的差别。

以下是常用路由器配置命令。

1.进入特权模式 enable

router＞enable

router＃

2.进入全局配置模式 configure terminal

router＞enable

router＃ configure terminal

router(config)＃

3.重命名 hostname routera,以 Router A 为例

router＞enable

router＃ configure terminal

router(config)＃ hostname routerA

routerA(config)＃

4.配置使能口令 enable password cisco,以 Cisco 为例

router＞enable

router＃ configure terminal

router(config)＃ hostname routerA

routerA(config)＃ enable password cisco

5.配置使能密码 enable secret ciscolab,以 Cicsolab 为例

router＞enable

router＃ configure terminal

router(config)＃ hostname routerA

routerA(config)＃ enable secret ciscolab

6.进入路由器某一端口 interface fastEthernet 0/1

router＞enable

router＃ configure terminal

router(config)＃ hostname routerA

routerA(config)＃ interface fastethernet 0/1

routerA(config-if)＃

进入路由器的某一子端口(interface fastEthernet 0/1.1,以 1 端口的 1 子端口为例)。

router＞enable

router＃ configure terminal

router(config)＃ hostname routerA

routerA(config)＃ interface fastethernet 0/1.1

7.设置端口 IP 地址信息

router＞enable

router＃ configure terminal

router(config)＃ hostname routerA

routerA(config)♯ interface fastethernet 0/1 以 1 端口为例

routerA(config-if)♯ ip address 192.168.1.1 255.255.255.0 配置交换机端口 ip 和子网掩码

routerA(config-if)♯ no shut 启动此接口

routerA(config-if)♯ exit

8. 查看命令 show

router＞enable

router♯ show version 查看系统中的所有版本信息

show controllers serial ＋ 编号 查看串口类型

show ip route 查看路由器的路由表

9. cdp 相关命令

router＞enable

router♯ show cdp 查看设备的 cdp 全局配置信息

show cdp traffic 查看有关 cdp 包的统计信息

show cdp neighbors 列出与设备相连的 cisco 设备

10. Csico2600 的密码恢复

重新启动路由器,在启动过程中按下 ctrl＋break 键,使路由器进入 rom monitor 模式。在提示符下输入命令修改配置寄存器的值,然后重新启动路由器。

rommon1＞config 0×2142

rommon2＞reset

重新启动路由器后进入 setup 模式,选择"no",退回到 exec 模式,此时路由器原有的配置仍然保存在 startup-config 中,为使路由器恢复密码后配置不变,则需要把 startup-config 中配置保存到 running-config 中,然后重新设置 enable 密码,并把配置寄存器的值改回 0×2102。

router＞enable

router♯ copy startup-config running-config

router♯ configure terminal

router(config)♯ enable password cisco

router(config)♯ config-register 0×2102

保存当前配置到 startup-config,重新启动路由器。

router♯ copy running-config startup-config

router♯ reload

11. 路由器 Telnet 远程登录设置

router＞en

router♯ configure terminal

router(config)♯ hostname routerA

routerA(config)♯ enable password cisco 以 cisco 为特权模式密码

routerA(config)♯ interface fastethernet 0/1

routerA(config-if)♯ ip address 192.168.1.1 255.255.255.0

routerA(config-if)♯ no shut

routerA(config-if)♯ exit

routerA(config)line vty 0 4 设置 0～4 个用户可以 Telnet 远程登陆

routerA(config-line)♯ password 123

routerA(config-line)♯ login

12. 配置路由器的标识 banner $⋯⋯⋯⋯⋯$

在全局配置的模式下利用"banner"命令可以配置路由器的提示信息,所有连接到路由器的终端都会收到。

router>en

router♯ configure terminal

router(config)♯ hostname routerA

routerA(config)♯ banner motd $This is aptech company'router! Please don't change the configuration without permission! $

13. 配置接口标识 description ⋯⋯⋯

接口标识用于区分路由器的各个接口。用 show run 命令可以查看到这些标识。

router>en

router♯ configure terminal

router(config)♯ hostname routerA

routerA(config)♯ interface fastethernet 0/1 以 0/1 接口为例

routerA(config-if)♯ description this is a fast Ethernet port used to connecting the company's intranet!

14. 配置超时

超时用于设置在多长时间没有对 console 进行配置,自动返回 exec 会话时间。默认为 10 分钟。

router>en

router♯ configure terminal

router(config)♯ hostname routerA

routerA(config)♯ line console 0

routerA(config-line)♯ exec-timeout 0 0 第一个"0"代表分钟,第二个"0"代表秒

15. 配置串口参数

两台路由器通过串口连接需要一个作为 DTE,一个作为 DCE。DCE 设备要向 DTE 设备提供时钟频率和带宽。

DCE 配置:

router>en

router♯ configure terminal

router(config)♯ hostname routerA

routerA(config)♯ interface serial 0/0

routerA(config-if)♯ clock rate 64000 提供时钟频率为 64000

routerA(config-if)♯ bandwidth 64 提供带宽为 64

routerA(config-if)# no shut

DTE 配置：

router>en

router# configure terminal

router(config)# hostname routerB

routerB(config)# interface serial 0/0

routerB(config-if)# no shut

16.静态路由的配置

配置路由器 R1 的名称和接口参数。

router>enable

router# configure terminal

router(config)# hostname routerA

routerA(config)# interface fastethernet 0/0

routerA(config-if)# ip address 192.168.2.1 255.255.255.0

routerA(config-if)# no shutdown

routerA(config-if)# exit

routerA(config)# interface fastethernet 0/1

routerA(config-if)# ip address 192.168.3.1 255.255.255.0

routerA(config-if)# no shutdown

主机 A 的 IP 地址为:192.168.3.2

子网掩码为:255.255.255.0

网关为:192.168.3.1

配置路由器 R2 的名称和接口参数。

router>enable

router# configure terminal

router(config)# hostname routerB

routerB(config)# interface fastethernet 0/0

routerB(config-if)# ip address 192.168.2.2 255.255.255.0

routerB(config-if)# no shutdown

routerB(config-if)# exit

routerB(config)# interface fastethernet 0/1

routerB(config-if)# ip address 192.168.1.1 255.255.255.0

主机 B 的 IP 地址为:192.168.1.2

子网掩码为:255.255.255.0

网关为:192.168.1.1

(1)配置路由器 R1 的静态路由表

routerA(config)# ip router 192.168.1.0 255.255.255.0 192.168.2.2

(2)配置路由器 R2 的静态路由表

routerA(config)# ip router 192.168.3.0 255.255.255.0 192.168.2.1

（3）在 R1 和 R2 上配置默认路由

routerA(config)♯ ip route 0.0.0.0 0.0.0.0 192.168.2.2

routerA(config)♯ ip classless

routerB(config)♯ ip route 0.0.0.0 0.0.0.0 192.168.2.1

routerB(config)♯ ip classless(支持可变长子网掩码、无类域间路由)

（4）在 RouterA 和 RouterB 上配置动态路由（RIP）

routerA(config)♯ router rip

routerA(config)♯ network 192.168.2.0

routerA(config)♯ network 192.168.3.0

routerB(config)♯ router rip

routerB(config)♯ network 192.168.2.0

routerB(config)♯ network 192.168.1.0

17. 配置单臂路由

router(config)♯ interface f0/0.1

router(config-subif)♯ ip address 192.168.1.1 255.255.255.0

router(config-subif)♯ encapsulation dot1q 1

router(config-subif)♯ exit

router(config)♯ interface f0/0.2

router(config-subif)♯ ip address 192.168.2.1 255.255.255.0

router(config-subif)♯ encapsulation dot1q 2

router(config-subif)♯ exit

router(config)♯ interface f0/0.3

router(config-subif)♯ ip address 192.168.3.1 255.255.255.0

router(config-subif)♯ encapsulation dot1q 3

router(config-subif)♯ exit

router(config)♯ interface f0/0

router(config-if)♯ no shut

附录 C 网络工程常用英文缩写

ARPA：Advanced Research Projects Agency 美国国防部高级研究计划局

ARPARNET(Internet)：阿帕网

ICCC：international conference on computer and communications 国际计算机通信会议

CCITT：Consultative Committee of International Telegraph and Telephone 国际电报电话咨询委员会

SNA：system network architecture 系统网络结构

CSMA/CD：carrier sense multiple access with collision detection network 带冲突检测的载波监听多路访问

Internet2：第二代 Internet

NII：national information infrastructure 国家信息基础设施(信息高速公路)

NSF：National Science Foundation 美国国家科学基金会

IMP：interface message processor 接口消息处理器

DLC：data link control 数据链路控制

OSI/RM：open system interconnection/reference model 开放系统互联参考模型

APPN：advanced peer-to-peer networking 高级点对点网络

UTP：unshielded twisted pair 非屏蔽双绞线

STP：shielded twisted pair 屏蔽双绞线

LED：light emitting diode 发光二极管

ADSL：asymmetric digital subscriber line 非对称数字用户线

ASK：amplitude shift keying 幅移键控

FSK：frequency shift keying 频移键控

PSK：phase shift keying 相移键控

PAD：packet assembly and disassembly device 分组拆装器

NRZ：non return to zero 不归零制

PCM：pulse code modulation 脉冲代码调制

FDM：frequency division multiplexing 频分复用

TDM：time division multiplexing 时分复用

WDM：wave division multiplexing 波分复用

STDM：statistical time division multiplexing 统计时分复用

SONET：synchronous optical network 同步光纤网

CRC：cyclic redundancy check 循环冗余校验

PSTN：public switched telephone network 公用电话交换网

DTE：data terminal equipment 数据终端设备

DCE：data circuit equipment 数据电路设备

Modem：modulation and demodulation 调制解调器

TCM：trellis coded modulation 格码调制

LAP-B：link access procedure-balanced 链路接入规则-平衡

PLP：packet layer protocol 分组分层协议

HDLC：high level data link control 高级数据链路控制

NRM：normal response mode 正常响应方式

ABM：asynchronous balanced mode 异步平衡方式

ARM：asynchronous response mode 异步响应方式

SVC：switched virtual call 交换虚电路

PVC：permanent virtual circuit 永久虚电路

CLLM：consolidated link layer 合并链路层

strengthen link layer management 强化链路层管理

ISDN：integrated services digital network 综合业务数字网

N-ISDN：narrowband integrated services digital network 窄带综合业务数字网

B-ISDN：broad integrated services digital network 宽带综合业务数字网

PBX：private branch exchange 专用小交换机

STM：synchronous transfer mode 同步传输模式

ATM：asynchronous transfer mode 异步传输模式

ATDM：asynchronous time division multiplexing 异步时分多路复用

WPAN：wireless personal area network 无线个人区域网

VLAN：virtual local area network 虚拟局域网

TCI：tag control information 标志控制信息

Spanning tree 生成树

RSTP：rapid spanning tree protocol 快速生成树协议

MEF：metro Ethernet forum 城域以太网论坛

EPL：Ethernet private line 以太网专用线

EVPL：Ethernet virtual private line 以太网虚拟专线

RPR：resilient packet ring 弹性分组环

AMPS：advanced mobile phone system 高级移动电话系统

FDD：frequency division duplex 频分双工

GSM：global system for mobile 全球移动通信系统

CDMA：code division multiple access 码分多址

GPRS：general packet radio service 通用分组无线业务

WLAN：wireless local area network 无线局域网

AP：access point 接入点

BSA：basic service area 基本服务区

BSS：basic service set 基本服务集

DS：distributed system 分布式系统

ESS：extended service set 扩展服务集

IR：infared ray 红外线

FHSS：frequency-hopping spread spectrum 频率跳动扩展频谱

DSSS：direct sequence spread spectrum 直接序列扩展频谱

PLCP：physical layer convergence protocol 物理层汇聚协议

PMD：physical medium dependent 物理介质相关

DCF：distributed coordination function 分布式协调功能

PCF：point coordination function 点协调功能

WEP：wired equivalent privacy 有线等效保密

CGSR：cluster head gateway switch routing protocol 集群头网关交换路由协议

DSDV：destination-sequenced distance vector 目标排序的距离矢量协议

PSK：pre-shared key 预共享密钥

PNC：piconet coordinator 协调器

IS：intermediate system 中间系统

SNACP：subnetwork access protocol 子网访问系统

SDCP：subnetwork dependent convergence protocol 子网相关的汇聚协议

SICP：subnetwork independent convergence protocol 子网无关的汇聚协议

CLNP：connectionless network protocol 无连接的网络协议

VLSM：variable length subnetwork mask 可变长子网掩码

ICMP：Internet control message protocol 互联网控制消息协议

TCP：transmission control protocol 传输控制协议

UDP：user datagram protocol 用户数据报协议

DNS：domain name system 域名系统

InterNIC：the Internet's Network Information Center 国际互联网络信息中心

TLD：top-level domain 顶级域

ARP：address resolution protocol 地址解析协议

RARP：reverse address resolution protocol 反向地址解析协议

IGP：interior gateway protocol 内部网关协议

EGP：exterior gateway protocol 外部网关协议

BGP：border gateway protocol 边界网关协议

RIP：routing information protocol 路由信息协议

OSPF：open shortest path control protocol 开放最短通路优先协议

IS-IS：intermediate system to intermediate system 中间系统到中间系统的协议

IGRP：interior gateway routing protocol 内部网关路由协议

EIGRP：enhanced IGRP 增强的内部网关路由协议

LSA：link state advertisement 链路状态公告

GGP：gateway to gateway protocol 网关到网关协议

NAT：network address translators 网络地址转换

CIDR：classless inter domain routing 无类别域间路由选择

NAPT：network address port translation 网络地址和端口翻译

MPLS：multiprotocol label switching 多协议标记交换

LER：label edge router 标记边缘路由器

LSP：label switch path 标记交换通路

LSR：label switch router 标记交换路由器

LIB：label information base 标记信息库

IGMP：Internet group management protocol 互联网组管理协议

PIM：protocol independent multicast 独立组播协议

SPT：shortest path tree 最短通路树

DVMRP：distance vector multicast routing 距离向量多播路由协议

MOSPF：multicast open shortest path first 组播开放最短通路优先协议

PIM-DM：protocol independent multicast-dense mode 密集式的独立组播协议

RSVP：resource reservation protocol 资源预留协议

TE：traffic engineering 流量工程

SMTP：simple mail transfer protocol 简单邮件传送协议

HTTP：hyper text transfer protocol 超文本传输协议

URL：uniform resource locator 统一资源定位器

HTML：hyper text markup language 超文本标记语言

NGI：next generation Internet 下一代互联网

FP：format prefix 格式前缀

RIPng：routing information protocol next generation 下一代路由信息协议

ISATAP：intra-site automatic tunnel addressing protocol 站内自动隧道寻址协议

NAT-PT：network address translator-protocol translator 附带协议转换器的网络地址转换器

DES：data encryption standard 数据加密标准

AES：advanced encryption standard 高级加密标准

RSA：rivest Shamir and adleman 非对称密钥算法

KDC：key distribution center 密钥分配中心

SHA：the secure hash algorithm 安全散列算法

SHS：secure hash standard 安全散列标准

HMAC：hashed message authentication code 散列式报文认证码

CA：certification authority 证书认证机构

KMI：key management infrastructure 密钥管理基础设施

PKI：public key infrastructure 公玥基础设施

VPN：virtual private network 虚拟专用网

PPP：point-to-point protocol 点到点协议

LCP：link control protocol 链路控制协议

PAP：password authentication protocol 口令认证协议

CHAP：challenge handshake authentication protocol 挑战握手身份认证协议

PPTP：point-to-point tunneling protocol 点到点隧道协议

PAC：PPTP access concentrator 点到点隧道协议接入集中器

L2TP：layer 2 tunneling protocol 第 2 层隧道协议

IPSec：IP security 安全 IP

AH：authentication header 鉴别头

ESP：encapsulating security payload 封装安全负载

IKE：Internet key exchange 互联网密钥交换

SA：security association 安全关联

SSL：secure sockets layer 安全套接层

TLS：transport layer security 传输层安全协议

DMS：defense message system 国防报文系统

TEK：token encryption key 令牌加密密钥

S-HTTP：secure HTTP 安全超文本传输协议

PGP：pretty good privacy 是专门用来加密电子邮件的加密软件包

S/MIME：secure multipurpose Internet mail extensions 安全多用途互联网邮件扩展

SET：secure electronic transaction 安全电子交易

IDS：intrusion detection system 入侵检测系统

LDAP：lightweight directory access protocol 轻型目录访问协议

IIS：Internet information server 因特网信息服务器

DHCP：dynamic host configuration protocol 动态主机配置协议

IOS：Internet operating system 因特网操作系统

VTP：VLAN trunking protocol 虚拟局域网中继协议

BPDU：bridge protocol data unit 网桥协议数据单元

BRI：basic rate interface 基本速率接口

PRI：primary rate interface 主要速率接口

DDR：dial on demand routing 按需拨号路由

PBR：policy based routing 策略路由

NMA：network management application 网络管理应用

NME：network management entity 网络管理实体

MIB：management information base 管理信息库

TMN：telecommunication management network 电信网络网

RMON：remote monitoring 远程监视

NAI：Network Associates INC 美国网络联盟公司

RAID：redundant arrays of inexpensive disks 廉价磁盘冗余阵列

SAN：storage area network 存储区域网络

PDS：premises distribution system 建筑物综合布线系统

IBS：intelligent building system 智能大厦布线系统

IDS：industry distribution system 工业布线系统

DDN：digital data network 数字数据网

SDH：synchronous digital hierarchy 同步数字体系

WAP：wireless application protocol 无线应用协议

EDLC：Ethernet data link controller 以太网数据链路控制器

VPI：virtual path identifier 虚路径标识

VCI：virtual channel identifier 虚信道标识符

AE：application entity 应用实体

UE：user element 用户元素

FDDI：fiber distributed data interface 光纤分布式数据接口

MAN：metropolitan area network plus 城域网

PABX：private automatic branch exchange 用户自动小交换机

CBX：computerized branch exchange 计算机化小交换机

NCP：network control protocol 网络控制协议

SIM：subscriber identity module 用户标志模块

repeater 中继器

cease 中止

polling 轮询

interpreter 解释器

redirector 重定向器

OSF：open software foundation 开放软件基金

SMI：structure of management information 管理信息结构

plaintext 明文

ciphertext 脱密

decryption 解密

IDEA：international data encryption algorithm 国际数据加密算法

PIN：personal identification number 个人标识码

reply attack 检测重放攻击

PCT：private communication technology 专网通信技术

STLP：secure transport layer protocol 安全传送层

CSCL：computer supported cooperative learning 计算机支持的协作学习

SRB：source-route bridging 源路由桥接

SRT：source route transparent 源路由透明网桥

SBS：source route switching 源路由交换网桥

NAT：network address translation 网络地址转换

ISO：Intenational Organization for Standardization 国际标准化组织

xDSL：x digital subscriber line 数字用户线

POP3：post-office protocol version3 邮局协议版本 3

IMAP：Internet message access protocol 因特网信息访问协议

DSMA：digital sense multiple access 数字侦听多重访问

HFC：hybird fiber cable 混合光纤同轴电缆

IEEE：Institute of Electrical and Electronic Engineers 电气电子工程师学会

IRTF：Internet Research Task Force 因特网研究任务部

参考文献

[1]　王楠.计算机网络工程[M].武汉:华中科技大学出版社,2020.

[2]　谢希仁.计算机网络[M].7版.北京:电子工业出版社,2017.

[3]　边倩,陈晓范,鞠光明.计算机网络技术[M].6版.大连:大连理工大学出版社,2017.

[4]　赵德宝.网络设备配置与调试[M].北京:人民邮电出版社,2014.

[5]　付建民.计算机网络技术[M].2版.北京:中国水利水电出版社,2011.

[6]　李林峰,王利冬.计算机网络项目教程[M].北京:人民邮电出版社,2011.